高职高专实验实训"十二五"规划教材

自动化控制系统集成
综合训练

主　编　向守均　满海波
副主编　姜洪训　郭炳鳌
主　审　王光福

北　京

冶 金 工 业 出 版 社

2023

内 容 提 要

本书分为5个学习情境,内容包括:可编程控制应用技术;变频器控制技术应用;工业网络实训;工业组态软件;电气自动化工程项目控制系统集成。

本书可作为高职、专科院校电气类、机电类、控制类及相关专业的教材,也可供企业电气、机电、控制类工程技术人员参考阅读。

图书在版编目(CIP)数据

自动化控制系统集成综合训练/向守均,满海波主编.—北京:冶金工业出版社,2015.7(2023.7 重印)
高职高专实验实训"十二五"规划教材
ISBN 978-7-5024-7002-9

Ⅰ.①自… Ⅱ.①向… ②满… Ⅲ.①自动控制系统—系统集成技术—高等职业教育—教材 Ⅳ.①TP273

中国版本图书馆 CIP 数据核字(2015)第 165994 号

自动化控制系统集成综合训练

出版发行	冶金工业出版社	**电 话**	(010)64027926
地 址	北京市东城区嵩祝院北巷 39 号	**邮 编**	100009
网 址	www.mip1953.com	**电子信箱**	service@ mip1953.com

责任编辑 杨盈园 刘林烨 美术编辑 彭子赫 版式设计 孙跃红
责任校对 卿文春 责任印制 禹 蕊
北京虎彩文化传播有限公司印刷
2015 年 7 月第 1 版,2023 年 7 月第 5 次印刷
787mm×1092mm 1/16;19 印张;458 千字;295 页
定价48.00 元

投稿电话 (010)64027932 投稿信箱 tougao@cnmip.com.cn
营销中心电话 (010)64044283
冶金工业出版社天猫旗舰店 yjgycbs.tmall.com
(本书如有印装质量问题,本社营销中心负责退换)

前　言

本书是在多年实践教学改革经验的基础上，以培养应用型、技能型人才和培养高素质人才为出发点编写的。本书在编写过程中，立足于高技能应用型人才的培养目标，打破了传统教材的编写思路，采取融"教、学、练"为一体的教学模式，具有如下特点：

（1）体现"以能力培养为核心，以实践项目驱动任务教学为主，理实合一"的教学新理念，突出实践项目和任务教学的独立地位。本书应知部分以情境编排，体现了系统知识的连贯性。将基本技能训练和对应的理论安排在一个学习情境，做到"理实合一"，最后集中进行大型综合工程项目集成训练，这样既实现了任务驱动与项目的完美结合，又遵循了梯进式、结构化的教学原则。

（2）PLC 与继电控制技术，在理论和应用上一脉相承；而变频器与人机界面则是当今电气自动化控制领域的新器件，应用广泛；现场总线与工业以太网络是当今计算机、通信和控制 3C 技术（Computer，Communication and Control）发展汇聚的结合点，是新一代智能化控制设备的标志技术，是改造传统工业的有力工具，是智能化带动工业化的重点方向。因此，本书将上述三大部分内容编在一起，既体现了知识的系统性和完整性，又遵循了系统集成的发展过程。立足自动化技术的发展前沿，注重对学生新技术应用能力的培养，以实现学校和企业的无缝对接。通过学习这些新技术及其应用，学生毕业后即可上岗，实现学校和企业的零距离接轨。

（3）本书在内容阐述上，力求简明扼要，层次清楚，图文并茂，通俗易懂。在知识介绍上，循序渐进，由浅入深。在训练项目上，强调实用性、可操作性和可选择性。在实训项目选题上力求做到实用有趣，激发学生的学习积极性和求知欲。实训项目实行"三级指导"（即全指导、半指导和零指导），使"教、学、练"紧密结合。可以培养和提高学生的综合能力、创新意识和创新能力。

本书由 5 个学习情境组成。学习情境 1 主要介绍 PLC 控制技术应用技能训练；学习情境 2 是对变频器工程项目应用进行训练；学习情境 3 介绍工业网络实训；学习情境 4 工业组态软件；学习情境 5 主要介绍电气自动化工程项目集成训练。

　　本书可作为高职高专的电气自动化、电子、通信、数控、机电一体化、计算机、机械、冶金、材料等专业的自动化控制技术集成综合训练教材，也可作为初级电工、中级电工、高级电工技能培训与职业技能鉴定的教材，同时也是工程技术人员很好的参考资料。

　　本书学习情境 1 由满海波编写，学习情境 2、3、4 由姜红训、周泽军、徐奉弟编写，学习情境 5 由向守均、张前毅、罗军、肖红征、段丕斌、孙维春编写。

　　本书由向守均，满海波担任主编，姜洪训、郭炳鳌担任副主编，王光福教授担任主审，并对本书的编写原则和编写方法进行了具体指导、提高了许多宝贵的意见和建议，编者在此表示诚挚的谢意。编者对参考文献的作者也一同表示诚挚的谢意。

　　限于编者水平，加之编写时间仓促，本书若有不妥之处，恳请读者提出批评和改进意见。

编　者

2015 年 4 月

目　录

学习情境 1 可编程控制应用技术

任务 1.1 创建并编辑 PLC 自动化项目

1.1.1 任务描述与分析

1.1.1.1 任务描述

（1）通过上机操作，熟悉西门子 STEP 7 编程软件的结构。
（2）掌握创建编辑项目。

1.1.1.2 任务分析

了解自动化项目结构，掌握各模块的结构及组态方法，完成项目创建。

1.1.2 完成任务训练器材

PLC 实验实训装置一套、计算机 STEP 7 软件一套。

1.1.3 相关知识（任务内容及指导）

1.1.3.1 启动 STEP 7

启动 Windows 以后，就会发现一个 SIMATIC Manager（SIMATIC 管理器）的图标，这个图标就是启动 STEP 7 的接口。

快速启动 STEP 7 的方法：将光标选中 SIMATIC Manager 这个图标，快速双击，打开 SIMATIC 管理器窗口。从这里可以访问所安装的标准模块和选择模块的所有功能。

启动 STEP 7 的另一方式：在 Windows 的任务栏中选中"Start"键，而后进入"Simiatic"。

离线方式，不与可编程控制器相连，在线方式，与可编程控制器相连，注意相应的安全提示。

改变字符的大小：使用 Windows 的菜单指令 Option > Font 可以将字符和尺寸变成"小""正常"或"大"。

1.1.3.2 项目结构

项目可用来存储为自动化任务解决方案而生成的数据和程序。这些数据被收集在一个项目下，包括：硬件结构的组态数据及模板参数，网络通讯的组态数据以及为可编程模板编制的程序，生成一个项目的主要任务就是为编程准备这些数据。数据在一个项目中以对象的形式存储，这些对象在一个项目下按树状结构分布（项目层次），在项目窗口中各层次的显示与 Windows 资源管理器中的相似，只是对象图标不同。

项目层次的顶端结构如下：

1 层：项目。

2 层：网络，站，或 S7/M7 程序。

3 层：依据第二层中的对象而定。

项目窗口：项目窗口分成两个部分，左半部显示项目的树状结构，右半部窗口以选中的显示方式（大符号，小符号，列表，或明细数据）显示左半窗口中打开的对象中所包含的各个对象。在左半窗口点击"＋"符号以显示项目的完整的树状结构。最后的结构如图 1 - 1 所示。

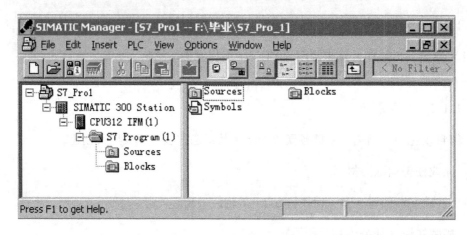

图 1 - 1　项目树状结构

对象层次的顶层是对象"S7 - Pro1"，作为整个项目的图标。它可以用来显示项目特性并以文件夹的形式服务于网络（组态网络），站（组态硬件），以及 S7 或 M7 程序（生成软件）。当选中项目图标时，项目中的对象显示在项目窗口的右半部分，位于对象层次（库以及项目）顶部的对象在对话框中，形成一个起始点用以选择对象。

项目查看：在项目窗口中，可以通过选择"offline（离线）"显示编程设备中该项目结构下已有的数据，也可以通过选择"online（在线）"显示可编程控制系统中已有的数据。如果安装了相应的可选软件包，还可以设置另外一种查看方式：设备查看。

1.1.3.3　建立一个项目

A　生成一个项目

使用项目管理结构来构造一个自动化任务解决方案，需要生成一个新的项目，新项目应生成在"General"菜单中为项目设定的路径下，该操作可通过菜单命令 Options > Customize 中选中。

无论是手动生成项目还是使用助手（Wizard）生成项目，都要找到每一步骤的向导。

a　使用助手生成一个项目

生成一个新项目最简单的办法是使用"New Project（新项目）"助手。使用菜单命令

File > "New Project" Wizard 打开助手，助手会提示在对话框中输入所要求的详细内容，然后生成项目。除了硬件站、CPU、程序文件、源文件夹、块文件夹及 OB1，还可以选择已有的 OB 作故障和过程报警的处理。使用助手生成的项目如图 1 - 2 所示。

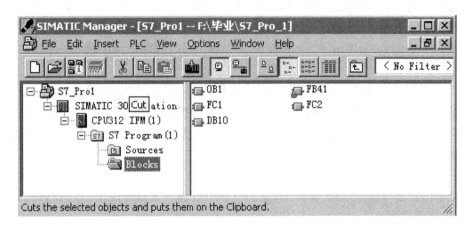

图 1 - 2　助手生成的项目

b　手动生成项目

还可以在 SIMATIC 管理器中使用菜单命令 File > New 生成一个新的项目。它已包括 "MPI Subnet（MPI 网络）" 对象。

可选程序

当编辑项目时，大部分任务的执行顺序是可以灵活掌握的，一旦生成了一个项目，接下来可以选择以下的任一方法：

可选方法 1：先组态硬件

如果想先组态硬件，可按组态硬件部分进行先组态硬件。组态硬件完成后，生成软件所需的 "S7 Program" 或 "M7Program" 文件夹则已插入，接下来，继续插入编程所需的对象，然后就可以为可编程模板生成软件了。

可选方法 2：先生成软件

可以在没有硬件组态的情况下先生成软件：然后再去作组态硬件。对于程序编辑来说，并不需要将站的硬件结构事先设好。

基本步骤如下：

（1）在项目中插入所需的软件文件夹（S7/M7 Programs）在这儿可以决定是否在程序文件夹中包含 S7 硬件或 M7 硬件。

（2）可编程模板生成软件。

（3）组态硬件。

（4）完成硬件组态，将 M7 或 S7 程序与 CPU 联系起来。

B　插入站

在项目中，站代表着可编程控制器的硬件结构，它包含着每一个模板的组态数据及参数赋值。

用 "New Project（新项目）" 助手生成的新项目中已经包含了一个站。另外，可以用菜单命令 Insert > Station 生成站。可在下列各种站中作选择：

SIMATIC 300 站，SIMATIC 400 站，SIMATIC H 站，SIMATIC PC 站，PC/Programming device（可编程设备），SIMATIC S5，其他站，即非 SIMATIC S7/及 SIMATIC S5 站，在插入时带有预置名（如 SIMATIC 300 Station（1），SIMATIC 300 Station（2）等）如果愿意的话，可以用一个相应的站名替代预置名。

在帮助 Inserting a Station（插入一个站）下面，可以找到一步步插入一个站的向导。

a 组态硬件

当组态硬件时可以借助于模板样本对可编程控制器中的 CPU 模板进行定义。可以通过双击站来启动硬件组态的应用程序，一旦存储并退出硬件组态。对于在组态中生成的每一个可编程模板，都会自动生成 S7 或 M7 程序及连接表（"Connections" 对象）。用 "New Project" 助手生成的项目则包含这些对象。

在帮助 Confrguring the Hardware（组态硬件站）下面，能够找到一步一步组态的向导，更详细的信息可参见帮助 Basic Steps for Configuring a Station 组态站的基本步骤。

b 生成连接表

每一个可编程模板可自动生成一个空的连接表（"Connections" 对象）。连接表可用来定义网络中可编程模板之间的通信连接。打开连接表，则有一个表格窗口显示出来，可以在这里定义可编程模板之间的连接。

在帮助 Networking Stations Within a Progject（在一个项目中联网各站）下面，可以得到更详细的信息。

下一步骤 一旦完成了硬件组态，你可以为可编程模板生成软件（见帮助 Inserting a S7/M7 Program 插入 S7/M7 程序）

C 插入一个 S7/M7 程序

为可编程模板编制的软件存储在对象文件夹中。对 SIMATIC S7 模板而言，该对象文件夹称作 "S7 Program"，对 SIMATIC M7 模板，它则被称 "M7 Program"。

如图 1 -3 所示是在一个 SIMATIC 300 站中可编程模板的 S7 程序的示例。

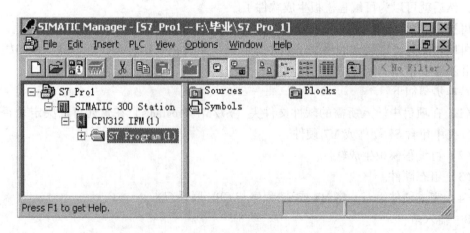

图 1 -3   300 站可编程模板的 S7 程序

现已存在的部件：每个可编程模板都会自动生成一个 S7/M7 程序来存储软件；在新

生成的 S7 程序中，以下对象已经存在：

（1）Symbol table 符号表（"Symbol"对象）。

（2）"Blocks（块）"文件夹，用于存储第一个块。

"Source Files（源文件）"文件夹：用于生成源文件在新生成的 M7 程序中，以下对象已经存在：

（1）Symbol table（"Symbol"对象）。

（2）"Blocks"文件夹。

生成 S7 块：要用语句表、梯形图或功能块图生成程序、可选择已经存在的"Blocks"对象，然后选择菜单命令 Insert > S7 Block。在子菜单中，可以选择想要生成的块的类型（如：数据块、用户定义的数据类型（UDT）、功能、功能块、组织块或变量表（VAT））。可以打开一个块（空的），然后用语句表、梯形图或功能图输入程序。

使用标准库中的块：可以使用软件提供的标准库中的块来生成用户程序。使用菜单 File > Open 可以访问库。可以在 Working With Libraries（使用库进行工作）以及在线帮助中得到更多的有关使用库及自己生成的库的信息。

生成源文件/CFC 图表：如果想用某种特定的编程语言生成一个源文件或 CFC 图表，可选择 S7 程序中的对象"Source Files"或"Charts"，然后选择菜单命令 Insert > S7 Software 在子菜单中选择与编程语言相配的源文件。在可以打开一个空的源文件输入程序后，可以在 STL Source Files（STL 源文件）的 Basic Information on Programming（基本编程信息）中获得更多的信息。

生成符号表：当生成一个 S7/M7 程序时会自动生成一个（空）符号表（"Symbol"对象）打开符号表时，"符号编辑器"窗口将显示一张符号表，可在该表中定义符号。可以在 Symbol table（符号表）的 Entering Multiple Shared Symbols（输入共享符号）中得到更多的信息。

插入外部源文件：可以用任何 ASCII 编辑器生成并编辑源文件。然后将这些文件引入到项目中并且编译生成各个块。将引入的源文件进行编译，所生成的块存储在"Blocks"文件夹中。在 Inserting External Source Files（插入外部源文件）中可获得更多的信息。

1.1.3.4 编辑项目

打开一个项目：要打开一个已存在的项目，可选择菜单命令 File > Open，在随后的对话框中选中一个项目，然后，该项目窗口就打开了。

拷贝一个项目：使用菜单命令 Files > Save As 可以将一个项目存为另一个名字。可以使用菜单命令 Edit > Copy 拷贝项目的部分如站、程序、块等。

可以在 Copying a Project and Copying Part of a project（拷贝项目及项目的一部分）中找到拷贝项目操作的向导。

删除一个项目：使用菜单命令 Files > Delete 可删除一个项目，使用菜单命令 Files > Delete 可删除一个项目中的一部分，比如站、程序，块等，可以在 Deleting a Project and Deleting Part of a project（删除项目及删除项目的一部分）中找到删除项目的操作步骤。

1.1.3.5　编辑项目的方法

A　复制一个项目

复制一个项目的步骤如下：

(1) 选中要复制的项目。

(2) 在 SIMATIC 管理器中选择菜单命令 File > Save As。

(3) 在"Save As（另存为）"对话框中决定在保存之前是否要重新安排对那些较旧的项目或做过很多修改的项目，应该选中选项"Rearrange before saving（保存前重新安排)"以便使数据的存储得到优化，同时项目的结构得到检查。

(4) 在"Save project As（将项目另存为)"对话框中，输入新项目名称并且根据需要输入存储的路径，用"OK"确认。

B　复制一个项目中的一部分

若打算复制一个项目中的一部分，如站、软件、程序块等，操作步骤如下：

(1) 选中想复制的项目中的那部分。

(2) 在 SIMATIC 管理器中选择菜单命令 Edit > Copy。

(3) 选择被复制部分所要存储的文件夹。

(4) 选择菜单命令 Edit > Paste。

C　删除一个项目

删除一个项目进行如下操作：

(1) 在 SIMATICC 管理器中，选菜单命令 File > Delete. 。

(2) 在"Delete.（删除)"的对话框中，激活选项按钮"Project（项目)"。

(3) 选择要删除的项目并以"OK"确认。

(4) 用"YES"确认提示。

D　删除一个项目中的一部分

删除项目中一部分的步骤如下：

(1) 选中项目中要删除部分。

(2) 在 SIMATIC 管理器选择菜单命令 Edit > Delete. 。

(3) 出现提示时用"YES"确认。

E　配置硬件

配置硬件的步骤如下：

(1) 点击新的站，站中包含有对象"硬件"。

(2) 打开对象"Hardware（硬件)"。Hardware Configuration "（硬件配置)"窗口显示出来。

(3) 在"硬件配置"窗口中，规划站的结构。模块目录能提供帮助。利用菜单命令 View > Catalog 可打开模块目录。

(4) 首先从模块目录中选择一个机架（导轨）插入空的窗口中。然后选择若干模块并将其安放到机架的插槽中。每个站至少要配置一个 CPU 模块。若在项目窗口中，以上各对象未显示出来，可点击站图标之前的"＋"号以显示模块，点击模块之前的小框以显示 S7/M7 程序和对象"Connections（连接)"。

F　在项目中生成软件（基本）

在项目中生成软件的步骤如下：

（1）打开 S7 或 M7 程序。

（2）打开 S7 或 M7 程序中"Symbols（符号表）"并定义符号（此步也可以放到以后去做）。

（3）若要生成程序块则打开"Blocks"文件夹，要生成源文件则打开"Source File"文件夹。

（4）插入一个程序块或源文件的单命令为：

- Insert > S7 Block
- Insert > S7 Software
- Insert > M7 Software

（5）打开程序块或源文件，并录入程序。可从编程语言手册中得到更多的有关程序的信息。

（6）利用菜单命令 Insert > Project Documentation 对项目进行文献化。可以把由 STEP 7 生成的全部配置数据组织成接线手册，即对一个 STEP 7 项目进行文献化。此功能只有安装了选件包"DOCPRO"才存在。

1.1.3.6　如何管理对象

A　对象的复制

直接用鼠标复制（拖放），具体操作如下：

（1）确保要复制的对象和所需的目标文件夹都显示出来（必要时打开一个附加的项目窗口）。

（2）选中要复制的对象并按鼠标器左键且保持。

（3）将鼠标指针移到目标文件夹，在移动中始终按住鼠标左键。如果对象复制到一个非法的位置，将会显示出一个"禁止"符号而不是光标。

（4）释放鼠标左键。

用菜单命令复制，具体操作如下：

（1）选中要复制的对象。

（2）选择菜单命令 Edit > Copy。

（3）选择所需的目标文件夹。

（4）选择菜单命令 Edit > Paste。

B　对象名的更改

具体步骤如下：

（1）选中所需的目标。

（2）点击选中对象的名字以激活对名字的编辑功能。名字区域周围出现一个边框且鼠标指针变成文本光标。

（3）修改对象的名称。一般来讲，Win95/98 命名的规定适用。

（4）为关闭改名功能，可进行如下操作之一：

1）按"输入"键确认新输入的名称。若新名不允许，则原有的名称被恢复。

2）按 ESC 键，中止修改的过程，并恢复对象原有的名称。

C　对象的移动

（1）确保要移动的对象和所需的目标文件夹都显示出来（必要时打开一个附加的项目窗口）。

（2）选中要移动的对象并按鼠标器左键且保持。按住 SHIFT 键并将鼠标指针移到目标文件夹。在移动中始终按住鼠标左键。如果将对象移动到一个非法的位置，将会显示出一个"禁止"符号而不是光标。释放鼠标右键。

用菜单命令移动：使用菜单命令只能将对象从一个文件夹移动到另一个文件夹，即必须将打算移动的对象剪切下来，并将其粘贴到一个新的位置。

操作步骤如下：

（1）选中打算移动的对象。

（2）选择菜单命令 Edit > Cut。

（3）选择所需的目标文件夹。

（4）选择菜单命令 Edit > Paste。

D　对象的删除

删除一个对象的步骤如下：

（1）选中打算删除的对象。

（2）选择菜单命令 Edit > Delete 或按 DEL 健。

（3）当出现提示显示时，点击"YES"按钮，确认删除过程。

1.1.3.7　通信卡的安装和使用

A　PC – Adapter 的安装和使用

PC – Adapter 驱动程序的安装：购买 PC – Adapter 适配器时，USB 接口的适配器带有相应的驱动光盘，RS232 接口的适配器不需要驱动，如果使用 USB 接口的适配器，在安装有 STEP 7 软件的计算机上，需要正确安装驱动程序，安装说明如下：打开驱动光盘上的文件，打开 Welcome 文件，显示提示界面，按照提示点击，直到安装结束，安装完成后系统会要求重新启动计算机，重启后 STEP 7 软件中就可以使用 PC – Adapter 接口设置了。在计算机的 USB 口上插上 USB PC – Adapter 后，计算机系统会自动完成 USB 驱动的创建。

B　RS232 PC – Adapter 的使用说明

a　RS232 PC – Adapter

与计算机和 PLC 的硬件连接将 PC – Adapter 电缆的 RS232 接口与计算机的串口相连，将 MPI/DP 接口与 CPU 的 MPI 或 DP 接口（是哪种接口取决于 CPU）相连，同时设置 PC – Adapter 的波特率拨码开关，设置方法文后详述，拨码开关位于指示灯的下方。连接完成 CPU 上电后，PC – Adapter 的 Power 灯闪烁，与 STEP 7 建立通讯后 Power 灯常亮，Active 灯快闪。

b　RS232 PC – Adapter

在 STEP 7 软件中的选择和设置打开"SIMATIC Manager"，点击"Options"，在下拉菜单中找到"Set PG/PC Interface"如图 1 –4 所示。

如果选择与 CPU 相连的是 MPI 接口，选择 S7ONLINE（STEP 7）→为 PC – Adapter

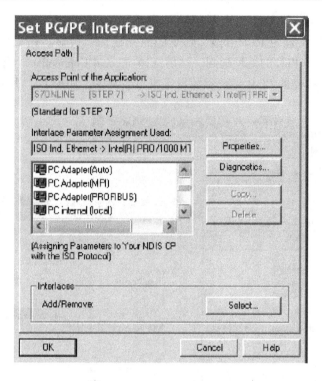

图 1 - 4　Set PG/PC Interface

（MPI），然后点击按钮设置 MPI 和串口的属性，如图 1 - 5 所示。设置 MPI 接口属性，如
果 PG/PC 为唯一的主站请选中，然后选择 MPI 接口的通讯波特率，此处的波特率一定要

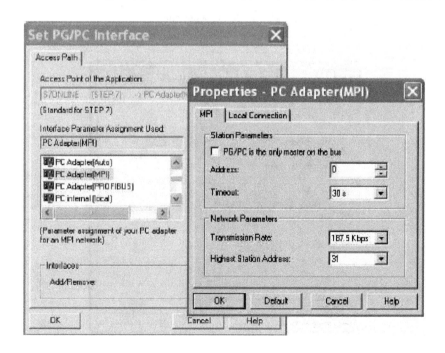

图 1 - 5　PC - Adapter（MPI）属性

和实际要通信的 CPU 的 MPI 口实际的波特率相同，例如 CPU MPI 口实际的波特率为 187.5Kbps，而此处设置为 19.2Kbps，则不能建立通信，会显示错误信息，同时要注意 PG/PC 的地址不要和 PLC 的地址相同。然后选择"Local Connection"选项，如图 1－6 所示，选择与计算机相连的 COM 口，然后设定串口波特率，如图 1－7 所示。

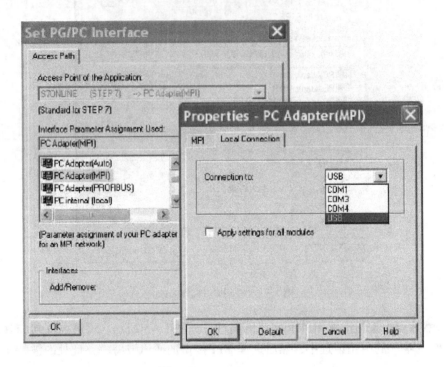

图 1－6　Local Connection

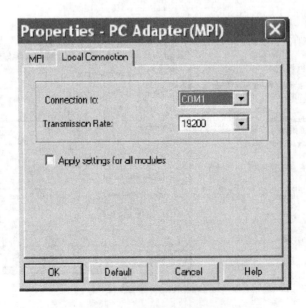

图 1－7　计算机相连的 COM

注意此处的串口波特率必须与 PC – Adapter 上的串口波特率设置一致，如果不一致 STEP 7 会提示"适配器可能被损坏"的错误信息。设置完成后点击 2 次"OK"，STEP 7 会提示如图 1 – 8 所示的信息，点击"OK"完成 PG/PC Interface 的设置，此时可以建立 PC 与 CPU 的通讯，正常通讯时 PC – Adapter 的 Power 灯常亮，Active 灯快闪。

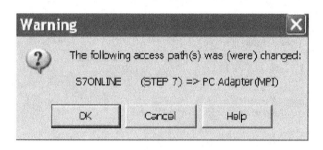

图 1 – 8 错误信息提示

如果选择与 CPU 相连的是 Profibus 接口，选择 S7ONLINE（STEP 7）→为 PCAdapter（PROFIBUS），然后点击按钮设置 Profibus 和串口的属性：设置 Profibus 接口属性，如果 PG/PC 为唯一的主站被选中，然后选择 Profibus 接口的通信波特率，此处的波特率一定要和实际要通信的 CPU 的 DP 口实际的波特率相同，例如 CPU DP 口实际的波特率为 1.5Mbps，而此处设置为 187.5Kbps，则不能建立通信，会显示错误信息，其他按默认设置，同时要注意 PG/PC 的地址不要和 PLC 的地址相同。然后选择"Local Connection"选

项，设置方法即注意事项与选择 MPI 方式时相同。设置完成后即可通过 PC – Adapter 与 CPU 的 DP 口建立通信，正常通信时 PC – Adapter 的 Power 灯常亮，Active 灯快闪。

如果使用 PC – Adapter 连接 CPU 的 MPI 口或是 DP 口不知道 CPU 口的波特率，此时没有办法按照前面的介绍设置 MPI 口或是 DP 口的波特率，可以在"PG/PC Interface"中选择，此时 S7ONLINE（STEP 7）→为 PC – Adapter（Auto），然后点击按钮设置"Local Connection"串口的属性，如图 1 – 9 所示。

此处的串口波特率必须与 PC – Adapter 上的串口波特率设置一致，如果不一致 STEP 7 会提示"适配器可能被损坏"的错误信息，同时要注意 PG/PC 的地址不要和 PLC 的地址相同。设置完"Local Connection"

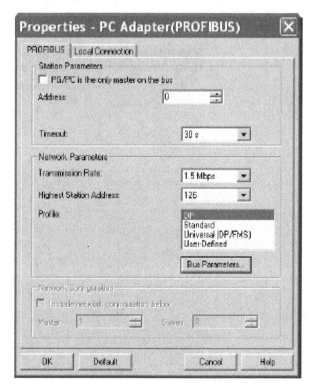

图 1 – 9 Profibus 接口属性

串口的属性后点击选项，如图 1 – 10 所示。

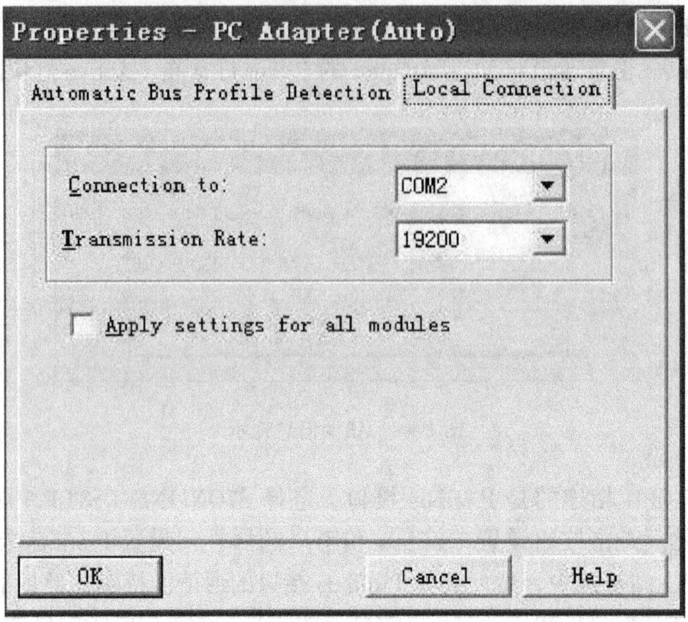

图 1 – 10　通信口

点击按钮，STEP 7 软件会自动检测 CPU 端口的设置，通过此功能还可以判断 STEP 7 是否能和 CPU 建立通信，如图 1 – 11 所示。

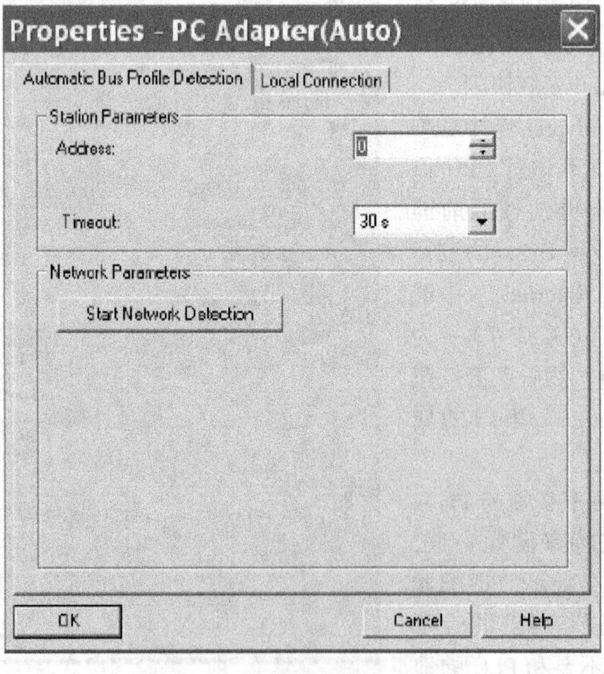

图 1 – 11　自动检测 CPU 端口

根据检测到的波特率可以按照前面两种方法设置接口建立与 CPU 的通信或者可以就使用"PC – Adapter（Auto）"方式通信。

C　USB PC – Adapter 的使用说明

USB PC – Adapter

与计算机和 PLC 的硬件连接将 PC – Adapter 电缆的 USB 接口与计算机的 USB 接口相连，将 MPI/DP 接口与 CPU 的 MPI 或 DP 接口（是哪种接口取决于 CPU）相连。连接完成 CPU 上电后，PC – Adapter 的 MPI/Power/USB 灯常亮，与 STEP 7 建立通信后 Power 灯常亮，MPI 灯快闪，USB 灯慢闪。

USB PC – Adapter 在 STEP 7 软件中的选择和设置 USB PC – Adapter 所有的选择和设置与 RS232 的基本相同，只有在选择"Local Connection"时略有不同，在接口处选择 USB，且没有波特率的设置，如图 1 –12 所示。

其他的设置与 RS232 PC – Adapter 完全相同。特别注意：目前很多的笔记本电脑不

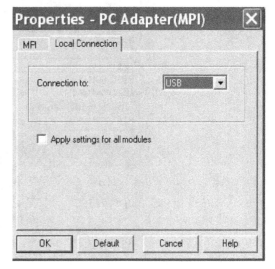

图 1 – 12　Local Connection

再提供串口，但是如果只有 RS232 PC – Adapter 适配器，而且想使用从市场上购买的 USB 转 RS232 的转换器来连接 RS232，建议购买 USB PC – Adapter 适配器。

PC – Adapter 适配器，能否通信需要自己来试，西门子不提供技术支持。

1.1.3.8　CP5611 的安装和使用

A　CP5611 硬件的安装

CP5611 适用于台式计算机或是工控机，不适用于笔记本电脑。CP5611 硬件安装很简单，将计算机断电，然后将 CP5611 卡安装在计算机的空余的 PCI 插槽上即可，PCI 要求为 32 位，遵从 PCI V2.1 规范，最低主频不能低于 33MHz，如果使用 DP 方式至少应为 166MHz。CP5611 的安装可以是 STEP 7 软件安装之前也可以是在 STEP 7 软件安装之后。

B　CP5611 软件的驱动说明

CP5611 卡没有随硬件提供的软件驱动，如果在安装 STEP 7 软件之前，CP5611 已经安装在计算机内，那么在安装 STEP 7 软件的"Set PG/PC Interface…"时软件会自动识别 CP5611 卡，并且会自动安装其驱动程序，STEP 7 软件安装完成后可以在"Set PG/PC Interface…"中找到 CP5611 的接口类型，如果在安装完 STEP 7 软件后才在计算机的 PCI 插槽上安装好 CP5611 卡，那么重新启动计算机后，系统会自动找到 CP5611，并自动安装，安装完成后启动 STEP 7 软件，在"Set PG/PC Interface…"中可以找到 CP5611 相关接口选项，如图 1 –13 所示。

点击按钮，可以看到 CP5611 已经安装，如图 1 –14 所示。

C　CP5611 硬件自检

正确安装 CP5611 卡后，通过 STEP 7 软件可以对其进行检测，看它能否正常使用，具

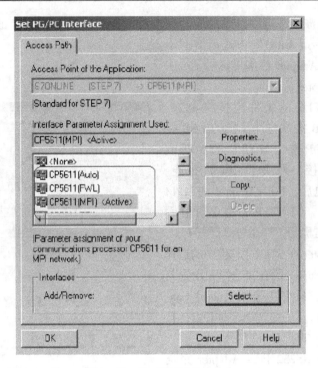

图 1 – 13　Set PG/PC Interface

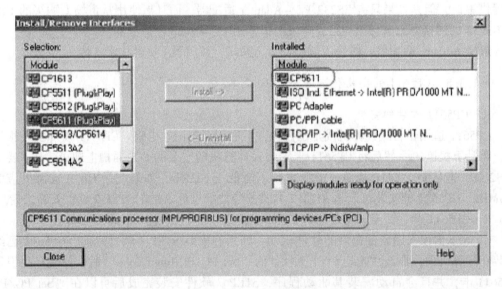

图 1 – 14　安装 CP5611

体操作方法如下：打开"Set PG/PC Interface…"然后选择或者接口类型中的任一种，然后点击按钮，选择"PROFIBUS/MPI Network Diagnostics"选项，点击按钮，如果 CP5611能够正常使用，则测试 OK，如图 1 – 15 所示。

如果 CP5611 不能正常使用，则会有错误显示，例如如果网络测试显示"Error 0x031a"错误信息，可以在"Set PG/PC Interface…"中点击按钮，然后将 PG/PC 设为唯一的主站，如图 1 – 16 所示。

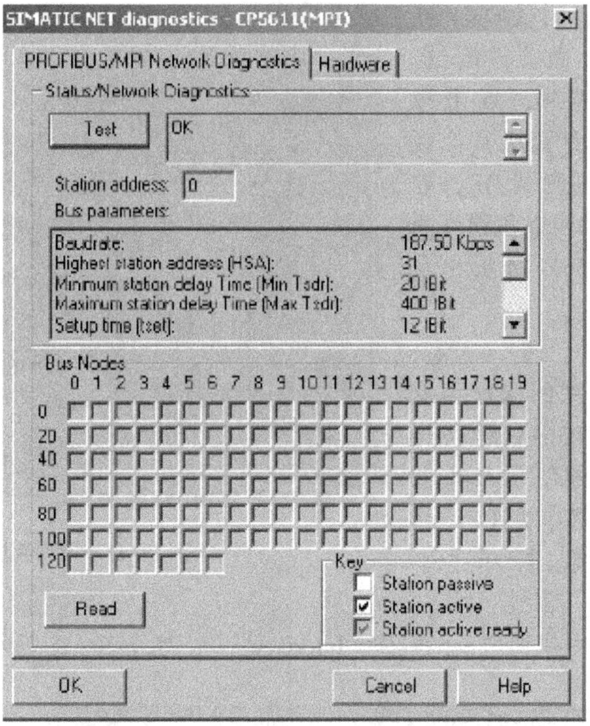

图 1 - 15　PROFIBUS/MPI Network Diagnostics

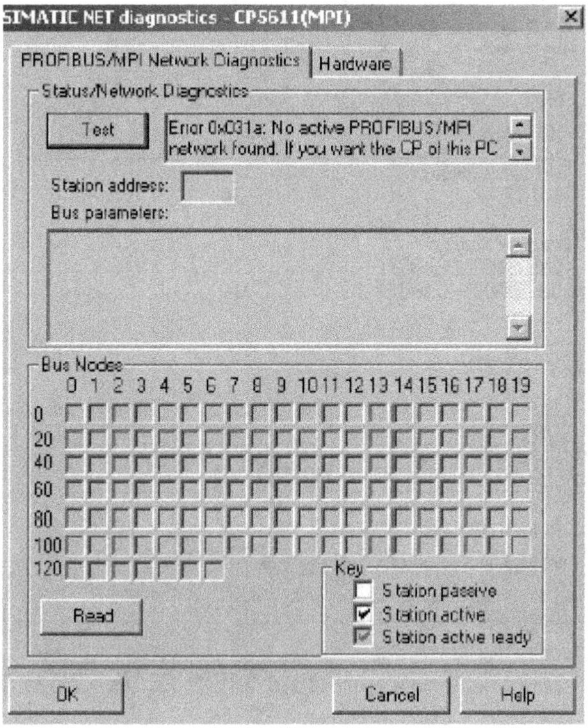

图 1 - 16　主站

然后再做测试，测试 OK，同时也可以对 CP5611 做硬件测试，选择"Hardware"选项，点击按钮，如果 CP5611 与计算机其他硬件资源没有冲突，则测试 OK，如图 1 – 17 所示。如果网络和硬件测试均正常，说明 CP5611 能够正常使用。

D　CP5611

在 STEP 7 软件中的选择和设置首先说明使用 CP5611 建立与 CPU 的通信时，必须使用 MPI 电缆或是 Profibus 电缆作为 CPU 与 CP5611 的连接电缆。打开"SIMATIC　Manager"，点击"Options"，在下拉菜单中找到"Set PG/PC Interface…"，如图 1 – 18 所示。

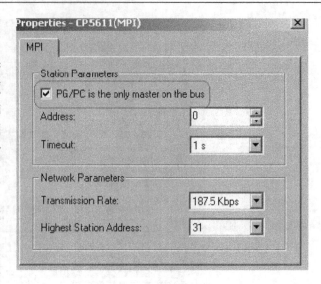

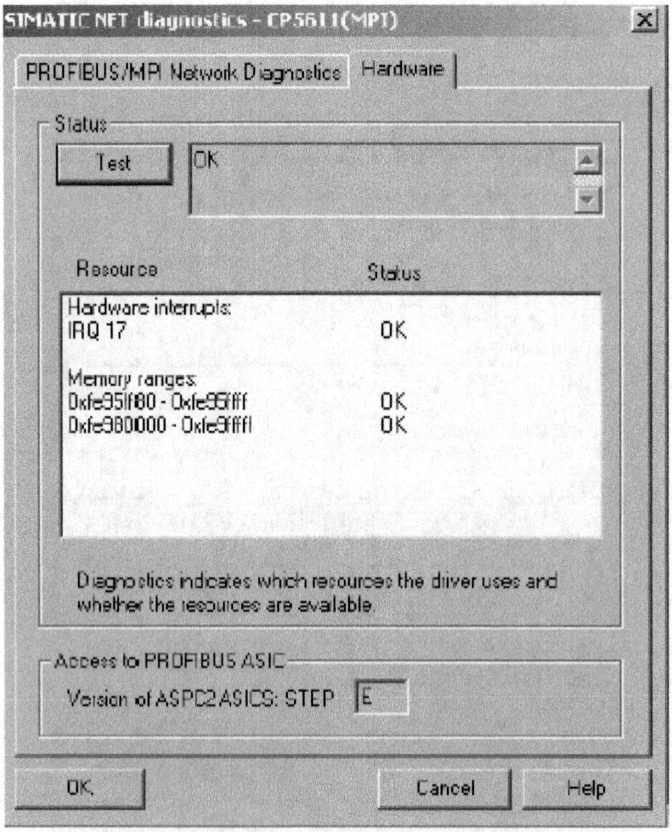

图 1 – 17　硬件测试

图 1 – 18　电缆选择

　　如果选择与 CPU 相连的是 MPI 接口，选择 S7ONLINE（STEP 7）→为 CP5611（MPI），然后点击按钮设置 MPI 的属性，如图 1－19 所示。

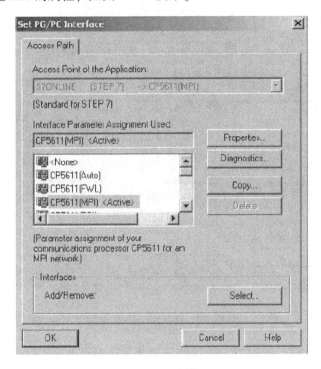

图 1－19　属性

　　设置 MPI 接口属性，选择 MPI 接口的通信波特率，此处的波特率一定要和实际要通信的 CPU MPI 口实际的波特率相同，例如 CPU MPI 口实际的波特率为 187.5Kbps，而此处设置为 19.2Kbps，则不能建立通信，会显示错误信息，同时要注意 PG/PC 的地址不要和 PLC 的地址相同。使用电缆连接好 CPU 与 CP5611 后可以判断是能够找到网络上的站点，点击按钮，进入网络诊断画面然后点击按钮，可以看到网络上的站点，设置完成后点击 2 次 "OK"，STEP 7 会提示如下信息：点击 "OK" 完成 PG/PC Interface 的设置，此时可以建立 PC 与 CPU 的通信，正常通信时 CP5611 卡的指示灯快闪。

　　如果选择与 CPU 相连的是 Profibus 接口，选择 S7ONLINE（STEP 7）→为 CP5611（PROFIBUS），然后点击按钮设置 Profibus 端口的属性，如图 1－20 所示。

　　设置 Profibus 接口属性，如果 PG/PC 为唯一的主站请选中，然后选择 Profibus 接口的通信波特率，此处的波特率一定要和实际要通信的 CPU DP 口实际的波特率相同，例如 CPU DP 口实际的波特率为 1.5Mbps，而此处设置为 187.5Kbps，则不能建立通信，会显示错误信息，其他按默认设置，同时要注意 PG/PC 的地址不要和 PLC 的地址相同。测试与网络上的站点通信方法与 MPI 方式相同。设置完成后点击 2 次 "OK"，STEP 7 会提示如下信息：点击 "OK" 完成 PG/PC Interface 的设置，此时可以建立 PC 与 CPU 的通信，正常通信时 CP5611 卡的指示灯快闪。

　　如果使用 CP5611 卡连接 CPU 的 MPI 口或是 DP 口不知道 CPU 口的波特率，此时没有办法按照前面的介绍设置 MPI 口或是 DP 口的波特率，可以在 "PG/PC Interface" 中选择，此时 S7ONLINE（STEP 7）→为 CP5611（Auto），然后点击按钮，再点击按钮，STEP 7

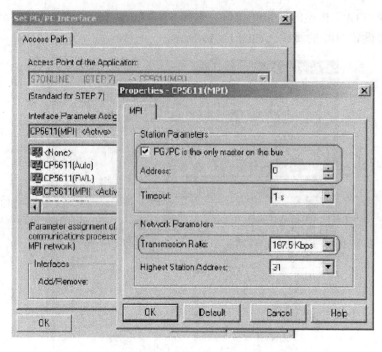

图 1 – 20　Profibus 端口的属性

软件会自动检测 CPU 端口的设置，通过此功能还可以判断 STEP 7 是否能和 CPU 建立通信，检测过程如图 1 – 21 所示。

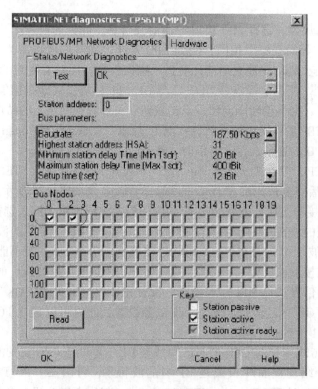

图 1 – 21　网络测试

1.1.3.9　下载程序到可编程控制器

应该建立一个在线连接，以便下载程序。

用 ON/OFF 开关接通电源。CPU 上的"DC5V"指示灯亮。

将操作模试开关转为 STOP 位置（如果尚未处于 STOP）红色的
"STOP"LED 将点亮。

复位 CPU 并切换到 RUN。将操作模式开关转 MRES 位置并保持至
3s 直至红色的"STOP"LED 开始慢闪。

放开开关并且至少 3s 之内将开关再转到 MRES 位置。当"STOP"LED 快闪时，CPU
已被复位。

如果"STOP"LED 没有开始闪，重复这一过程。

下载程序到 CPU。

现在将操作模式开关重新转为"STOP"下载程序。

启动 SIMATIC Manager 在"Open"对话框中打开"Getting Started"项目（如果它尚
未被打开）。

除了"Getting Started Offline（离线）"窗口外，打开"Getting Started ONLINE（在
线）"窗口。在线或离线状态通过不同颜色的标头指示。

在两个窗口中定位到 Blocks 文件夹。

离线窗口显示编程设备上的情形；在线窗口显示 CPU 上的情形。

即使执行存储器复位，系统功能（SFC）也会保留在 CPU 中。CPU 提供这些操作系
统的功能。它们无须被下载，也不能被删除。

在离线窗口选择 Blocks 文件夹，然后用菜单命令 PLC > Bownload 下载程序到 CPU，
用 OK 确认提示。

当完成下载之后，这些程序块就显示在在线窗口。还可以用工具栏中相应的按钮或鼠
标右键的弹出菜单来调用菜单命令 PLC > Download。

接通 CPU 并检查操作模式：
将操作模式开关转为 RUN – P。绿色的"RUN"LED 点亮而红色
"STOP"LED 灭，说明 CPU 已为操作做好准备。当绿色 LED 变亮时，

便可以开始测试程序。如果红色 LED 仍亮着，说明有错误出现。需要评估诊断缓存区以便诊断错误。

下载单个块：在实际当中，为对错误做出快速反应，可以使用拖动功能将块一个一个地转送到 CPU。当处于下载块时，CPU 上的操作模式开关必须在 "RUN – P" 或 "STOP" 模式。在 "RUN – P" 模式下载的块立即被启动，因此，必须记住以下几点：

（1）如果没有错误的块被错误的块重写，将导致系统故障。可以在下载块之前对它们进行测试从而避免这种情况。

（2）如果没有按照一定的顺序下载块（首先是子程序块，然后是更高一级的块）CPU 将进入 "Stop" 模式。可以下载整个程序到 CPU，从而避免这种情况。

在线编程：在实际当中，为测试目的，可能需要修改已经下载到 CPU 的块。要这么做，首先双击在线窗口所需的块，打开 LAD/STL/FBD 编程窗口。然后像通常一样编程该块。注意：这个编完的块会立即在 CPU 中生效。

在 Help > Contents 下的主题 "建立在线连接并进行 CPU 设置" 和 "从 PG/PC 下载到可编辑控制器" 中可以找到更多的信息。

1.1.4　任务训练

1.1.4.1　创建项目

A　利用 "提示向导" 创建一个项目

利用 "提示向导" 创建一个项目的步骤如下：

（1）在 SIMATIC 管理器中选择菜单命令 Files > "New project" Wizard。

（2）根据 "提示向导" 对话框的要求，输入详细内容。

B　手工创建一个项目

手工创建一个项目的步骤如下：

（1）在 SIMATIC 管理器中选择菜单命令 File > New。

（2）在 "New" 对话框中选择 "New project"。

（3）为项目输入名称，并以 "OK" 确认输入。

C　插入一个站

为了在一个项目中插入一个新的站，要将此项目打开以便使该项目的窗口显示出来。

（1）选择项目。

（2）利用菜单命令 Insert > Station 来生成满足硬件需要的 "站"。若站未被显示出来，可以在项目窗口内点击项目图标之前的 " + " 号。

D　项目操作结果

组态硬件

开始处在打开的 SIMATIC Manager 及 "Getting Stared" 项目。打开 SIMATIC 300 Station 文件夹并双击 Hardware（硬件）如图 1 – 22 所示符号。HW Config 窗口打开。硬件目

录如图 1 - 23 所示，在创建项目时所选择的 CPU 显示出来。对于"Getting Started"项目，是 CPU314。

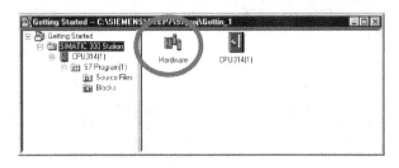

图 1 - 22　硬件

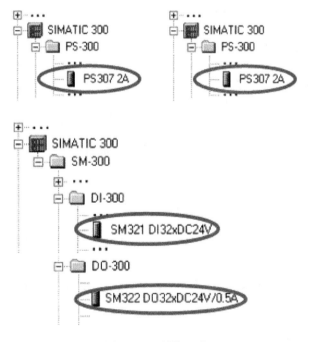

图 1 - 23　硬件目录

　　如图 1 - 24 所示，机架里首先需要一个电源模板。在 H 目录中查找到 PS607 2A，将该模板拖至 1 号槽。
　　查找输入模板（DI，数字输入）SIM321DI32DC24V，将它双击或拖放到 4 号槽。3 号槽空着。用同样的方式插入输出模板 SM322 DO32 DC24V/0.5A 在 5 号槽。

1.1.4.2　任务训练

（1）建立 PC 与适配器 MPI 通信。
（2）建立 PC 与 CP5611 通信。

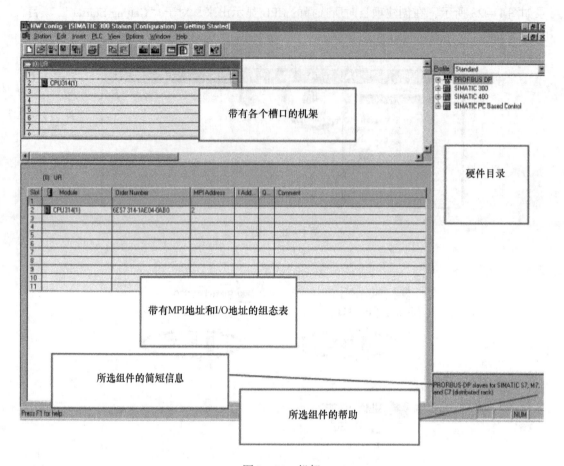

图 1 - 24　机架

（3）建立一个在线连接。

任务 1.2　仓储库存状态显示项目

1.2.1　任务描述与分析

1.2.1.1　任务描述

仓库里物品数量的多少通过仓库信号灯来显示。

1.2.1.2　任务分析

用计数器和比较指令通过编程来实现显示仓库数量的多少信号灯指示。

1.2.2　完成任务所需材料

PLC 实验实训装置一套、计算机 STEP 7 软件一套。

1.2.3　相关知识及内容

1.2.3.1　装有计数器和比较器的仓库（控制要求）

图 1-25 示出包括两台传送带的系统，在两台传送带之间有一个仓库区。传送带 1 将包裹运送到临时仓库区。传送带 1 靠近仓库区一端安装的光电传感器确定已有多少包裹运送至仓库区。传送带 2 将临时库区中的包裹运送到装货场，在这里货物由卡车运送至顾客。传送带 2 靠近库区一端安装的光电传感器确定已有多少包裹从库区运送至装货场。

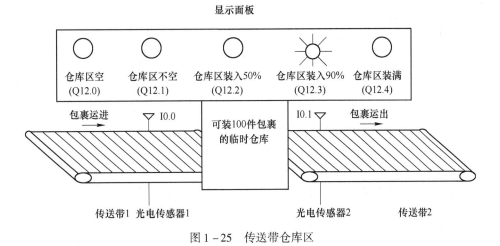

图 1-25　传送带仓库区

含 5 个指示灯的显示盘表示临时仓库区的占用程度。图 1-25 示出启动显示盘上指示灯的梯形逻辑程序。

1.2.3.2　梯形图程序

程序段 1：输入 CU 端的信号每次从 "0" 变为 "1" 时计数器 C1 加 1，输入 CD 端的信号每次从 "0" 变为 "1" 时计数器 C1 减 1。输入 S 端的信号从 "0" 变为 "1" 时，计数器值置为 PV。输入 R 端的信号从 "0" 变为 "1" 时，计数器值清零。MW0、MW4 中保存当前计数器 C1 的值。光电传感器 1、2 可用定时器设定时间控制通断。

程序段 1：Q12.1 指示 "仓库区为不空"。

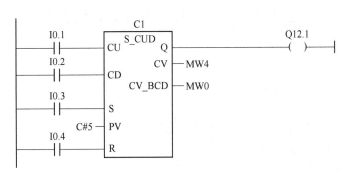

程序段 2：Q12.0 指示"仓库区空"。

```
         C1                                    Q12.0
  ├──────┤ ├──────────────────────────────────( )──┤
```

程序段 3：如果 50 小于等于计数值（即如果计数值大于等于 50），"仓库区禁入 50%"指示灯亮。

```
              ┌─────────┐                        Q12.2
  ├───────────┤  CMP    ├────────────────────────( )──
              │  <=1    │
       50 ────┤ IN1     │
       MW4 ───┤ IN2     │
              └─────────┘
```

程序段 4：如果计数值大于等于 90，"仓库区装入 90%"指示灯亮。

```
              ┌─────────┐                        Q12.3
  ├───────────┤  CMP    ├────────────────────────( )──
              │  >=1    │
       MW4 ───┤ IN1     │
       90 ────┤ IN2     │
              └─────────┘
```

程序段 5：如果计数器大于等于 100，"仓库区装满"指示灯亮。

```
              ┌─────────┐                        Q12.4
  ├───────────┤  CMP    ├────────────────────────( )──
              │  >=1    │
       MW4 ───┤ IN1     │
       100 ───┤ IN2     │
              └─────────┘
```

1.2.4　任务训练

（1）用脉冲定时器线圈—(SP)—、延时接通定时器线圈—(SD)—、保持型延时接通定时器线圈—(SS)—、延时断开定时器线圈—(SF)—。

（2）用计数器线圈、MOVE 和其他比较指令编写仓库控制显示程序。

（3）用定时器方块指令编写时钟脉冲发生器。

任务 1.3　三相电动机运动方向控制

1.3.1　任务描述与分析

1.3.1.1　任务描述

（1）应用 PLC 技术实现对三相异步电动机的控制。

（2）训练编程的思想和方法。

（3）熟悉 PLC 的使用，提高应用 PLC 的能力。

1.3.1.2 任务分析

A 三相异步电动机的正反停控制
（1）可实现正反停控制。
（2）具有防止相间短路的措施。
（3）具有过载保护环节。
B 自动往返控制电路
（1）利用行程开关可实现自动换相。
（2）具有防止相间短路的措施。
（3）具有过载保护环节。

1.3.2 完成任务所需材料

PLC 实验实训装置一套、计算机 STEP 7 软件一套。

1.3.3 相关知识及内容

1.3.3.1 三相异步电动机的正反控制

A 系统配置

在电动机正反转控制电路中，最基本的方法是接触器互锁控制电路和按钮互锁控制电路。从功能上讲，接触器的正反转控制电路保证了防止主回路短路，但如果要使电动机反转就必须首先按停止按钮后才能实现，这种操作显然很不方便。采用按钮互锁的正反转控制电路，虽然可以方便地实现换向功能，但这种省去接触器互锁的电路在实践中是不可靠的，在实际中，可能由于负载短路或电流过大使接触器处于"黏住"状态，这样也会造成事故。把以上两种正反转控制电路的优点组合起来的便是按钮和接触器双重互锁控制电路，在实际中获得广泛的应用，三相异步电动机正反停控制的电路如图 1 – 26 所示。

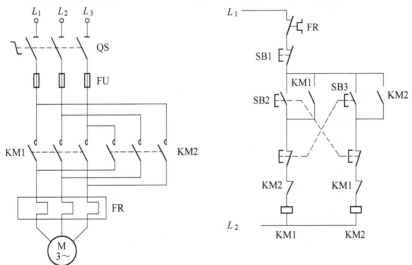

图 1 – 26 继电控制

PLC 控制的输入/输出配置及接线如图 1 - 27 所示，按钮和接触器双重互锁正反转控制电路 I/O 赋值表见表 1 - 1。

表 1 - 1　正反转控制电路 I/O 赋值表

符　号	I/O 地址分配	说　　明
FR	I0.0	热保护，常闭触点
SB1	I0.1	停止按钮，常闭触点
SB2	I0.2	正向启动按钮，常开触点
SB3	I0.3	反向启动按钮，常开触点
KM1	I0.4	正向运行接触器常闭触点
KM2	I0.5	反向运行接触器常闭触点
KM1	Q12.0	正向运行接触器线圈
KM2	Q12.1	反向运行接触器线圈

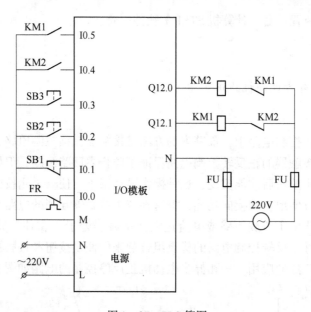

图 1 - 27　PLC 简图

B　程序设计

采用梯形图编写的正反转控制 PLC 程序如下所示。

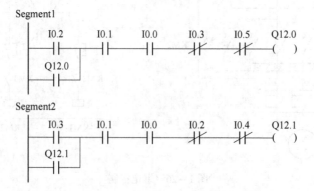

从该控制功能的要求分析，因为正反转接触器都应具有保持功能，与继电接触控制类似，图中利用 PLC 输入继电器 I0.2 和 I0.3、I0.4 和 I0.5 的常闭触点，实现双重互锁，以防止在换接时的相间短路。

按下正向启动按钮 SB2 时，输入继电器 I0.2 的常开触点闭合，接通输出继电器 Q12.0 线圈并自锁，接触器 KM1 得电吸合，电动机正向启动，并稳定运行。

按下反转启动按钮 SB3 时，输入继电器 I0.3 的常闭触点断开 Q12.0 线圈，KM1 失电释放，同时 I0.3 的常开触点闭合接通 Q12.1 线圈并自锁，接触 KM2 得电吸合，电动机反向启动，并稳定运行。

按下停机按钮 SB1，或过载保护（FR）动作，都可使 KM1 或 KM2 失电释放，电动机停止运行。

C　运行并调试程序

具体操作如下：

（1）按正转按钮 SB2，输出继电器 Q12.0 接通，电动机正转。

（2）按停止按钮 SB1，输出继电 Q12.0 断开，电动机停转。

（3）按反接按钮 SB3，输出继电器 Q12.1 接通，电动机反转。

（4）模拟电动机过载，将热继电器 FR 的触点断开，电动机停转。

（5）将热继电器 FR 触点复位，再重复正、反、停操作。

1.3.3.2　自动往返控制电路

A　系统配置

如图 1-28 所示的控制电路是一个自动往返控制电路，与正反转控制电路相似。该控

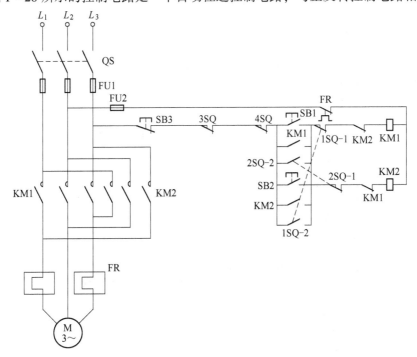

图 1-28　自动往返控制电路

制电路的功能是：利用按钮 SB1 和 SB2 可实现手动往返，利用行程开关 1SQ 及 2SQ 可实现工作台自动换向运行，行程开关 3SQ 和 4SQ 安装在正常循环行程之外，当 1SQ 或 2SQ 无效时，工作台将继续运动，一旦碰到 3SQ 或 4SQ，则电动机正反转接触器线圈都失电。因此起到终端保护作用。当电动机过载时热继电器 FR 动作，使控制电路断电。

采用 S7 系列 PLC 控制时，其 I/O 配置表见表 1 – 2。

表 1 – 2　自动往返控制电路 PLC I/O 赋值表

SB1	I0.1	手动正转按钮
SB2	I0.2	手动反转按钮
SB3	I0.3	停止按钮
FR	I0.0	热保护元件
1SQ	I0.4	正向限位开关
2SQ	I0.5	反向限位开关
3SQ	I0.6	正向保护限位开关
4SQ	I0.7	反向保护限位开关
KM1	I2.0	正向运行接触器常开触点
KM2	I2.1	反向运行接触器常开触点
KM1	Q12.0	正向运行线圈
KM2	Q12.1	反向运行线圈

B　程序设计

采用梯形图编写的自动往返控制 PLC 程序如下所示。

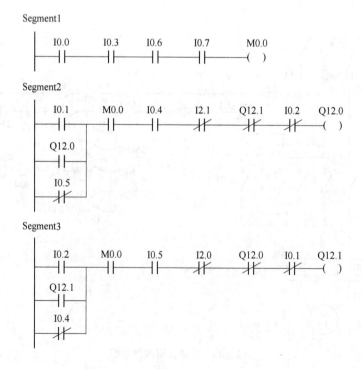

似继电接触控制，利用 PLC 输入继电器 I0.1 和 I0.2、I2.0 和 I2.1 的常闭触点，实现双重互锁，以防止在换接时的相间短路。

按下正向启动按钮 SB1 时，输入继电器 I0.1 的常开触点闭合，接通输出继电器 Q12.0 线圈并自锁，接触器 KM1 得电吸合，电动机正向启动，并稳定运行。当正限位时，I0.4 动作，切断 Q12.0，同时接通输出继电器 Q12.1 线圈并自锁，KM2 得电吸合，电动机反向启动，并稳定运行。当到反向限位时，I0.5 动作，切断 Q12.1，同时接通输出继电器 Q12.0 线圈并自锁，KM1 得电吸合，电动机正向启动，并稳定运行。如此周期运行。

按下停机按钮 SB3，或过载保护（FR）动作，都可使 KM1 或 KM2 失电释放，电动机停止运行。

若先按反向启动按钮 SB2，其启动过程学生自己分析。

C 运行并调试程序

（1）按正转按钮 SB1，输出继电器 Q12.0 接通，电动机正转。模拟正反转周期切换。

（2）按停止按钮 SB3，无论正转或反转，电动机停转。

（3）按反接按钮 SB2，输出继电器 Q12.1 接通，电动机反转。模拟正反转周期切换。

（4）模拟电动机过载，将热继电器 FR 的触点断开，电动机停转。

（5）将热继电器 FR 触点复位，再重复正、反、停操作。

1.3.3.3 设计 PLC 程序

A 控制要求

有一台振动电动机（功率 5kW），按下启动按钮后振动机连续工作 8s 开始机开始振动（频率 2Hz），振动 8 次后自动停止工作，按下点动按钮振动机进入点动工作；振动机在连续工作状态不许进行点动操作。当振动机出现过载时以 0.8Hz 的频率闪烁报警。有工作状态指示。

B 答案包括 I/O 地址符号表和梯形图参考程序

I/O 地址符号表见表 1-3。

表 1-3 I/O 地址符号表

符 号	地 址	数据类型	说 明
启动按钮	I 0.0	BOOL	常开触点
停止按钮	I 1.0	BOOL	常闭触点
热继电器	I 1.1	BOOL	常闭触点
接触器反馈点	I 1.2	BOOL	辅助常开
点动按钮	I 0.1	BOOL	常开触点
振动机接触器线圈	Q 0.0	BOOL	振动机接触器线圈
报警	Q 0.1	BOOL	过载闪烁
振动机连续运行	Q 0.2	BOOL	振动机连续运行指示
振动机振动运行	Q 0.3	BOOL	振动机振动运行指示
振动机停止运行	Q 0.4	BOOL	振动机停止指示
点动指示	Q 0.5	BOOL	振动机点动指示

PLC 控制原理学员自行完成。

梯形图参考程序：

Network 1：Title：

```
M10.0        ┌─── T10 ───┐              ┌─── T11 ───┐      M10.0
─┤/├─────────┤S   S_ODT Q├──────────────┤S  S_PEXT Q├──────( )──
             │           │              │           │
 S5T#620MS ──┤TV      BI ├── ...         S5T#630MS ──┤TV      BI ├── ...
             │           │              │           │
        ... ─┤R     BCD  ├── ...    ... ─┤R     BCD  ├── ...
             └───────────┘              └───────────┘
```

Network 2：Title：

```
 I0.0          I1.0          I1.1          M0.0
─┤ ├──┬───────┤ ├──────────┤ ├──────────( )──
      │
 M0.0 │                                   T1
─┤ ├──┘                                  (SD)──
                                        S5T#8S

                                          C1
                                         (SC)──
                                         C#8
```

Network 3：振动机接触器线圈

```
 M0.0         T1          C1           I1.1         Q0.0
─┤ ├──┬──────┤/├──┬──────┤ ├──────────┤ ├──────────( )──
      │           │
 T1   │     M10.0 │
─┤ ├──┤─────┤ ├───┘
      │
 I0.1 │
─┤ ├──┘
```

Network 4：Title：

```
 T1           M10.0                      C1
─┤ ├─────────┤ ├────────────────────────(CD)──
```

Network 5：振动机连续运行指示

```
 I1.2         T1          I0.1         Q0.2
─┤ ├──┬──────┤/├─────────┤/├──────────( )──
      │
      │       T1          C1           M10.0        Q0.3
      └──────┤ ├─────────┤ ├──────────┤ ├──────────( )──
```

Network 6：振动机停止指示

```
   I1.2                                          Q0.4
───┤/├──────────────────────────────────────────( )───┤
```

Network 7：振动机点动指示

```
   I0.1                                          Q0.5
───┤├───────────────────────────────────────────( )───┤
```

1.3.4 任务训练

（1）画出正反转控制程序运行的输入/输出状态时序图。

（2）在正反转控制中，若取消 I0.4 和 I0.5 互锁环节，电动机正反切换时，由于接触器动作的滞后，可能会造成相间短路。为解决这一问题，设计程序时，切换过程可加 0.5s 延时。试根据这一原则，重新设计电动机正反转控制的梯形图，并上机调试运行成功。

（3）在自动往返控制中取消行程开关改为时间控制，程序设计时分三类。

1）正转 5s、反转 8s 后自动循环。

2）正转 5s 停 3s、再反转 8s 停 2s 后自动循环。

3）正反循环 20 次后自动停止。

任务 1.4 三相异步电动机的减压启动控制

1.4.1 任务描述与分析

1.4.1.1 任务描述

（1）应用 PLC 技术实现对三相异步电动机的减压启动控制。

（2）训练编程的思想和方法。

（3）熟悉 PLC 的使用，提高应用 PLC 的能力。

1.4.1.2 任务分析

A 三相异步电动机的丫－△减压启动控制

（1）以丫形启动，经 5s 延时后，改为△形运行。

（2）具有防止相间短路的措施。

（3）有过载保护环节。

B 延边三角形减压启动控制

（1）三相绕组的一部分接星形，另一部分接成三角形，经 5s 后，改为三角形运行。

（2）具有防止相间短路的措施。

（3）有过载保护环节。

C 绕线异步电动机转子串电阻启动控制

（1）经三级定时（时间自定）切换工作后，改为正常运行。

（2）具有分级启动保护措施。

（3）有过载保护环节。

1.4.2　完成任务所需材料

PLC 实验实训装置一套、计算机 STEP 7 软件一套。

1.4.3　相关知识及内容

1.4.3.1　三相异步电动机的丫 – △减压启动控制

A　系统配置

当电动机容量较大时不允许直接启动，应采用减压启动，减压启动的目的是减小启动电流，但电动机的启动转矩也随之降低，因此减压启动适用于空载或轻载场合。常用的减压启动方法有星 – 三角减压启动、定子电阻串电阻启动等。而星 – 三角减压启动又是最普遍使用的方法。星 – 三角减压启动控制电路的 I/O 配置见表 1 – 4。

表 1 – 4　星 – 三角减压启动控制 I/O 分配表

FR	I0.0	热保护元件
SB1	I0.2	停止按钮，常闭触点
SB2	I0.1	启动按钮，常开触点
KM1	Q12.0	电源接触器
KM2	Q12.1	星形接触器
KM3	Q12.2	三角形接触器
KT	T1	星 – 三角转换时间

PLC 控制的输入/输出配置及接线如图 1 – 29 所示。

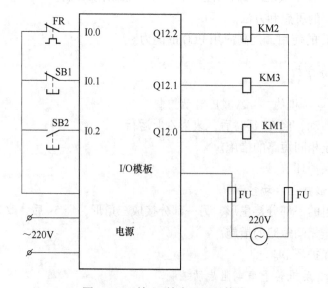

图 1 – 29　输入/输出配置及接线

B 程序设计

采用 PLC 控制的梯形图如下所示。

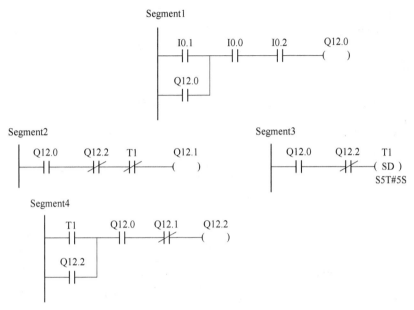

梯形图中输出继电器 Q12.1（丫接）和 Q12.2（△接）的常闭接点实现电器互锁，以防止丫→△换接时的相间短路。

按下启动按钮 SB2 时，输入继电器 I0.1 的常开触点闭合，接通输出继电器 Q12.0 并自锁，电源接触器 KM1 得电吸合，接着 Q12.1 接通，接触器 KM2 得电吸合，电动机在丫接线方式下启动；同时定时 T1 开始计时，5s 后 T1 动作使 Q12.1 断开，Q12.1 断开后 KM2 失电释放，互锁解除使输出继电器 Q12.2 接通并自锁，接触器 KM3 得电吸合，电动机便在△接方式下运行。

按下停机按钮 SB1 或过载保护（FR）动作，不论是启动或运行情况下都可使 Q12.0 断开 KM1 失电，电动机停止动行。

C 运行并调试程序

（1）按启动按钮 SB2，输出继电器 Q12.0、Q12.1 接通，电动机定子绕组接成丫形减压启动，延时 5s 后，输出继电器 Q12.1 断开，Q12.2 接通，电动机定子绕组接成△形全压运行。

（2）按停止按钮 SB1，Q12.0 断开，电动机停转。

（3）重新启动电动机。

（4）模拟电动机过载，将热继电器 FR 常闭触点断开，电动机停转。

（5）重复上述操作。

1.4.3.2 延边三角形减压启动控制

A 系统配置

为了克服星-三角启动控制电路启动转矩小的缺点，可采用延边三角形启动，启动时把三相绕组的一部分接为星形，另一部分接为三角形，在正常运行时接成三角形。这种启动方法使用于定子绕组特定设计的电动机。延边三角形启动控制电路如图 1-30 所示。

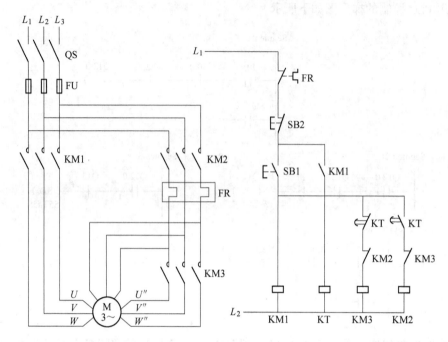

图 1-30　星 - 三角启动控制电路

延边三角形减压启动控制的 I/O 配置见表 1-5。

表 1-5　延边三角形启动控制 I/O 赋值表

FR	I0.0	热保护元件
SB1	I0.1	电机启动按钮
SB2	I0.2	电机停止按钮
KM1	Q12.0	电源接触器
KM2	Q12.1	运行接触器
KM3	Q12.2	启动接触器
KT	T1	启动时间继电器

B　程序设计

PLC 控制梯形图如下：

图中输出继电器 Q12.1 和 Q12.2 的常闭接点实现电器互锁，以防止延边△→△换接时的相间短路。

按下启动按钮 SB1 时，输入继电器 I0.1 的常开触点闭合，接通输出继电器 Q12.0 并自锁，电源接触器 KM1 得电吸合，接着 Q12.2 接通，接触器 KM3 得电吸合，电动机在延边△接线方式下启动；同时定时 T1 开始计时，5s 后 T1 动作使 Q12.2 断开，Q12.2 断开后 KM3 失电释放，互锁解除使输出继电器 Q12.1 接通并自锁，接触器 KM2 得电吸合，电动机便在△接方式下运行。

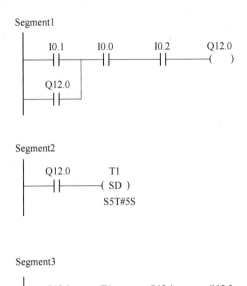

按下停机按钮 SB1 或过载保护（FR）动作，不论是启动或运行情况下都可使 Q12.0 断开 KM1 失电，电动机停止动行。

C　运行并调试程序

（1）按启动按钮 SB1，输出继电器 Q12.0、Q12.2 接通，电动机定子绕组接成延边△减压启动，延时 5s 后，输出继电器 Q12.2 断开，Q12.1 接通，电动机定子绕组接成△形全压运行。

（2）按停止按钮 SB1，Q12.0 断开，电动机停转。

（3）重新启动电动机。

（4）模拟电动机过载，将热继电器 FR 常闭触点断开，电动机停转。

（5）重复上述操作。

1.4.3.3　绕线式三相异步电动机转子串电阻启动控制

A　系统配置

有些工作机械不能在空载状态下启动，而电动机的启动转矩一般较额定转矩小，采用大功率电动机时又会使电动机工作处在轻负载状态，而绕线转子异步电动机恰好满足负载状态下的大转矩启动。在如图 1–31 所示的控制电路中，按下启动按钮 SB1 后，电源接触器线圈 KM 得电自锁，并使下面的三级定时切换电路工作，经 KT1 计时后，其常开触点闭合，KM1 得电。KM1 的常开辅助触点又使 KT2 定时工作，KT2 延时时间到时其常开触点闭合，KM2 得电。KM2 的常开辅助触点又接通 KT3，KT3 到达计时设定值时，其常开触点使 KM3 得电自锁，并断开 KT1 线圈，启动过程结束。在电动机正常工作时只有 KM 和 KM3 保持得电状态。

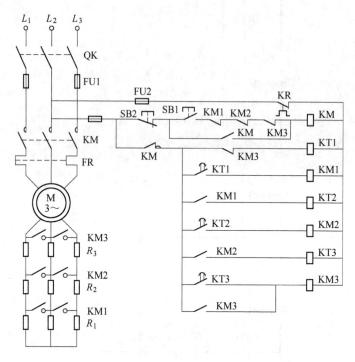

图 1 – 31　绕线式三相异步电动机转子串电阻启动控制电路

采用 S7 系列 PLC 控制时，其 I/O 赋值表见表 1 – 6。

表 1 – 6　绕线式异步电动机控制 I/O 赋值表

SB1	I0.1	启动按钮
SB2	I0.2	停止按钮
FR	I0.0	热保护元件
KM	Q12.0	电源接触器线圈
KM1	Q12.1	第 1 级切换接触器线圈
KM2	Q12.2	第 2 级切换接触器线圈
KM3	Q12.3	第 3 级切换接触器线圈

B　程序设计

梯形图中输出继电器 Q12.1、Q12.2 和 Q12.3 的常闭接点串联，以保证每次启动均为全压启动。

按下启动按钮 SB1 时，输入继电器 I0.1 的常开触点闭合，接通输出继电器 Q12.0 并自锁，电源接触器 KM 得电吸合，电动机串入全部电阻启动，T1 开始延时，经 5s 后，接通 Q12.1，接触器 KM1 得电吸合，切除第一级电阻。T2 开始延时，经 5s 后，接通

Q12.2，接触器 KM2 得电吸合，切除第二级电阻。T3 开始延时，经 5s 后，接通 Q12.3 并自锁，接触器 KM3 得电吸合，切除第三级电阻。同时 T1、T2 和 T3，Q12.1、Q12.2 失电（KM1 和 KM2 失电）。电动机进入全压运行。

按下停机按钮 SB1 或过载保护（FR）动作，不论是启动或运行情况下都可使 Q12.0 断开 KM 失电，电动机停止动行。梯形图如下。

梯形图程序：

Segment1

```
      I0.1    Q12.1   Q12.2   Q12.3        I0.0        I0.2     Q12.0
   ├──┤ ├───┤/├─────┤/├─────┤/├───┬────┤ ├────────┤ ├──────(  )
   │                                │
   │        Q12.0                   │
   └────────┤ ├─────────────────────┘
```

Segment2

```
      I0.0    Q12.0    M0.0    Q12.3       T1
   ├──┤ ├────┤ ├─────( # )───┤/├──────(SD)
                                       S5T#5S
```

Segment3

```
      M0.0     T1     Q12.1
   ├──┤ ├────┤ ├──────(  )
```

Segment4

```
      M0.0    Q12.1     T2
   ├──┤ ├────┤ ├──────(SD)
                        S5T#5S
```

Segment5

```
      M0.0     T2     Q12.2
   ├──┤ ├────┤ ├──────(  )
```

Segment6

```
      M0.0    Q12.2     T3
   ├──┤ ├────┤ ├──────(SD)
                        S5T#5S
```

Segment7

```
       T3      M0.0    Q12.3
   ├──┬┤ ├────┤ ├──────(  )
      │
      │ Q12.3
      └─┤ ├
```

C　运行并调试程序

（1）按启动按钮 SB1，输出继电器 Q12.1、Q12.2、Q12.3 经延时逐级接通，最后只有 Q12.0 和 Q12.3 接通，电动机进入全压运行。

（2）按停止按钮 SB1，Q12.0 断开，电动机停转。

（3）重新启动电动机。

（4）模拟电动机过载，将热继电器 FR 常闭触点断开，电动机停转。

（5）重复上述操作。

1.4.4　任务训练

项目名称：三台电动机控制。

1.4.4.1　考核要求

（1）按照给定要求正确绘制 PLC 组成的控制系统图（要求横平竖直）。

（2）作出 I/O 分配表。

（3）按控制要求编写正确控制程序。

1.4.4.2　考核内容（控制要求）

A　任务：每台电机功率为 5kW

（1）第一台三相异步电动机要求 Y－△降压启动：

以 Y 形启动，经 5s 延时后，改为△形运行。

（2）第一台启动完成后第二电动机由变频器控制（启动时间 3s、自动时间 3s）以低频 20Hz 运行，经 7s 后进入额定频率运行。

（3）当第二台电机进入额定运行时第一台电机停止、启动第三台电动机，当第三台电动机工作 10s 后停止第二台电机、在 15s 时自动启动第一台同时停止第三台进入下一循环。当循环五次后第三台电机以反向运行进入循环，累计循环 9 次后自动停止工作。

（4）当电机出现过载时以 0.5Hz 频率闪烁显示。

B　要求

（1）完成上述自动任务时不考虑手动操作。

（2）操作控制键要符合电工规范常用习惯。

（3）采用规范化软件程序方式编写程序。

任务 1.5　电机制动控制电路

1.5.1　任务描述与分析

1.5.1.1　任务描述

（1）应用 PLC 技术实现对三相异步电动机的制动控制。

（2）训练编程的思想和方法。

（3）熟悉 PLC 的使用，提高应用 PLC 的能力。

1.5.1.2 任务分析

（1）三相异步电动机的反接制动控制电路。

1）电动机要停止时两根电源线反接产生制动转矩。

2）具有防止电动机反转的措施；有过载保护环节。

（2）三相异步电动机能耗制动控制电路。

1）电动机要停止时切断三相电源，将直流电源接入定子绕组，电动机转速接近零时，断开直流电源。

2）具有防止相间短路的措施；具有过载保护环节。

1.5.2 完成任务所需材料

PLC 实验实训装置一套、计算机 STEP 7 软件一套。

1.5.3 相关知识及内容

1.5.3.1 三相异步电动机的反接制动控制电路

A 系统配置

反接制动的原理是在电动机要停止时把任意两根电源反接而产生制动转矩，在制动转矩作用下，电动机将很快停止转动，电动机的转速降到接近于零时，由速度继电器切断电源，否则电动机将反转。如图 1 – 32 所示是反接制动控制原理图。

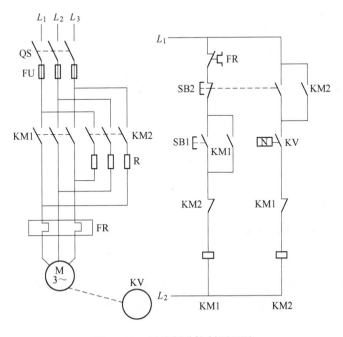

图 1 – 32 反接制动控制原理图

反接制动控制的 I/O 分配见表 1 – 7。

表 1 - 7　反接制动控制 I/O 分配表

FR	I0.0	电动机热保护（常闭）
SB1	I0.1	电动机启动按钮
SB2	I0.2	电动机停止按钮（常闭）
KV	I0.3	速度继电器
KM1	Q12.0	电动机运行接触器
KM2	Q12.1	电动机制动接触器

B　程序设计

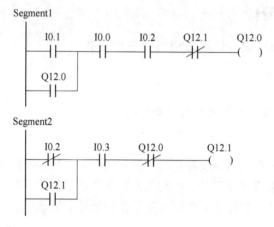

C　运行并调试程序

（1）按启动按钮 SB1，输出继电器 Q12.0 接通并自锁。电动机全压启动运行。速度继电器常开触点接通，输入继电器 I0.3 接通。

（2）按停止按钮 SB2，输出继电器 Q12.0 失电并接通输出继电器 Q12.1 并自锁，电动机反接电源开始制动，当转速低于速度继电器的整定值时，常开触点断开，输出继电器 Q12.1 失电，电动机制动结束。

（3）重新启动电动机。

（4）模拟电动机过载，将热继电器 FR 常闭触点断开，观察电动机的停转过程。并分析原因。并提出建议。

（5）重复上述操作。

1.5.3.2　三相异步电动机能耗制动控制电路

A　系统配置

能耗制动是电动机要停止时，在三相电源断电的同时把直流电源接入定子绕组，当电动机转速接近零时，再断开直流电源。这种制动方法的实质是把转子的机械能转变为电能，所以称为能耗制动。制动能力大小，与所输入的直流电流大小有关，电流越大，则制动作用越强。如图 1 - 33 所示是用时间继电器实现的能耗制动控制电路，图 1 - 33 中可调电阻器 R 用于调节制动电流的大小。

采用 S7 系列 PLC 控制时，其 I/O 配置见表 1 - 8。

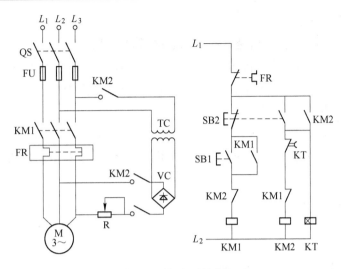

图 1-33 能耗制动控制电路

表 1-8 能耗制动控制 I/O 赋值表

FR	I0.0	热保护元件
SB1	I0.1	启动按钮
SB2	I0.2	停止按钮
KM1	Q12.0	电动机运行接触器
KM2	Q12.1	电动机制动接触器
KT	TI	制动时间继电器

B 程序设计

程序图如下。

运行调试记录:

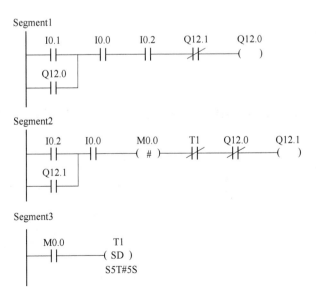

C　运行并调试程序

（1）按启动按钮 SB1，输出继电器 Q12.0 接通并自锁，电动机全电压启动运行。

（2）按停止按钮 SB2，输出继电器 Q12.0 失电同时接通输出继电器 Q12.1 和定时器 T1，电动机定子绕组接入直流电源开始制，定时器开始定时，经 5s 后，输出继电器 Q12.1 失电制动结束。

（3）重新启动电动机。

（4）模拟电动机过载，将热继电器 FR 常闭触点断开，观察电动机的停转过程，并分析原因。

（5）重复上述操作。

1.5.4　任务训练

1.5.4.1　完成三台皮带电机顺启逆停控制要求有时间间隔

1.5.4.2　三相异步电动机自动正反转控制电路（能正反直接启动）的程序设计和上机调试

A　任务

（1）在自动往返控制中取消行程开关改为时间控制，正转运行 5s 后自动切换进行反转，反转运行 8s 再进入正转；经过 5 次循环后自动停车。

（2）既能正向启动也能反向启动，在正转或反转时、能单独停车。

B　要求

（1）工作方式设置为自动循环。

（2）正转定时（SP）、反转定时用（SS）。

（3）计数器采用加法计数线圈。

（4）有电动机状态显示功能。

1.5.4.3　物料运输控制系统

A　控制要求及考核内容

a　任务

有甲地装货运到乙地卸货运输控制系统，其工艺流程如图 1-34 所示。

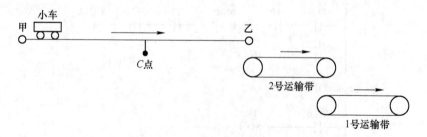

图 1-34　物料运输

b 控制要求

(1) 当按下启动按钮，小车在甲地开始装料经 6s 后，小车从甲地向乙地运行，经过 C 点时，启动 1 号运输带，延时 6s 后自动启动 2 号运输带；当到达乙地后，开始卸货，经 10s 后完成卸货，小车自动返回甲地继续装料。为了避免物料在运输带上堆积，应尽量将余料清理干净，使下一次可以轻载启动，返回时小车经过 C 点自动停止运输带，停止顺序应与启动的顺序相反，即先停 2 号运输带，5s 后再停 1 号运输带。小车经过 10 次循环后自动停在甲地。

(2) 当系统出现故障时以 0.8Hz 频率闪烁显示。

B 设计要求

(1) 符合电气设计规范，具有必要的保护功能。

(2) 工作方式分为手动和自动两种操作方式。

(3) 在信号控制屏上所有电机要有工作状态指示。

C 考核要求及评分标准

(1) 画出 PLC 控制系统原理图。

(2) 写出 I/O 地址分配表（不含主电路部分）。

(3) 按控制要求完成硬件组态、并下载到 PLC。能实现所有的控制功能程序。

任务 1.6 物料自动混合控制

1.6.1 任务描述与分析

1.6.1.1 任务描述

(1) 用 PLC 过程物料自动混合控制系统。

(2) 掌握 PLC 编程的技巧和程序调试的方法。

(3) 训练应用 PLC 技术实现一般生产过程控制的能力。

1.6.1.2 任务分析

A 初始状态

容器是空的，电磁阀 F1、F2、F3 和 F4，搅拌电动机 M，液面传感器 L_1、L_2 和 L_3，加热器 H 和温度传感器 T 均为 OFF。

B 物料自动混合控制

按下启动按钮，开始下列操作：

(1) 磁阀 F1 开启，开始注入物料 A，至高度 L_2（此时 L_2、L_3 均为 ON）时，关闭阀 F1，同时开启电磁阀 F2，注入物料 B，当液面上升至 L_1 时，关闭阀 F2。

(2) 当物料 B 注入后，启动搅拌电动机 M，使 A、B 两种物料混合 10s。

(3) 10s 后停止搅拌，开启电磁阀 F4，放出混合物料，当液面高度降至 L_3 后，再经 5s 关闭阀 F4。

C 停止操作

按下停止按钮，当前过程完成以后，再停止操作，回到初始状态。

1.6.2　完成任务所需材料

PLC 实验实训装置一套、计算机 STEP 7 软件一套。

1.6.3　相关知识及内容

1.6.3.1　系统配置

物料自动混合装置模拟实训图，如图 1 - 35 所示。物料自动混合装置中电磁阀的动作，既能手动控制，又受液面传感器输入信号的控制。如果物料混合需要加热，按动按钮 SB2，启动加热器 H 开始加热。当温度达到规定要求时，温度传感器 T 动作（D4 指示），加热器 H 停止加热。液面位置由 D1、D2 和 D3 指示。

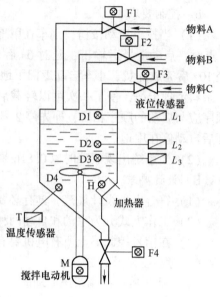

图 1 - 35　物料自动混合装置

按下启动按钮 SB2，M0.0 接通并自保，使 Q12.0 输出，阀 F1 开启进料。当液面至 L_3 时，传感器 L_3 给出信号，I0.4 接通，Q12.7 指示液位；当液面至 L_2 时，传感器 L_2 给出信号，I0.3 接通，Q16.0 指示液位，并关闭阀 F1，开启阀 F2；当液位至 L_1 时，传感器 L_1 给出信号，I0.2 接通，Q16.1 指示液位，并关闭阀 F2，启动搅拌电动机 M（Q12.4 为 ON），经 10s 延时后，开启阀 F4 放料。在液面下降过程中，随着液面传感器信号的消失，指示灯信号依次熄灭；Q12.7 断开后，再经 5s 延时，关闭阀 F4，并进入下一工作过程。

若要中止上述生产过程，接通停止开关 SB2，I0.0 接通，等待当前生产过程的完成；当 T1 延时到位（料全部放出），阀 F4 关闭，才停止在初始状态。

1.6.3.2　根据物料自动混合的控制要求，I/O 配置及接线（图 1 - 36）

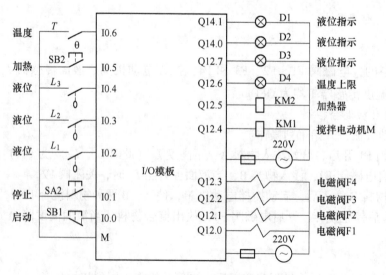

图 1 - 36　PLC 接线图

1.6.3.3 程序设计

用基本逻辑指令编程。用基本逻辑指令设计的物料自动混合控制的梯形图如下：

Segment1

```
     I0.1      M0.1       M0.0
     ─┤├───────┤/├────────( )          //启动
     M0.0
     ─┤├─
```

Segment2

```
     I0.0       T1        M0.1
     ─┤├───────┤/├────────( )          //停
```

Segment3

```
     I0.2              Q16.1
     ─┤├───────────────( )             //液位 L1
```

Segment4

```
     I0.3              Q16.0
     ─┤├───────────────( )             //液位 L2
```

Segment5

```
     I0.4              Q12.7
     ─┤├───────────────( )             //液位 L3
```

Segment6

```
     M0.0     Q16.0  Q12.3      Q12.0
     ─┤├────────┤├────┤/├───────( )    //开 F1阀
     Q12.0
     ─┤├─
```

Segment7

```
     Q16.0    Q16.1  Q12.3      Q12.1
     ─┤├───────┤/├────┤/├───────( )    //开 F2阀
     Q12.1
     ─┤├─
```

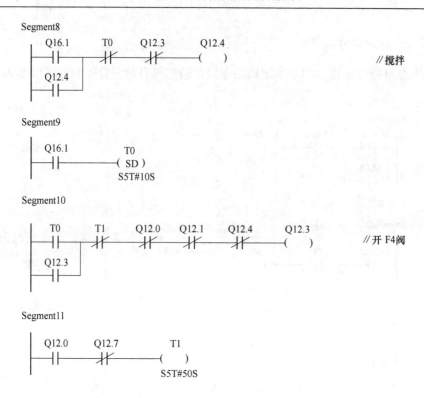

1.6.3.4　程序运行与调试

（1）用按钮模拟各液位检测开关，观察程序的运行情况，程序应按控制要求运行。

（2）运行调试记录。

1.6.4　任务训练

项目名称：物料自动混合控制

1.6.4.1　考核要求

（1）按照给定设备正确完成硬件组态。

（2）写出 I/O 地址、按照要求绘制控制接线简图（10 分）。

（3）按控制要求完成对物料混合装置控制程序设计（60 分）。

（4）按控制要求正确操作设备、调试正常（20 分）。

（5）输入输出地址由现场指定。

1.6.4.2　考核内容（控制要求）

A　控制要求

物料自动混合装置如图 1 - 37 所示。

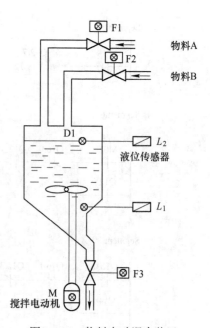

图 1 - 37　物料自动混合装置

　　B　初始状态

当设备投入运行时容器是空的，电磁阀 F1、F2，搅拌电动机 M、液面传感器 L_1、L_2 均为 OFF。F3 为 ON 状态。

　　C　按下启动按钮，开始下列操作

（1）电磁阀 F3 关闭、电磁阀 F1 开启，开始注入物料 A，至高度 L_1（此时 L_1 为 ON）时，开启电磁阀 F2，注入物料 B，启动搅拌电动机 M，使 A、B 两种物料混合。

（2）当液面上升至 L_2 时，关闭阀 F1 和 F2，停止物料 A、B 注入，10s 后搅拌电机停止工作，开启电磁阀 F3，放出混合物料，当混合物料排放 5s 后自动进入下一循环操作。

（3）按下停止按钮，在当前自动过程完成以后，停止运行回到初始状态。按下急停按钮，立即停止整个过程。

1.6.4.3　程序设计要求

（1）满足上述工艺要求。

（2）要求有信号状态显示。

任务 1.7　自动送料装车控制

1.7.1　任务描述与分析

1.7.1.1　任务描述

（1）自动送料装车控制系统的建立，掌握应用 PLC 技术设计传动控制系统的思想和方法。

（2）掌握 PLC 编程的技巧和程序调试的方法。

（3）训练解决功臣实际控制问题的能力。

1.7.1.2　任务分析

自动送料装车控制系统如图 1 – 38 所示，其控制分初始状态，装车控制，停止控制三步。

　　A　初始状态

红灯 L1 灭，绿灯 L2 亮，表明允许汽车开进装料。料斗出料口 K1 开启进料，电动机 M1、M2 和 M3 皆为 OFF。

　　B　装车控制

（1）进料。如料斗中料不满（S1 为 OFF），5s 后进料阀 K1 开启进料；当料斗 S1 为 ON 时，终止进料。

（2）装车。当汽车开进到装车位置（SQ1 为 ON）时，红灯 L1 亮，绿灯 L2 灭；同时启动 M3，经 2s 后启动 M2，再经 2s 后启动 M1，再经 2s 后打开料斗（K2 为 ON）出料。

当车装满（SQ1 为 ON）时，料斗 K2 关闭，2s 后 M1 电机停止 M2 在 M1 停止 2s 后停止，M3 在 M2 停止 2s 后停止，同时红灯 L1 灭，绿灯 L2 亮，表明汽车可以开走。

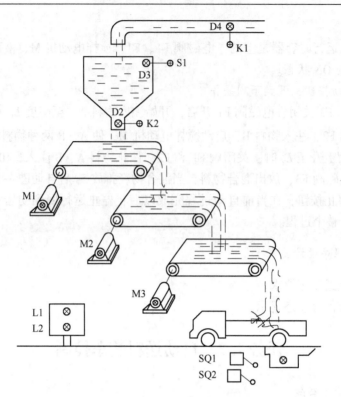

图 1 - 38   自动送料装车控制系统

C   停机控制

按下停止按钮 SB2，整个系统中止运行。

1.7.2   完成任务所需材料

PLC 实验实训装置一套、计算机 STEP 7 软件一套。

1.7.3   相关知识及内容

1.7.3.1   系统配置

自动送料装车控制系统中。根据自动送料装车控制的要求，I/O 配置及其接线如图 1 - 39 所示。电动机 M1 ~ M3，通过接触器 KM1 ~ KM3 控制，用 Q0.3Q0.4Q0.5 亮与否来模拟电机的工作与否；车满行程开关 SQ1 用 PLC 接点 I0.3 来模拟，车到位行程开关 SQ1 用 PLC 接点 I0.1 来模拟，料斗满与否 S1 用 PLC 接点 I0.5 来模拟。管道进料阀 K1 用 Q0.1 来模拟；启动程序按钮 SB1 用 I0.0 来模拟；程序停止按钮用 I0.6 来模拟。

1.7.3.2   程序设计用基本逻辑指令编程（图 1 - 39）

压下 I0.0 程序启动按钮，绿灯亮 Q0.0 判断下料斗料是否装满，如果装满了则 Q0.2 熄灭；如果没有装满则延时 5s 打开管道进料阀 Q0.2 亮；车到位时压下 I0.1 红灯 Q0.1 亮，绿灯 Q0.0 灭，同时电机 M3 启动，即 Q0.3 亮，延时 2s 电动机 M2 启动 Q0.4 亮再延时 2s M1 电机启动；如果车装满了，压下 I0.3（注意：要一直按到绿灯亮才可以松手，因

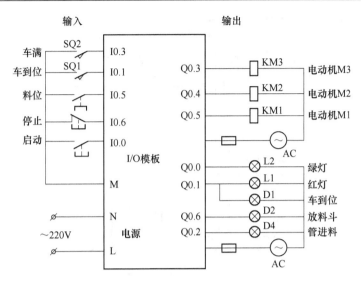

图 1 - 39　PLC I/O 配置及接线图

为只有汽车开走后行程开关才能复位）管道进料阀关闭即：Q0.6 灯灭，延时 2s M1 电机停止，再延时 2s 电机 M2 停止，再延时 2s 电机 M3 停止，绿灯 Q0.0 亮，表明汽车可以开走了。就这样完成了一个循环。

1.7.4　任务训练

1.7.4.1　自动送料装车控制

A　控制及训练要求

（1）在前述控制要求的基础上，增加每日装车数的统计功能，并显示统计结果。

（2）重新配置 I/O。

（3）运行并调试程序。

B　显示统计结果

用七段译码显示统计结果，编写相应程序。

1.7.4.2　大小球分类传送控制系统

A　工艺

大小球分类传送装置如图 1 - 40 所示。

机械手正常停在原点 SQ1 处，系统动作顺序为下降、吸球、上升、右行、下降（大球在右限 SQ5 下降、小球在右限 SQ4 下降）、释放、上升、左行。

B　控制要求

（1）符合电气设计规范，具有必要的保护功能。

（2）工作方式分为手动和自动两种操作方式。

（3）自动时：当按下启动按钮，机械手在原点（左限 SQ1）开始下降经 10s 后，机械手上的电磁铁压住球时开始吸球（电磁铁压住大球，下限位开关是断开的、压住小球，下限位开关则接通）经 5s 延时后开始上升、右行、下降（大球在右限 SQ5 下降、小球在

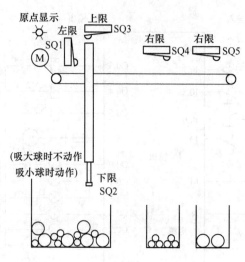

图 1 - 40　大小球分类传送装置示意图

右限 SQ4 下降）、到达下限 SQ2 机械手释放球，延时 6s 后上升、到达上极限向左行，到达左极限自动下降吸球。机械手升降位置电机采用电磁抱闸制动。

（4）在信号控制屏上所有电机要有工作状态指示。

（5）机械手上的电磁铁、升降电机、电磁抱闸制动由远程机架上的接触器控制。

（6）当系统出现故障时以 0.8Hz 频率闪烁显示。

（7）分别统计大小球的数量（大小球的数量最大不超过 999）。每个大小球的单位质量根据现场实际通过变量表设定、分拣后当大小球的总质量达到设定总质量的 90% 时，以 0.8Hz 的频率闪烁报警提示，准备移动大小球仓，若大小球总质量达到设定总质量时，停止分拣球，机械手返回原点停止。大小球仓的容量足够满足总质量的要求。

C　考核要求及评分标准

（1）画出 PLC 控制系统原理图。

（2）写出 I/O 地址分配表（不含主电路部分）。

（3）按控制要求完成硬件组态、并下载到 PLC。

（4）能实现所有的控制功能。

任务 1.8　S7 - 300C 计数、脉宽调制、频率测定功能

1.8.1　任务描述与分析

1.8.1.1　任务描述

（1）了解系统构成。

（2）掌握接线编程方法。

1.8.1.2　任务分析

在 S7 - 300 PLC 上完成计数器、脉宽调制、频率测定功能；进行安装调试。

1.8.2   完成任务所需材料

PLC 实验实训装置一套、计算机 STEP 7 软件一套。

1.8.3   相关知识及内容

1.8.3.1   S7 – 300C 计算作业功能

在本例中将介绍 S7 – 300C 中集成的计数功能及作业功能。选用一个 S7 – 300 CPU314C – 2DP，并插入 MMC 卡。

1.8.3.2   组态高速计数器参数

在 STEP 7 中插入一个 S7 – 300 站，在硬件组态中插入 CPU314C – 2DP。双击 "Count" 进入组态画面。

A   操作模式

S7 – 300C 集成高速计数器功能，以 314C 为例，集成 4 路完全独立 60kHz 的高速计数器。

计数模式设置如图 1 – 41 所示可分为：

（1）连续计数——计到上限时跳到下限重新开始。

（2）一次计数——计到上限时跳到下限等待新的触发。

（3）周期计数——从装载值开始计数，到可设置上限时跳到装载值重新计数。

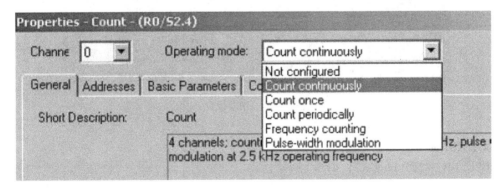

图 1 – 41   计数模式设置

B   控制参数的设置

（1）主计数方向可分上/下计数。

（2）门功能：只有在门打开时计数值才有效。

1）取消计数：门再次打开时计数值清零。

2）停止计数：门再次打开时计数值在上次计数值上计数。

（3）开始/停止值：周期计数时上限值。

（4）比较值：用于产生中断。

（5）滞后值：可防止临界时产生的扰动。

C　输入/输出的设置（图 1 - 42）

（1）输入包括脉冲信号，硬件门，及计数方向，硬件门可使计数值更加精确。

（2）输出包括设置比较器用于触发快速输出及可设置输出点脉冲时间。

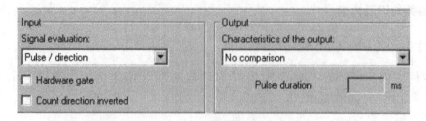

图 1 - 42　输入/输出设置

D　中断设置（图 1 - 43）

产生中断调用 OB40（必须在 basic parameters 选择中断）。中断可选择：

（1）硬件门开中断。

（2）硬件门关中断。

（3）接近比较值中断。

（4）超上限中断。

（5）超下限中断。

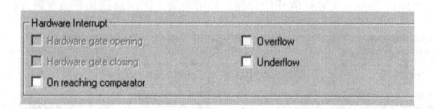

图 1 - 43　中断设置

E　硬件接线

CPU314C - 2DP plug X2，如图 1 - 44 所示。

Terminal	Name/ Address	Counting
1	1 L+	24-V power supply for the i
2	DI+0.0	Channel 0: Track A/Pulse
3	DI+0.1	Channel 0: Track B/Direction
4	DI+0.2	Channel 0: Hardware gate

图 1 - 44　硬件接线

DI＋1.4 为锁存触发点，D0＋0.0 为比较输出。

F　参考编程

在 OB1 中调用 SFB47

CALL "COUNT"，DB20

```
    LADDR      : =
    CHANNEL    : =
    SW_ GATE   : = M1.1                    //软件门
    CTRL_ D0    : =
    SET_ D0     : =
    JOB_ REQ    : = M1.2                   //写请求
    JOB_ ID     : =
    JOB_ VAL    : =
    STS_ GATE   : =
    STS_ STRT   : =
    STS_ LTCH   : =
    STS_ DO     : =
    STS_ C_ DN : =
    STS_ C_ UP : =
    COUNTVAL   : =
    LATCHVAL   : =
    JOB_ DONE   : =
    JOB_ ERR    : =
    JOB_ STAT   : =
//如果 M1.2 为 1 的沿，将清计数值
    L     W#16#1                           //写计数值任务号
    T     DB20. DBW    6
    L     0                                //写计数值为 0
    T     DB20. DBD    8
```

计数值可在背景数据块 DB20. DBD14 中读出，如果锁存触发，DB20. DBD14 中的值将存在 DB20. DBD18 中。清计数器值有两种方法：

（1）在参数设置中 "Gate function" 选 "Cancel count" 软件门为 0，在为 1 时，DB20. DBD14 中值将清零。

（2）利用写 "Job" 的方式。在上例中，写计数值的任务号为 1，装载于 DB20. DBW6 中，把需要写的值写于 DB20. DBD8 中，M1.2 的上升沿即可。

1.8.3.3　S7－300C 集成脉宽调制功能

A　本例功能介绍

S7－300C 集成脉宽调制功能，以 314C 为例，集成 4 路完全独立最高 2.5kHz 的脉冲输出。

在本例中将介绍 S7－300C 中集成的脉宽调制功能及作业功能。选用一个 S7－300 CPU314C－2DP，并插入 MMC 卡。

B　组态脉冲输出参数

在 STEP 7 中插入一个 S7 – 300 站，在硬件组态中插入 CPU314C – 2DP 双击 "Count"进入组态画面。

（1）操作模式如图 1 – 45 所示。脉宽调制选 "Pulse – width modulation"

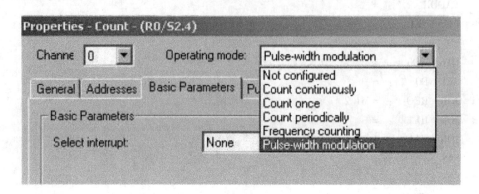

图 1 – 45　操作模式

（2）操作参数的设置如图 1 – 46 所示。

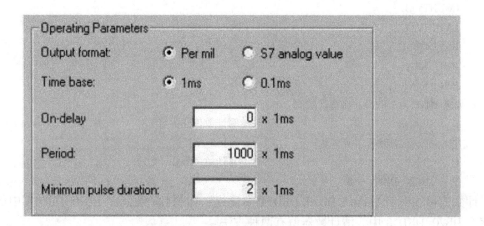

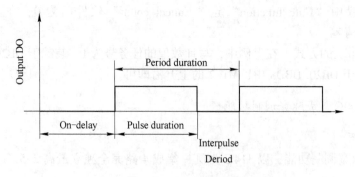

图 1 – 46　操作参数设置

1）输出格式为 Per mil 或 S7 analog，Per mil 为 1000，Pulse duration = Outp_ val/1000

﹡Period duration，S7 analog，Pulse duration = Outp_ val/27648 ﹡Period duration 适合 S7 模拟量转化成脉冲输出. Outp_ val 是 SFB49 中的一个变量，可以在程序中随时修改脉冲宽度。A&D Service and Support in China Page 3 -4。

2）时机可以选择 1ms 或 0.1ms. Period 最小为 0.4ms 所以最大输出频率为 2.5kHz。

（3）硬件门和中断设置如图 1 -47 所示。

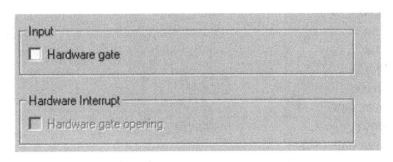

图 1 -47　中断设置

1）硬件门：用模块所带输入点触发脉冲输出，相比软件门，硬件门用于更精确的要求。

2）产生中断调用 OB40（必须在 basic parameters 选择中断）中断可选择：硬件门开中断。

（4）接线如图 1 -48 所示。

Terminal	Name/Address	Counting	Frequency Measurement	Pulse width modulation
20	1M	Chassis ground		
21	2 L+	24-V power supply for the outputs		
22	DO+0.0	Channel 0: Output	Channel 0: Output	Channel 0: Output
23	DO+0.1	Channel 1: Output	Channel 1: Output	Channel 1: Output
24	DO+0.2	Channel 2: Output	Channel 2: Output	Channel 2: Output
25	DO+0.3	Channel 3: Output	Channel 3: Output	Channel 3: Output

图 1 -48　接线

（5）参考编程。在 OB1 中调用 SFB49。

```
CALL    "PULSE"，DB20
   LADDR    : =
   CHANNEL  : =
   SW_ EN   : = M1. 1            //软件门
   MAN_ DO  : =
   SET_ DO  : =
   OUTP_ VAL : = 500            //脉冲宽度为 500/1000 ﹡周期
```

```
    JOB_ REQ  : = M1. 2            //任务请求
    JOB_ ID   : =
    JOB_ VAL  : =
    STS_ EN   : =
    STS_ STRT : =
    STS_ DO   : =
    JOB_ DONE : =
    JOB_ ERR  : =
    JOB_ STAT : =
//设置周期为2s
    L     W#16#1                  //任务号
    T     DB20. DBW    10
    L     L#2000                  //周期时间
    T     DB20. DBD    12
```

本例中在硬件组态时，设置的脉冲周期为 1s，脉冲宽度为 500/1000 * 1s = 0.5s 当 M1.1 为 1 时输出脉冲，M1.2 为 1 时，周期时间改变为 2s，这时脉冲宽度变为 500/1000 * 2s = 1s，如果 CPU 掉电，则恢复在硬件组态里的值，周期时间为 1s。

1.8.3.4　S7 – 300C 中集成的频率测量功能

A　本例功能介绍

在本例中将介绍 S7 – 300C 中集成的频率测量功能及作业功能。本例中选用一个 S7 – 300 CPU314C – 2DP，并插入 MMC 卡。

B　组态频率测量参数

在 STEP 7 中插入一个 S7 – 300 站，在硬件组态中插入 CPU314C – 2DP 双击 "Count" 进入组态画面。

（1）操作模式如图 1 – 49 所示。S7 – 300C 集成频率测量功能，以 314C 为例，集成 4 路完全独立 60kHz 的频率测量输入，频率测量选 "Frequency counting"。

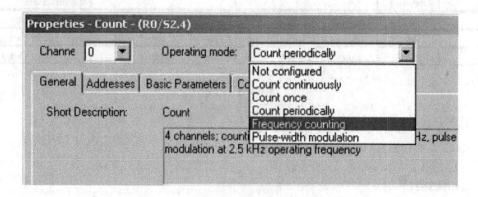

图 1 – 49　操作模式

（2）操作参数的设置如图 1 – 50 所示。频率测量是基于单位时间内的计数值得到的：时间周期从 10 ~ 10000ms，频率测量从 1 ~ 60kHz，频率测量值可分为：

1）直接输出：时间周期末无脉冲测量值为零。

2）平均值输出：计数停止输出上次测量值除以测量周期间隔数。例如：上次测量值为 12Hz，经过三次测量周期后为 4Hz，12/3 = 4。

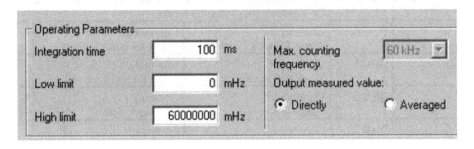

图 1 - 50　参数设置

（3）输入/输出的设置如图 1 - 51 所示。

1）输入包括脉冲信号选择，硬件门，及计数方向转换，硬件门可使计数值更加精确。

2）输出有设置比较器用于触发快速输出。

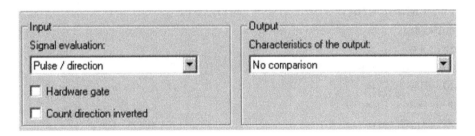

图 1 - 51　输入/输出设置

（4）中断设置如图 1 - 52 所示。产生中断调用 OB40（必须在 basic parameters 选择中断）中断可选择：

1）硬件门开中断。

2）硬件门关中断。

3）测量结束。

4）超上限中断。

5）超下限中断。

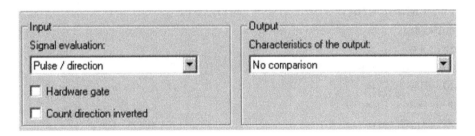

图 1 - 52　中断设置

（5）接线如图 1 - 53 所示。CPU314C - 2DP, plug X2。

Terminal	Name/ Address	Counting	Frequency Measurement	P m
1	1 L+	24-V power supply for the inputs		
2	DI+0.0	Channel 0: Track A/Pulse	Channel 0: Track A/Pulse	-
3	DI+0.1	Channel 0: Track B/Direction	Channel 0: Track B/Direction	-
4	DI+0.2	Channel 0: Hardware gate	Channel 0: Hardware gate	C H
5	DI+0.3	Channel 1:	Channel 1:	

图 1 - 53　接线

D0 + 0.0 为比较输出

（6）参考编程。在 OB1 中调用 SFB48。

```
CALL    "FREQUENC", DB2
    LADDR     : =
    CHANNEL   : =
    SW_ GATE  : = M1. 1              //软件门
    MAN_ DO   : =
    SET_ DO   : =
    JOB_ REQ  : = M1. 2             //任务请求
    JOB_ ID   : =
    JOB_ VAL  : =
    STS_ GATE : =
    STS_ STRT : =
    STS_ DO   : =
    STS_ C_ DN : =
    STS_ C_ UP : =
    MEAS_ VAL : =
    COUNTVAL  : =
    JOB_ DONE : =
    JOB_ ERR  : =
    JOB_ STAT : =
    L   W#16#84                     //任务号
    T   DB2. DBW    6
```

频率测量值可在背景数据块 DB2. DBD14 中读出。利用"Job"的方式，读出"Integration time"，任务号为 W#16#84，装载于 DB20. DBW6 中，M1. 2 上升沿后即可在 DB2. DBD28 中读出积分时间。

1.8.4　任务训练

练习 1：用梯形图编程上述功能。

练习 2：电镀生产线 PLC 控制。

1.8.4.1　工艺流程

A　任务

电镀生产线采用专用行车，行车架装有可升降的吊钩；行车和吊钩各有一台电动机拖动；行车进退和吊钩升降由限位开关控制，SQ1 ~ SQ4 为行车进退限位开关，SQ5 ~ SQ6 为吊钩上、下限位开关；生产线定为三槽位；工艺如图 1 - 54 所示。

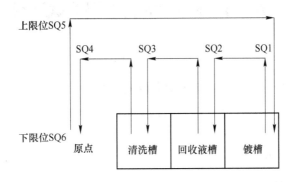

图 1 - 54　电镀生产线的控制流程图

B　控制要求

（1）具有手动和自动控制功能，手动时、各动作能分别操作；自动时，按下启动按钮后，从原点开始按图运行一周后回到原点。工作循环为：工件放入镀槽→电镀 5s 后提起停放 10s→放入回收液槽浸泡 12s 提起后停 8s→放入清水槽清洗 6s 提起后停 10s→行车返回原点。

（2）设计符合电气设计规范，具有必要的保护功能，有必要的电气保护和连锁。

（3）自动循环时应按电镀生产线的控制流程自动运行，当该自动循环达到 3 次，给出提示信号；当按下停止按钮、完成当前循环停在原点。行车运行时以 1Hz 闪烁指示，吊钩运行以 1.4Hz（占空比为 20%）闪烁指示。

（4）具备必要保护、连锁、故障、运行状态显示功能。

（5）在信号显示屏上显示所有电机的工作状态指示。

（6）行车和吊钩电机接触器由远程机架控制，完成远程机架与接触器盘之间的控制线路接线。远程机架与 PLC 之间采用 DP 总线方式，总线已联好。

C　考核要求及评分标准

（1）画出 PLC 控制系统原理图。

（2）完成远程机架与接触器盘的正确接线。

（3）按控制要求完成硬件组态、并下载到 PLC。

（4）能实现所有的控制功能。

（5）安全文明生产（完成接线后，必须经过监考人员确认后方可送电）。

学习情境 2 变频器控制技术应用

任务 2.1 MM440 变频器的试运行

2.1.1 任务描述

（1）采用 BOP 面板完成变频器基本参数设定调试。

（2）采用 BOP 面板方式控制电机、正、反和电动运行。

（3）测量绘制变频器 U/f 运行曲线。

（4）小型喷泉控制系统设计。

2.1.2 完成任务所需器材

（1）西门子 MICROMASTER440 变频器。

（2）交流异步电动机。

（3）BOP 操作板。

2.1.3 相关知识

2.1.3.1 MICROMASTER 420 变频器的操作面板说明

西门子变频器操作板 BOP（基本操作板）和 AOP（高级操作板）如图 2-1 所示。其中 AOP 可以显示说明文本，因而可以简化操作人员的操作控制，故障诊断，以及调试过程。

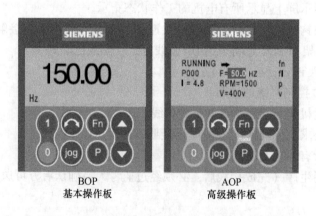

图 2-1 MICROMASTER 420 变频器的操作面板图

2.1.3.2　基本操作面板上的按钮说明

具体说明见表 2-1。

表 2-1　基本操作面板上按钮说明

`r0000`	状态显示	LCD 显示变频器当前所用的设定值
（启动图标）	启动电动机	按此键启动变频器，缺省值运行时此键是被封锁的，为了使此键的操作有效，应按照下面的数值修改 P0700 或 P0719 的设定值 BOP：P0700 = 1 或 P0719 = 10…. 16 AOP：P0700 = 4 或 P0719 = 40…. 46 对 BOP 链路
（停止图标 0）	停止电动机	OFF1：按此键变频器将按选定的斜坡下降速率减速停车，缺省值运行时此键被封锁 OFF2：按此键两次（或一次但时间较长），电动机将在惯性作用下自由停车，此功能总是使能的
（方向图标）	改变电动机的方向	按此键改变电动机的转动方向，电动机的反向用负号（-）表示或用闪烁的小数点表示，缺省值运行时此键是被封锁的
（jog 图标）	电动机点动	在变频器"准备运行"的状态下按下此键，将使电动机启动，并按预设定的点动频率运行，释放此键时变频器停车，如果变频器/电动机正在运行按此键将不起作用
（Fn 图标）	功　能	变频器运行过程中，按下此键并保持不动 2s 将轮流显示以下参数值 （1）直流回路电压（用 d 表示-单位 V）； （2）输出电流（A）； （3）输出频率（Hz）； （4）输出电压（用 o 表示-单位 V）； （5）由 P0005 选定的数值： 在显示参数状态下，按下此键将立即跳转到 r0000。 在修改参数值时，按此键可进行权位移动。 在出现故障或报警时，按此键可退出
（P 图标）	参数访问	按此键即可访问参数
（▲图标）	增加数值	按此键即可增加面板上显示的参数数值
（▼图标）	减少数值	按此键即可减少面板上显示的参数数值
（Fn + P 图标）	AOP 菜单	直接调用 AOP 主菜单（仅对 AOP 有效）

2.1.3.3　MICROMASTER 440 变频器的参数说明

A　将变频器复位为工厂的缺省设定值

为了把变频器的全部参数复位为工厂的缺省设定值，应按照表 2-2 的数值设定参数。

表 2 - 2　恢复出厂值相关参数

P0003 = 1	用户访问级	1：标准级
P0004 = 0	参数过滤器	0：全部参数
P0010 = 30	调试参数	30：出厂时的缺省设置值
P0970 = 1	复位	1：把变频器参数复位为出厂时的缺省设置值
buSY		变频器进行参数复位（持续时间大约 10 s）然后自动输出复位菜单并设置。
结束后	P0970 = 0 P0010 = 0	禁止复位 准备

提示：若 P0010 无法修改，查看修改接口参数 P0927 状态。

B　快速调试参数

请按照下面步骤，设置参数，即可完成快速调试的过程，相关参数见表 2 - 3。

表 2 - 3　快速调试相关参数

步骤	参　数	说　　明
1	P0003 = 3	用户访问级： =1：标准级（基本的应用）； =2：扩展级（标准应用）； =3：专家级（复杂的应用）
2	P0004 = 0	参数过滤器： =0：全部参数； =2：变频器； =3：电动机； =4：速度传感器
3	P0010 = 1	调试参数过滤器： =0：准备； =1：快速调试； =30：工厂的缺省设置值 说明：参数 P0010 应设定为 1，以便进行电动机铭牌数据的参数化
4	P0100 = 0	=0：欧洲［kW］频率缺省值 50 Hz； =1：北美［hp］频率缺省值 60 Hz； =2：北美［kW］频率缺省值 60 Hz。 说明：在参数 P0100 = 0 或 1 的情况下 P0100 的数值哪个有效决定于开关 DIP2（2）的设置： OFF = kW, 50 Hz, ON = hp, 60 Hz
5	P0205 = 0	变频器的应用（键入需要的转矩）： =0：恒转矩；（例如压缩机生产过程恒转矩机械）； =1：变转矩；（例如水泵风机）
6	P0300 = 1	选择电动机的类型： =1：异步电动机（感应电动机）； =2：同步电动机

步骤	参　数	说　　明
7	P0304 = ?	电动机的额定电压： (1) 根据电动机的铭牌数据键入，单位 V； (2) 必须按照星形/三角形绕组接法，核对电动机铭牌上的电动机额定电压，确保电压的数值与电动机端子板上实际配置的电路接线方式相对应
8	P0305 = ?	电动机的额定电流： 根据电动机的铭牌数据键入，单位 A
9	P0307 = ?	电动机的额定功率： 根据电动机的铭牌数据键入，单位 kW/hp。 (1) 如果 P0100 = 0 或 2 那么应键入 kW 数； (2) 如果 P0100 = 1 应键入 hp 数
10	P0308 = ?	电动机的额定功率因数： (1) 根据电动机的铭牌数据键入； (2) 如果设置为 0 变频器将自动计算功率因数的数值
11	P0309 = ?	电动机的额定效率： (1) 根据电动机的铭牌数据键入，以 % 值输入； (2) 如果设置为 0 变频器将自动计算电动机效率的数值
12	P0310 = ?	电动机的额定频率： (1) 根据电动机的铭牌数据键入，单位 Hz； (2) 电动机的极对数是变频器自动计算的
13	P0311 = ?	电动机的额定速度： (1) 根据电动机的铭牌数据键入，单位 RPM； (2) 如果设置为 0 额定速度的数值是在变频器内部进行计算的。 说明： 对于闭环矢量控制带 FCC 功能的 V/f 控制以及滑差补偿方式必须键入这一参数
14	P0335 = 0	电动机的冷却（键入电动机的冷却系统）： = 0：利用安装在电动机轴上的风机自冷； = 1：强制冷却采用单独供电的冷却风机进行冷却； = 2：自冷和内置冷却风机； = 3：强制冷却和内置冷却风机
15	P0640 = 150	电动机的过载因子（以 % 值输入参看 P0305）。 这一参数确定，以电动机额定电流（P0305）的 % 值表示的最大输出电流限制值，在恒转矩方式（由 P0205 确定）下这一参数设置为 150%，在变转矩方式下这一参数设置为 110%
16	P0700 = 1	选择命令信号源（键入命令信号源） = 0：将数字 I/O 复位为出厂的缺省设置值； = 1：BOP（变频器键盘）； = 2：由端子排输入（出厂的缺省设置）； = 4：通过 BOP 链路的 USS 设置； = 5：通过 COM 链路的 USS 设置（经由控制端子 29 和 30）； = 6：通过 COM 链路的 CB 设置（CB = 通信模块）

步骤	参　数	说　　明
17	P1000 = 1	选择频率设定值（键入频率设定值信号源）： = 1：电动电位计设定（MOP 设定）； = 2：模拟输入（工厂的缺省设置）； = 3：固定频率设定值； = 4：通过 BOP 链路的 USS 设置； = 5：通过 COM 链路的 USS 设置（控制端子 29 和 30）； = 6：通过 COM 链路的 CB 设置（CB = 通信模块）； = 7：模拟输入 2
18	P1080 = 0	最小频率（单位 Hz）： 输入电动机的最低频率，达到这一频率时电动机的运行速度将与频率的设定值无关，这里设置的值对电动机的正转和反转都适用
19	P1082 = 50	最大频率（单位 Hz）： 输入电动机的最高频率达到这一频率时，电动机的运行速度将与频率的设定值无关，这里设置的值对电动机的正转和反转都适用
20	P1120 = 10	斜坡上升时间（单位 s）： 电动机从静止停车加速到电动机最大频率 P1082 所需的时间
21	P1121 = 10	斜坡下降时间（单位 s）： 电动机从最大频率 P1082 制动减速到静止停车所需的时间
22	P1135 = 5	OFF3 斜坡下降时间（单位 s）： 发出 OFF3（快速停车）命令后，电动机从最大频率 P1082 制动减速到静止停车所需的时间
23	P1300 = 0	控制方式（键入实际需要的控制方式）： = 0：线性 V/f 控制； = 1：带 FCC（磁通电流控制）功能的 V/f 控制； = 2：抛物线 V/f 控制； = 5：用于纺织工业的 V/f 控制； = 6：用于纺织工业的带 FCC 功能的 V/f 控制； = 19：带独立电压设定值的 V/f 控制； = 20：无传感器矢量控制； = 21：带传感器的矢量控制； = 22：无传感器的矢量转矩控制； = 23：带传感器的矢量转矩控制
24	P3900 = 1	结束快速调试 = 1：电机数据计算，并将除快速调试以外的参数恢复到工厂设定； = 2：电机数据计算，并将 I/O 设定恢复到工厂设定； = 3：电机数据计算，其他参数不进行工厂复位
25	P1910 = 1	出现 A0541 报警，马上启动变频器，此后变频器开始进行电动机技术数据的检测。电动机技术数据自动检测程序执行完毕以后： (1) P1910 复位（P1910 = 0）； (2) 撤销 A0541 的报警信号

2.1.4 任务训练

2.1.4.1 指导训练

A 通过面板方式修改参数

修改参数具体见表 2-4。

表 2-4 修改参数 P0004 = 1

操作步骤	显示的结果
按 ⓟ 访问参数	r0000
按 ▲ 直到显示出 P0004	P0004
按 ⓟ 进入参数访问级	0
按 ▲ 或 ▼ 达到所需要的数值	1
按 ⓟ 确认并存储参数的数值	P0004

B 通过面板方式控制电动机运行

设定命令源和频率源为 1（P700 = 1；P1000 = 1）。

按下绿色 ⓘ 按钮，启动电动机。按下 ▲ 按钮，电动机转动速度逐渐增加到 50Hz。当变频器的输出频率达到 50Hz 时，按下 ▼ 按钮，电动机的速度及其显示值逐渐下降，用 ↺ 按钮，改变电动机的转动方向。按下红色 ⓞ 按钮，电动机停车。按下 jog 按钮，电动机点动运行。

2.1.4.2 实训操作

要求学生以学习小组为单位，分组讨论解析实训题目，确定设计步骤，进行任务分工。

A 将变频器恢复出厂设置

通过 BOP 板，修改产生恢复变频器出厂值。

B 变频器快速调试

根据电机具体参数，对变频器进行快速调试。

C 变频器 U/f 曲线的测定和绘制

通过 BOP 面板，控制电动机运行，并记录不同频率下，电机端的电压，绘制电压、频率曲线，分析成形曲线机理。

任务 2.2 变频器在变速运行控制系统中的典型应用

2.2.1 任务描述

（1）采用端子方式控制变频器的正反转及点动运行。

（2）观察绘制电机在启动、停机时，电机电流的运行曲线。

2.2.2　完成任务所需器材

（1）西门子 MICROMASTER440 变频器。

（2）交流异步电动机。

（3）BOP 操作面板。

（4）S7 – 300PLC。

（5）编程软件 STEP 7 V5.4、电脑等。

2.2.3　相关知识

2.2.3.1　变频器接线端子原理结构图

变频器接线端子原理结构如图 2 – 2 所示。

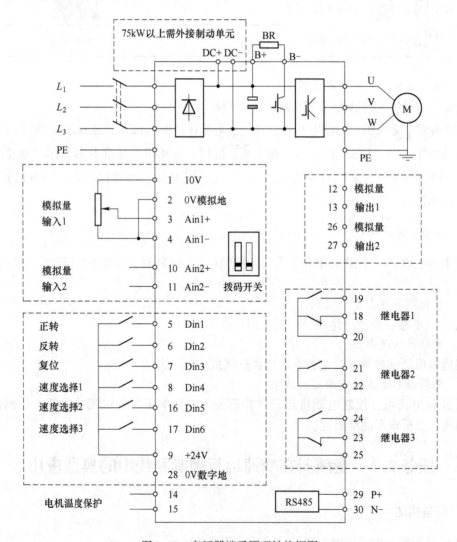

图 2 – 2　变频器端子原理结构框图

2.2.3.2　数字（开关量）输入（DIN1 - DIN6）

数字模型如图 2 - 3 所示，对应的 P 参数见表 2 - 5。

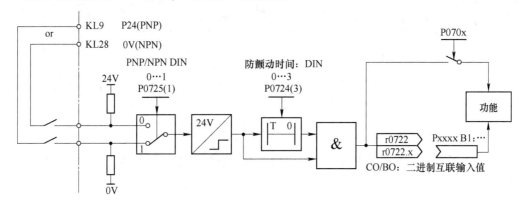

图 2 - 3　数字（开关量）输入（DIN）模型图

表 2 - 5　P0701 - P0706 参数

参数的数值	含　　义
0	禁止数字输入
1	ON/OFF1 接通正转/停车命令
2	ON + 反转/OFF1（接通反转/停车命令）
3	OFF2——按惯性自由停车
4	OFF3——按快速下降斜坡曲线降速停车
9	故障确认
10	正向点动
11	反向点动
12	反转

例如：要求由数字输入端 DIN1 接入 ON/OFF1 命令。

P0700 = 2，使能由端子板的端子（数字输入）进行控制。

P0701 = 1，由数字输入 1（DIN1）接入 ON/OFF1 命令。

2.2.3.3　模拟输入（ADC）

数字模型如图 2 - 4 所示，对应的参数见表 2 - 6。

表 2 - 6　模拟输入（ADC）参数

P0756［2］	ADC 的类型
P0757［2］	ADC 输入特性标定的 x1 值［V/mA］
P0758［2］	ADC 输入特性标定的 y1 值
P0759［2］	ADC 输入特性标定的 x2 值［V/mA］
P0760［2］	ADC 输入特性标定的 y2 值
P0761［2］	ADC 死区的宽度［V/mA］
P0762［2］	信号消失的延迟时间

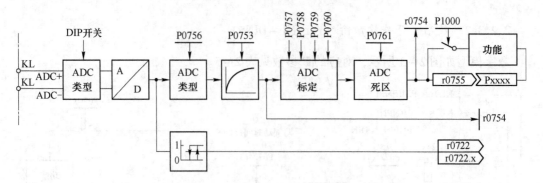

图 2 - 4　模拟输入（ADC）模型图

表 2 - 6 中，P0756 的设置（模拟输入的类型）必须与 I/O 板上的开关 DIP1（12）的设置相匹配。双极性电压输入只适用于模拟输入 1（ADC1）。

可以使用的设置值见表 2 - 7。

表 2 - 7　P0756 可以使用的设置值

参　数	P0756 可以使用的设置值
0	单极性电压输入（0 ~ +10V）
1	单极性电压输入带监控（0 ~ 10V）
2	单极性电流输入（0 ~ 20mA）
3	单极性电流输入带监控（0 ~ 20mA）
4	双极性电压输入（-10 ~ +10V）只有 ADC1

2.2.3.4　变频器的 DIN 设置

变频器的 DIN 设置具体见表 2 - 8。

表 2 - 8　出厂值端子参数

项　目	端子号	参数的设置值	缺省的操作
数字输入 1	5	P0701 = '1'	ON，正向运行
数字输入 2	6	P0702 = '12'	反向运行
数字输入 3	7	P0703 = '9'	故障确认
数字输入 4	8	P0704 = '15'	固定频率
数字输入 5	16	P0705 = '15'	固定频率
数字输入 6	17	P0706 = '15'	固定频率
数字输入 7	经由 AIN1	P0707 = '0'	不激活
数字输入 8	经由 AIN2	P0708 = '0'	不激活

2.2.4　任务训练

2.2.4.1　指导训练

A　变频器电气连接接线图

按照如图 2 - 5 所示接线，确认连接可靠，合上电源开关，并确认变频器显示正常。初始化，将变频器的设定参数恢复到出厂值。

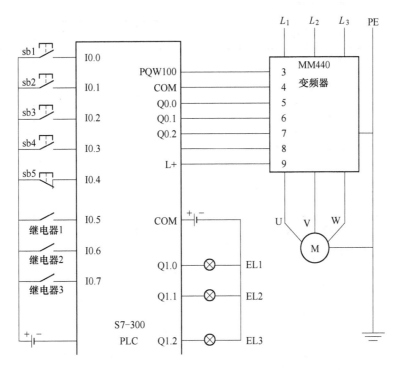

图 2 - 5　PLC 与变频器接线连接图

B　变频器参数设定

输出继电器参数设置具体见表 2 - 9。

表 2 - 9　输出继电器参数设置

继电器编号	对应参数	默认值	功能解释	输出状态
继电器 1	P0731	= 52.3	故障监控	继电器失电
继电器 2	P0732	= 52.7	报警监控	继电器得电
继电器 3	P0733	= 52.2	变频器运行中	继电器得电

可以将变频器当前的状态以开关量的形式用继电器输出，方便用户通过输出继电器的状态来监控变频器的内部状态量。而且每个输出逻辑是可以进行取反操作，即通过操作 P0748 的每一位更改，见表 2 - 10。

表 2 – 10　输出继电器状态条件

设定值	功 能 解 释	值	输出状态
52.0	变频器准备	0	闭合
52.1	变频器运行准备就绪	0	闭合
52.2	变频器正在运行	0	闭合
52.3	变频器故障 0	0	闭合
52.4	OFF2 停车命令有效	1	闭合
52.5	OFF3 停车命令有效	1	闭合
52.6	禁止合闸	0	闭合
52.7	变频器报警	0	闭合
52.8	设定值/实际值偏差过大	1	闭合
52.9	PZD 控制过程数据控制	0	闭合
52.A	已达到最大频率	0	闭合
52.B	电动机电流极限报警	1	闭合
52.C	电动机抱闸 MHB 投入	0	闭合
52.D	电动机过载	1	闭合
52.E	电动机正向运行	0	闭合
52.F	变频器过载	1	闭合
53.0	直流注入制动投入	0	闭合
53.1	变频器频率低于跳闸极限值 P2167	0	闭合
53.2	变频器频率低于最小频率 P1080	0	闭合
53.3	电流大于或等于极限值	0	闭合
53.4	实际频率大于比较频率 P2155	0	闭合
53.5	实际频率低于比较频率 P2155	0	闭合
53.6	实际频率大于/等于设定值	0	闭合
53.7	电压低于门限值	0	闭合
53.8	电压高于门限值	0	闭合
53.A	PID 控制器的输出在下限幅值 P2292	0	闭合
53.B	PID 控制器的输出在上限幅值 P2291	0	闭合

C PLC 模拟量的设置及控制程序

硬件组态如图 2 - 6 所示。

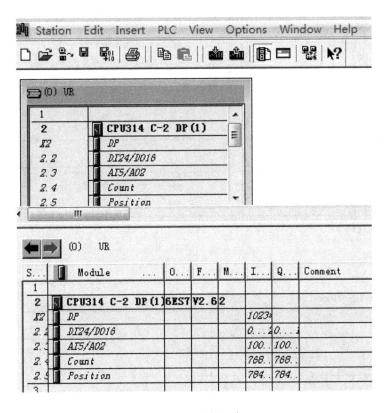

图 2 - 6 硬件组态

模拟量输入设为 0 ~ 10V 电压，如图 2 - 7 所示。

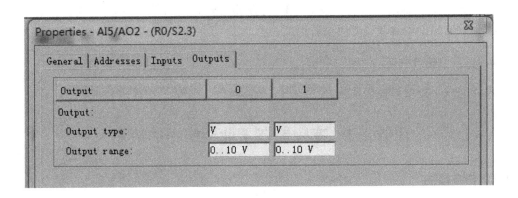

图 2 - 7 模拟量输出设定

D PLC 参考程序

PLC 程序如图 2 - 8 所示。

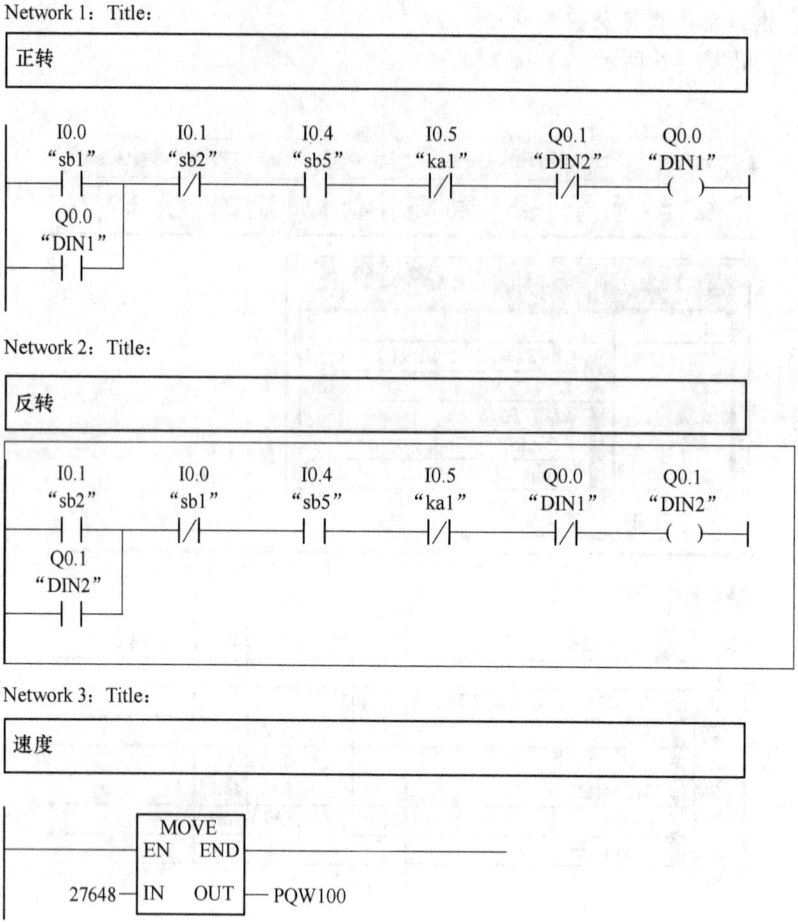

Network 1：Title：

正转

Network 2：Title：

反转

Network 3：Title：

速度

图 2 - 8　PLC 程序

E　操作示范

按下 SB1 变频器正转运行，按下 SB2 变频器反转运行，按下 SB5 变频器停止运行。修改模拟量输出值就会改变电机运行速度。

2.2.4.2　操作训练

设计完成小型喷泉控制系统。

任务 2.3　变频器在工业网络中的应用

2.3.1　任务描述

（1）MM440 PROFIBUS - DP 通信常规参数选择与设置。

（2）PLC 与变频器 DP 通信硬件组态的方法。

（3）PLC 与变频器 DP 通信编程的基本方法。

（4）通过该任务的学习，使学生进一步了解通过 PLC 控制变频器运行的方法和手段。

2.3.2　完成任务所需器材

（1）MM440420 变频器。

（2）交流异步电动机。

（3）S7 - 300PLC。

（4）编程软件 STEP 7 V5.4、电脑等。

（5）DP 总线电缆一根及 RS485 总线连接器两个。

2.3.3　相关知识

2.3.3.1　西门子变频器输入输出的功能设定

功能设定如图 2 - 9 所示。

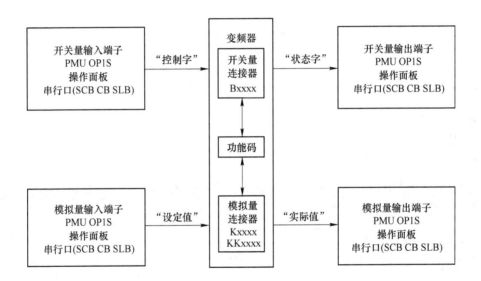

图 2 - 9　功能设定图

2.3.3.2　MM440 将 PZD 发送到 CB 的原理

P2051 CI：将 PZD 发送到 CB，将 PZD 与 CB 接通，其原理图如图 2 - 10 所示。这一参数允许用户定义状态字和实际值的信号源，用于应答 PZD。

2.3.3.3　参数设置

P700 = 6，P918 = 3，P1000 = 6。

控制字：启动：W#16#47F。

停止：W#16#47E。

转速：0 ~ 50Hz（0 ~ 16384）。

反转：W#16#C7F。

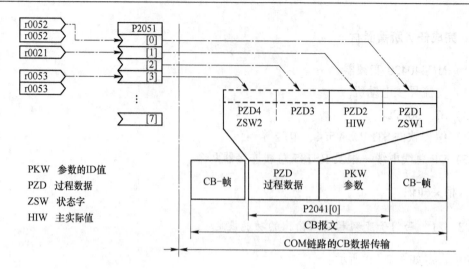

图 2 - 10　MM440 将 PZD 发送到 CB 的原理图

2.3.4　任务训练

2.3.4.1　指导训练

通过启停按钮控制变频器运行。

A　PLC 的设置及控制程序

硬件组态如图 2 - 11 所示。

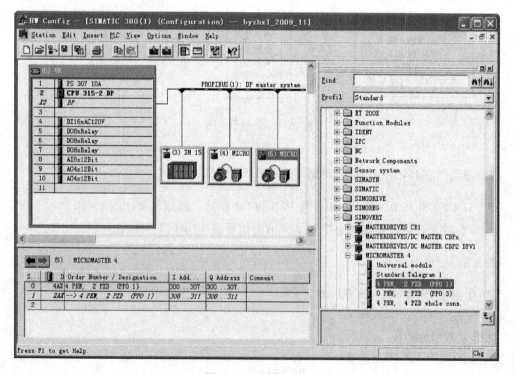

图 2 - 11　硬件组态

B　PLC 程序

具体如图 2 – 12 所示。

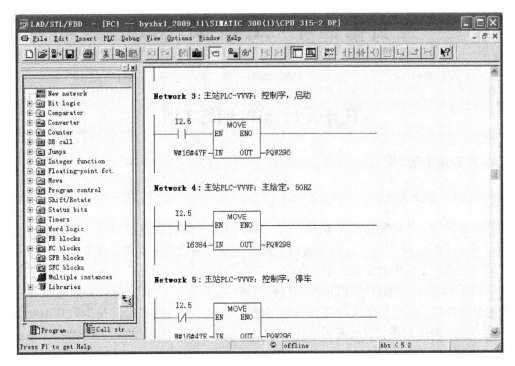

图 2 – 12　PLC 程序

2.3.4.2　实训操作

用 S7 – 300PLC 通过 DP 总线对 MM 440 变频器进行控制，实现电机的自动正反转控制，要求按照下面的电机运行控制曲线进行编程。

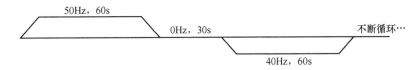

2.3.4.3　要求

要求学生以学习小组为单位，分组讨论解析实训题目，确定设计步骤，进行任务分工。操作时应注意以下几项：

（1）禁止将变频器的电源输出端接到交流电源上。

（2）在变频器电源开关断开以后，必须等待 5min，使变频器电容放电完毕后，才允许开始安装作业，以免触电。

（3）交流电机的接地线需连接好后才能通电运行。

（4）注意 RS485 DP 总线连接器终端电阻的设置方法。

（5）在老师检查通过后方可通电试车。

学习情境 3　工业网络实训

任务 3.1　MPI 网络实训

3.1.1　任务描述与分析

3.1.1.1　任务描述

MPI 通信是一种比较简单的通信方式，MPI 网络通信的速率是 19.2~12kbit/s，MPI 网络最多支持连接 32 个节点，最大通信距离为 50m，通信距离不远，当然通过中继器可以扩展通信距离，但中继器也占用节点。

西门子 PLCS7 - 200/300/400CPU 上的 RS485 接口不仅是编程接口，同时也是一个 MPI 的通信接口，不增加任何硬件就可以实现 PG/OP、全局数据通信及少数数据交换的 S7 通信功能。MPI 网络接点通常可以挂 S7PLC、人机界面、编程设备，智能型 ET200S 及 RS485 中继器等网络元器件。

西门子 PLC 与 PLC 之间的 MPI 通信一般有 3 种通信方式：

（1）全局数据包通信方式。

（2）无组态连接通信方式。

（3）组态连接通信方式。

3.1.1.2　任务分析

（1）了解西门子 PLC 与 PLC 之间的 MPI 全局数据包通信方式，只能在 S7 - 300 与 S7 - 300、S7 - 400 或 S7 - 300 与 S7 - 400 之间通信，用户不需要编写任何程序，在硬件组态时组态所有 MPI 通信的 PLC 站见的发送区与接收区就可以了。通过实例来建立 S7 - 300PLC 之间的 MPI 通信，网络配置如图 3 - 1 所示。

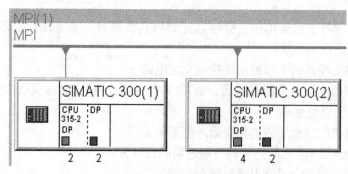

图 3 - 1　软件上的 MPI 网

（2）掌握 PLC 与监控软件 WinCC 的 MPI 通信。

3.1.2　完成任务所需材料

CPU315 – 2DP 两套，MPI 电缆，装有 STEP 7 5.3、WinCC 软件的计算机一台。

3.1.3　相关知识及内容

3.1.3.1　PLC—PLC 之间的 MPI 通信——全局数据包通信方式

对于 PLC 之间的数据交换，只关心数据的发送区和接收区，全局数据包的通信方式是在配置 PLC 硬件的过程中，组态所要通信的 PLC 站之间的发送区和接收区，不需要任何程序处理，这种通信方式只适合 S7 – 300/400 PLC 之间相互通信。下面将以举例的方式说明全局数据包通信的具体方法，方法如下：

（1）首先打开编程软件 STEP 7，建立一个新项目如 MPI_ GD，在此项目下插入两个 PLC 站分别为 STATION1/CPU315 – 2DP 和 STATION2/CPU315 – 2DP，并分别插入 CPU 完成硬件组态，配置 MPI 的站号和通信速率，在本例中 MPI 的站号分别设置为 2 号站和 4 号站，通信速率为 187.5kbit/s。可以组态数据的发送区和接收区。点击项目名 MPI_ GD 后出现 STATION1，STATION2 和 MPI 网，点击 MPI，再点击菜单"Options""Define Global Date"进入组态画面如图 3 – 2 所示。

（2）插入所有需要通信的 PLC 站 CPU。双击 GD ID 右边的 CPU 栏选择需要通信 PLC 站的 CPU。CPU 栏总共有 15 列，这就意味着最多有 15 个 CPU 能够参与通信。在每个 CPU 栏底下填上数据的发送区和接收区，例如 CPU416 – 2DP 的发送区为 DB1. DBB0 ~ DB1. DBB21，可以填写为 DB1. DBB0：22 然后在菜单"edit"项下选择"Sender"作为发送区。开始地址长度而 CPU315 – 2DP 的接收区为 DB1. DBB0 ~ 21，可以填写为 DB1. DBB0：22。编译存盘后，把组态数据分别下载到 CPU 中，这样数据就可以相互交换了。如图 3 – 3 所示。

地址区可以为 DB，M，I，Q，区，长度 S7 – 300 最大为 22 个字节，S7 – 300 最大为 54 个字节。发送区与接收区的长度应一致，所以在上例中通信区最大为 22 个字节。

（3）多个 CPU 通信了解多个 CPU 通信首先要了解 GD ID 参数，编译以后，每行通信区都会有 GD ID 号。具体参数如下：

1）全局数据包的循环数，每一循环数表示和一个 CPU 通信，例如两个 S7 – 300CPU 通信，发送与接收是一个循环，S7 – 400 中三个 CPU 之间的发送与接收是一个循环，循环数与 CPU 有关，S7 – 300CPU 最多为 4 个，所以最多和 4 个 CPU 通信。S7 – 400CPU414 – 2DP 最多为 8 个，S7 – 400CPU416 – 2DP 最多为 16 个。

2）全局数据包的个数。表示一个循环有几个全局数据包，例如两个 S7 站相互通信。一个循环有两个数据包。如图 3 – 4 所示。

3）一个数据包里的数据区数可以参考如图 3 – 5 所示。CPU315 – 2DP 发送 4 组数据到 CPU416 – 2DP，4 个数据区是一个数据包，从上面可以知道一个数据包最大为 22 个字节，在这种情况下每个额外的数据区占用两个字节，所以数据量最大为 16 个字节。

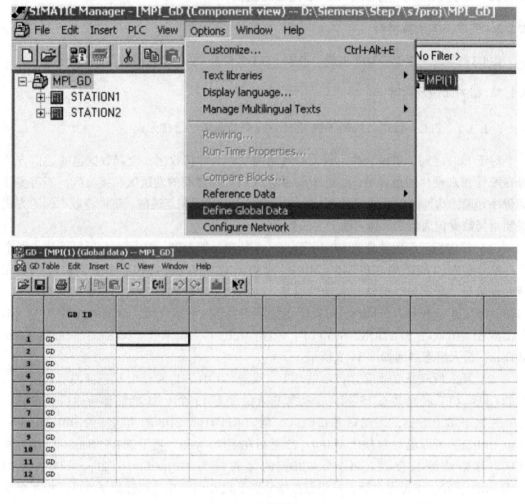

图 3 - 2　全局数据组态画面

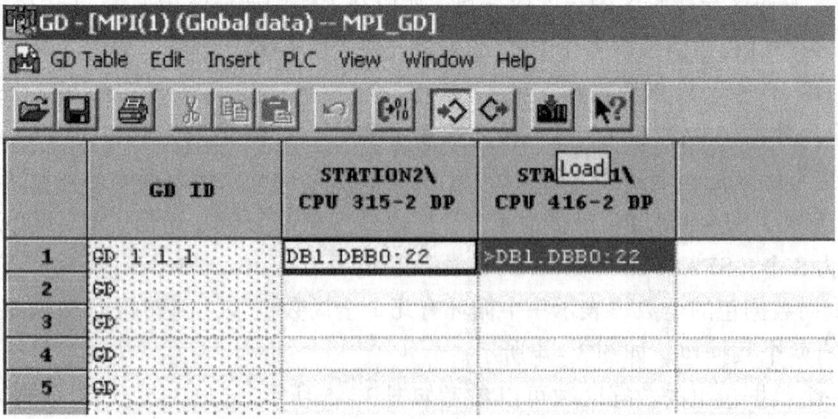

图 3 - 3　发送数据

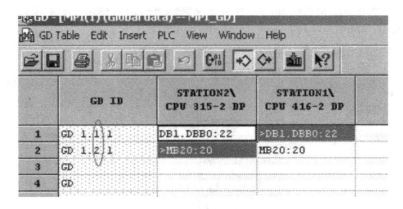

图 3-4 全局数据包

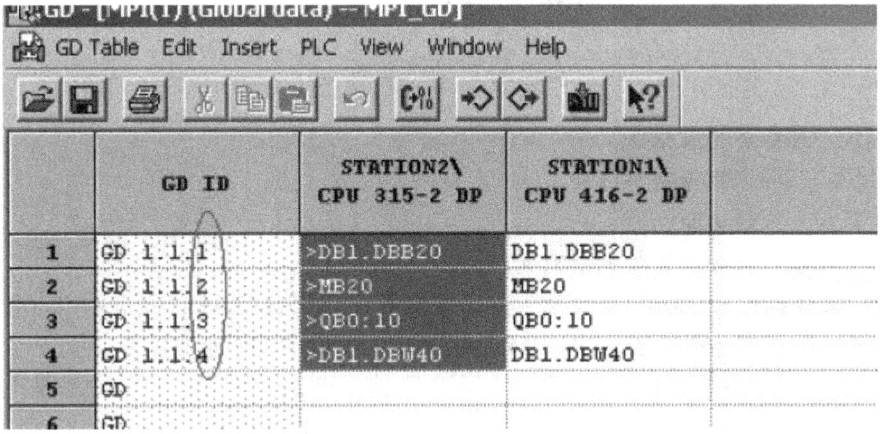

图 3-5 数据包发送多组数据

对于 A, B, C 参数的介绍只是为了优化数据的接收区和发送区, 减少 CPU 的通信负载, 简单应用可以不用考虑这些参数, GD ID 编译后会自动生成。

(4) 通信的诊断。在多个 CPU 通信时, 有时通信会中断, 是什么原因造成通信中断呢? 编译完成后, 在菜单 "View" 中点击 "Scan Rates" 和 "GD Status" 可以扫描系数和状态字, 如图 3-6 所示。

SR: 扫描频率系数。如上图 SR1.1 为 225, 表示发送更新时间为 225 × CPU 循环时间。范围为 1~255。通信中断的问题往往设置扫描时间过快。可改大一些。GDS: 每包数据的状态字 (双字)。可根据状态字编写相应的错误处理程序, 结构如下:

第一位: 发送区域长度错误。

第二位: 发送区数据块不存在。

第四位: 全局数据包丢失。

第五位: 全局数据包语法错误。

第六位: 全局数据包数据对象丢失。

第七位: 发送区与接收区数据对象长度不一致。

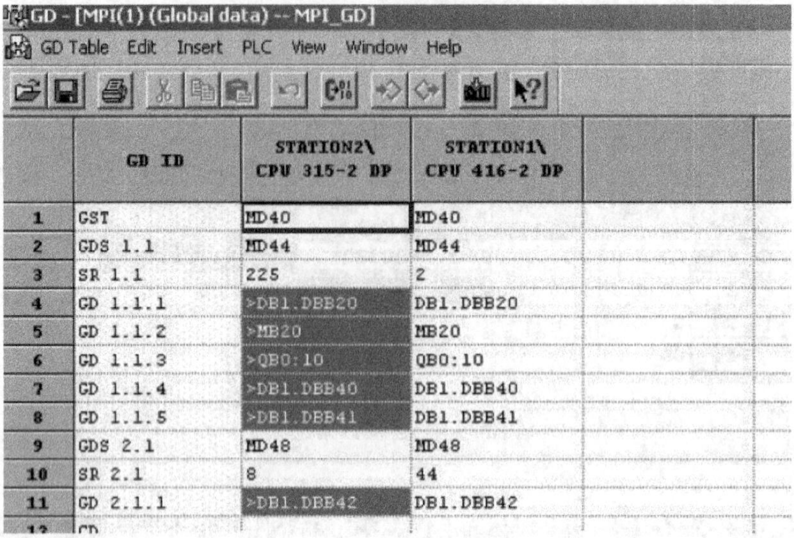

图 3－6 通信诊断

第八位：接收区长度错误。

第九位：接收区数据块不存在。

第十二位：发送方重新启动。

第三十二位：接收区接收到新数据。

GST：所有 GDS 相"OR"的结果，如果编程者有 CP5511/5611 编程卡可以首先诊断一下连线是否可靠，如上例中 S7－300 MPI 地址是 2，S7－400MPI 地址是 4，用 CP 卡连接到 MPI 网上（PROFIBUS 接头必须有编程口）可以直接读出 2，4 号站，具体方法是在"控制面板""PG/PC interface""Diagnostics"点击"read"读出所以网上站号，如图 3－7 所示。

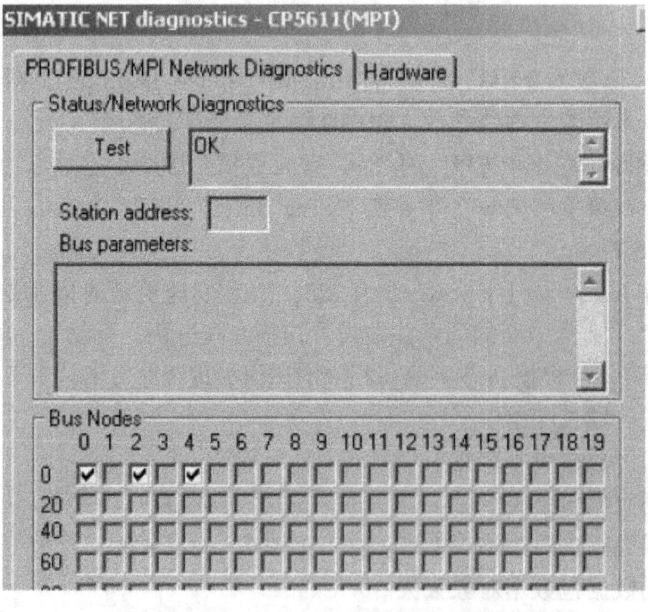

图 3－7 通信诊断状态

0 号站位 CP5611 的站号, 如果没有读出 2, 4 号站, 说明连线有问题或 MPI 网传输速率不一致, 可以把问题具体化。

(5) 事件触发的数据传送。如果需要控制数据的发送与接收, 如在某一事件或某一时刻, 接收和发送所需要的数据, 这时将用到事件触发的数据传送方式。这种通信方式是通过调用 CPU 的系统功能 SFC60 (GD_ SND) 和 SFC61 (GD_ RCV) 来完成的, 而且只支持 S7 -400CPU, 并且相应设置 CPU 的 SR (扫描频率) 为 0, 如图 3 -8 所示为全局数据的组态画面。

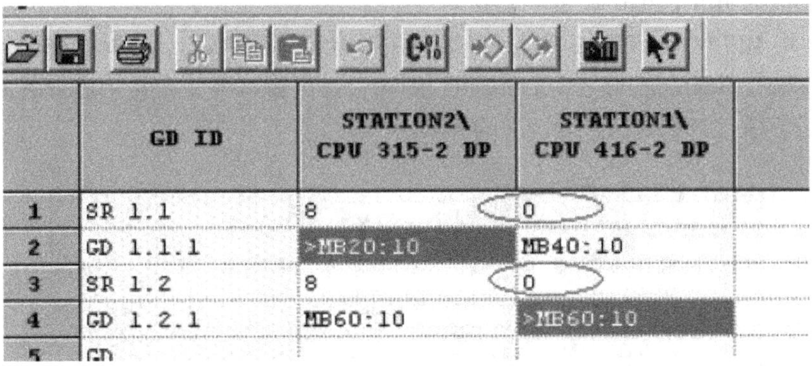

	GD ID	STATION2\ CPU 315-2 DP	STATION1\ CPU 416-2 DP
1	SR 1.1	8	0
2	GD 1.1.1	>MB20:10	MB40:10
3	SR 1.2	8	0
4	GD 1.2.1	MB60:10	>MB60:10
5	GD		

图 3 -8　全局数据的组态

在 S7 -400CPU 侧的 SR 为 0 与上面作法相同编译存盘后下载到相应的 CPU 中, 然后在 S7 -400 中调用 SFC60/61 控制接收与发送。具体程序代码为:

```
          A     M      1.1
          FP    M      1.2
          =     M      1.3
          A     M      1.3
          JCN   M1
          CALL  "GD_ RCV"
            CIRCLE_ ID：= B#16#1
            BLOCK_ ID：= B#16#1
            RET_ VAL：= MW4
    M1：  A     M      1.0
          FP    M      1.4
          =     M      1.5
          A     M      1.5
          JCN   M2
          CALL  "GD_ SND"
            CIRCLE_ ID：= B#16#1
            BLOCK_ ID：= B#16#2
            RET_ VAL：= MW2
    M2：  SET
          R     M      1.1
          R     M      1.0
```

CIRCLE_ ID，BLOCK_ ID 可参考 GD 中的 A，B，C 参数。例子中当 M1.1 为 1 时 CPU416 接收 CPU315 的数据，将 MB20 ~ MB29 中的数据放到 MB40 ~ MB49 中。当 M1.0 为 1 时 CPU416 发送数据，将 MB60 ~ MB69 中的数据发送到 CPU315 的 MB60 ~ MB69 中。

3.1.3.2　PLC 与监控软件 WinCC 的 MPI 通信

WinCC 与 S7 PLC 通过 MPI 协议通信时，在 PLC 侧不须进行任何编程和组态；在 WinCC 上要对 S7 CPU 的站地址和槽号及网卡组态。

A　PC 机上 MPI 网卡的安装和设置

首先，将 MPI 网卡 CP5611 插入 PC 机上并不固定好，然后，启动计算机，在 PC 机的控制面板中双击 "Setting PG/PC interface" 图表，弹出窗口中就会显示已安装的网卡，如图 3 - 9 所示的是 CP5611 网卡安装后的界面。

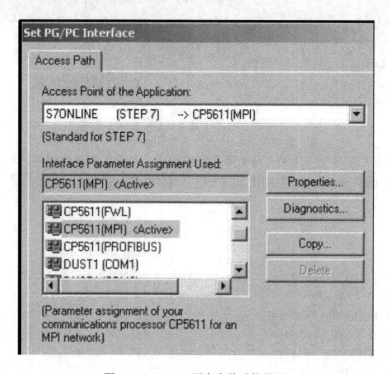

图 3 - 9　CP5611 网卡安装后的界面

B　在 WinCC 上添加 SIAMTIC S7 通信协议

网卡安装正确后，打开 WinCC，选择 "Tag Management" 击右键选择 "Add New driver"，在弹出窗口中选择 "SIAMTIC S7 protocol suite" 连接驱动，将其添加到 "Tag Management" 项下，如图 3 - 10 所示。S7 协议组包括在不同网络上应用的 S7 协议，如 MPI 网，PROFIBUS 网以及工业以太网等，在这些网络上，应用层是 S7 协议，这里通过 MPI 网通信。

C　在 WinCC 通信连接参数设置

选择 MPI 通信协议并按右键选择 "System parameter" 进入如图 3 - 11 所示系统参数设置界面。

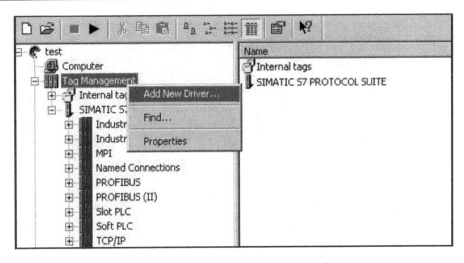

图 3 - 10 WinCC 上添加 SIAMTIC S7 通信协议

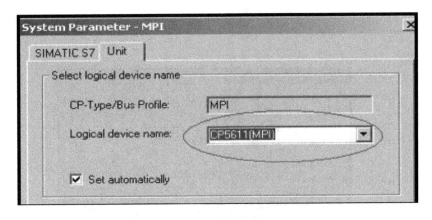

图 3 - 11 系统参数

D 在 WinCC 上建立通信连接

选择 MPI 通信驱动并按右键选择 "New driver connection" 建立一个连接, 如果连接多个 CPU, 每连接一个 CPU 就需要建立一个连接, 所能连接的 CPU 的数量与上位机所用网卡有关, 例如 CP5611 所能支持的最大连接数是 8 个, 网卡的连接数可以在手册中查找。这里需要修改每个连接的属性, 如选择 CPU 的站地址和槽号等, 具体如图 3 - 12 所示。

连接 S7 - 300 CPU 时槽号都是 2, 连接 S7 - 400 CPU 时, 槽号应参照 STEP 7 硬件组态中的槽号, 所有这些工作完成之后通信就可以直接建立起来。

E 通信诊断

如果此时通信有问题, 应检查网卡是否安装正确, 通讯电缆和接头是否接触良好, 组态参数是否正确等, 如果使用 CP5511, CP5611 或 CP5613 通信卡, 诊断起来就比较简单, 在 PC 机的控制面板 PG/PC 接口中, 利用这些 CP 自身的诊断功能就能读出 MPI 网络上所有站地址, 具体如图 3 - 13 所示。

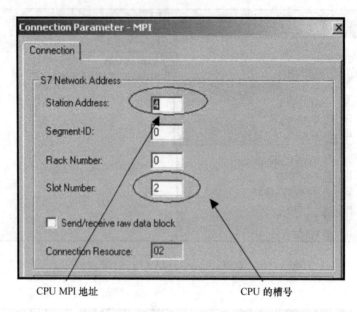

图 3 - 12　WinCC 上建立通信连接

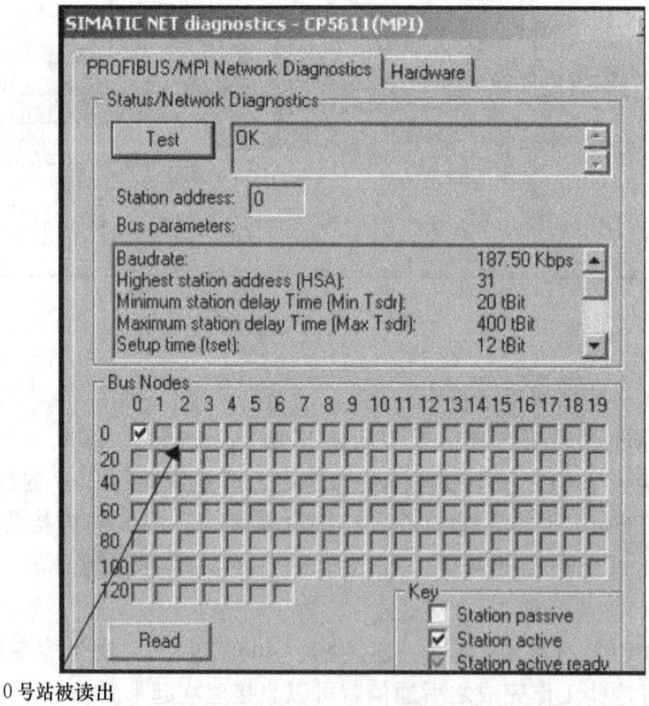

图 3 - 13　网络诊断

　　如果 CP5611 的站地址是 0，CPU 的 MPI 的站地址是 4，其诊断结果是 0，4 站被读出来，这样就可以判断连接电缆和插头是否接触良好，若网卡及站地址都没有错误，则 WinCC 的组态参数肯定有问题，须对此做进一步检查。

3.1.4 任务训练

练习1：用 PC adapter 适配器与 PLC 与监控软件 WinCC 的 MPI 通信。

练习2：S7200 与 S7300 之间的 MPI 通信。

练习3：PLC – PLC 之间的 MPI 通信 – 调用系统功能块的通信方式。

任务3.2 现场总线 PROFIBUS – DP 网络通信

3.2.1 任务描述与分析

3.2.1.1 任务描述

（1）了解 PROFIBUS – DP 现场总线结构。

（2）掌握使用 PROFIBUS – DP 现场总线实现 PLC 与 ET200M 和变频器 M400 之间的通信。

3.2.1.2 任务分析

PROFIBUS – DP 现场总线是一种开放式现场总线系统，符合欧洲标准和国际标准，PROFIBUS – DP 通信的结构非常精简，传输速度很高且稳定，非常适合 PLC 与现场分散的 I/O 设备之间的通信。

3.2.2 完成任务所需材料

PLC 实验实训装置一套（CPU31X – 2DP、变频器）、计算机 WinCC、STEP 7 软件一套。

3.2.3 相关知识及内容

PROFIBUS – DP 现场总线可用双绞屏蔽电缆、光缆或混合配置方式安装。PROFIBUS – DP 现场总线网络中的节点共享传输介质，所以系统必须要控制对网络的访问。PROFIBUS – DP 现场总线按"主/从令牌通行"访问网络，只有主动节点才有接收访问网络的权利，通过从一个主站将令牌传输到下一个主站来访问网络。如果不需要发送，令牌直接传输给下一个主站。被动的总线节点总是直接通过模块的轮询来分配。

PROFIBUS – DP 现场总线网络由主站设备、从站设备和通信介质组成，是一个多主站的主从通信网络。典型的 PROFIBUS – DP 现场总线网络配置如图 3 – 14 所示。

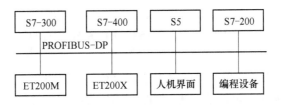

图 3 – 14 PROFIBUS – DP 现场总线网络

3.2.3.1　CPU 集成 PROFIBUS – DP 接口连接远程站 ET200M 实例

本例主站为 S7 – 300CPU，从站为 ET200M。利用 PROFIBUS – DP 接口连接远程 I/O 只用一根双绞屏蔽电缆即可。网络配置如图 3 – 15 所示。

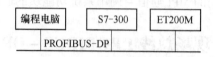

图 3 – 15　网络配置

新建项目"DP_ ET200M"，插入 S7 – 300 站为主站，如图 3 – 16 所示。

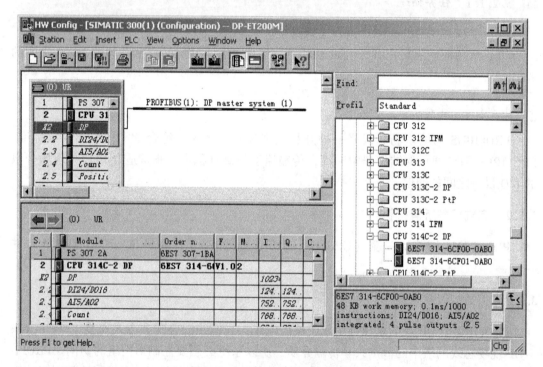

图 3 – 16　新建项目及硬件组态

双击图 5 槽架上 CPU 的"DP"，出现如图 3 – 17 所示画面，设置 PROFIBUS – DP 网络参数。定义 DP 为主站，如图 3 – 18 所示。

在出现的 PROFIBUS – DP 网线上挂上 IM153 – 1（ET200M）从站，并设置好网络参数，如图 3 – 19 所示。

要注意设置站号 3 应该与 ET200M（IM153 – 1）硬件上面的拨码数字相同，而且不能与其他的站号相同。

组态从站的硬件 I/O，这里从站的输出地址为 QB0，如图 3 – 20 所示。把组态好的整个系统编译存盘下载到 S7 – 400CPU 中，如图 3 – 19 所示。

在 S7 – 400 的 CPU OB1 中编写简单的程序测试，如图 3 – 21 所示。

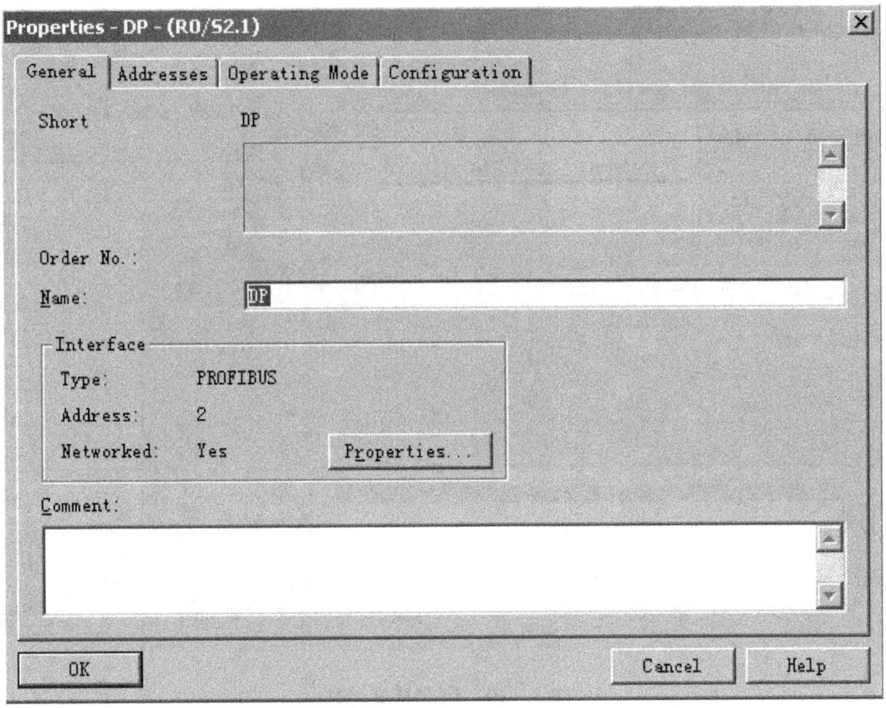

图 3－17　设置 DP 网络参数

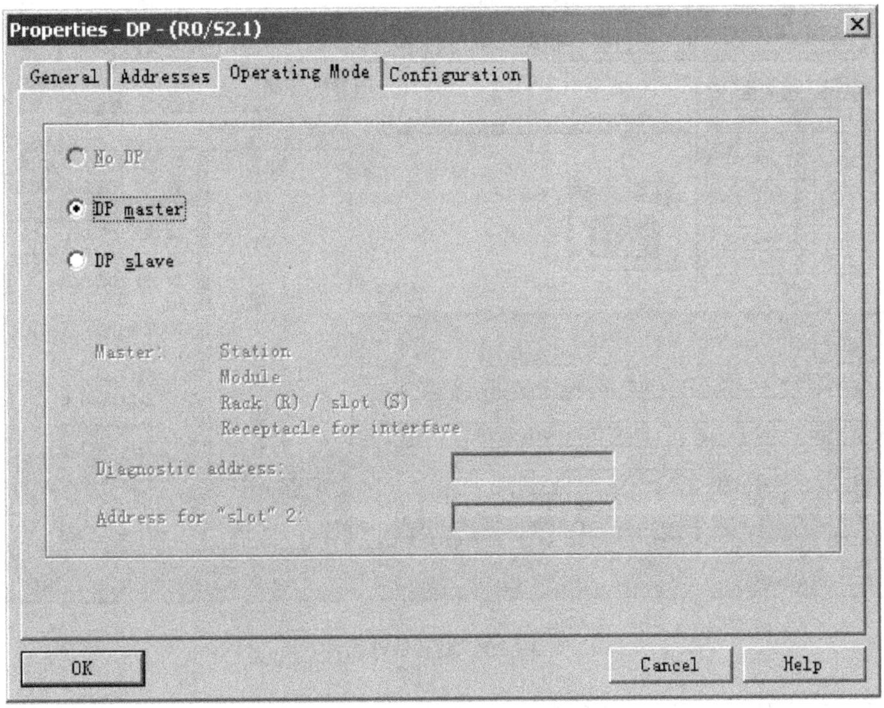

图 3－18　定义为主站

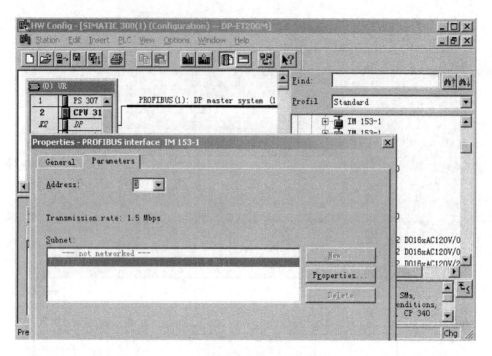

图 3 – 19　组态从站参数

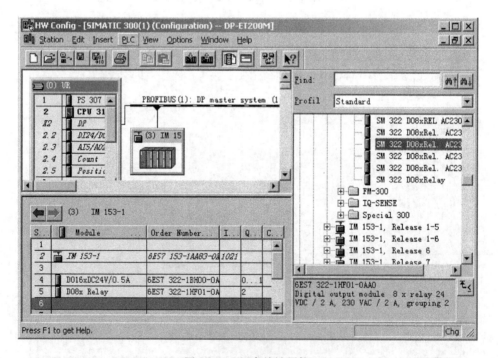

图 3 – 20　组态从站硬件

如果有很多的 I/O 从站,可以在 PROFIBUS – DP 网络上添加,从站个数的能力与 CPU 的类型有关,S7 – 300/400CPU 最多可以带 125 个从站。

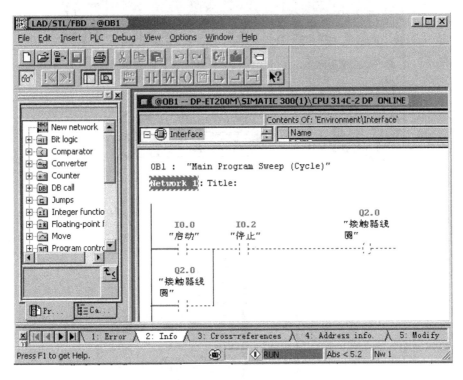

图 3 – 21　测试程序

3.2.3.2　通过 PROFIBUS – DP 连接智能从站的应用实例

本例 S7 – 300 为主站，变频器 440 为从站。具体操作如下：

（1）示例系统的体系结构如图 3 – 22 所示。选用 S7 – 300 CPU314C 作为 PROFIBUS – DP 主站，连接一个 MM420 变频器，连接多个 MM420 时与之相同。PROFIBUS – DP 接口模块，用于安装在 MM420 上，使之成为 PROFIBUS – DP 从站。

（2）先从网上下载 MM4 系列的 GSD 文件（si0280b5. gse），集成于 STEP 7 中，如图 3 – 23 和图 3 – 24 所示。

（3）组态从站：在 STEP 7 HARDWARE 中先组态 S7 – 300 站，使之成为 PROFIBUS – DP MAS-

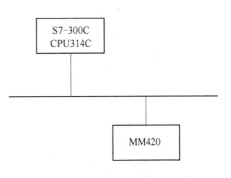

图 3 – 22　PROFIBUS – DP 结构

TER，在 DP 网上挂上 MM420，并组态 MM420 的通信区，通信区与应用有关，如果需要读写 MM420 参数，则需 4PKW 区，如果除设定值和控制字以外，还需传送其他数据，则要选择 4PZD。在选相中有：WHOLE CONS. （PZD，PKW 数据是连续的，都有调用 SFC14，15）；2，WORD CONS. （只有 PKW 数据是连续的，要调用 SFC14，15）。在本例中，采用 4PKW，4PZD WORD CONS. MM420 地址为 4，如图 3 – 25 所示。

（4）MM420 参数设置。变频器通过 BOP 进行快速参数调试，完成后：P700 命令源 6

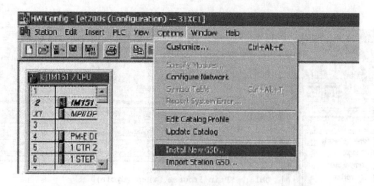

图 3 - 23　安装 GSD 文件

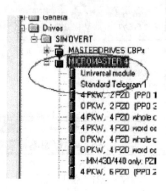

图 3 - 24　调用从站

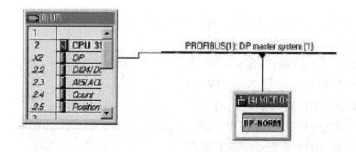

图 3 - 25　组态从站

（从 CB 来），P918 站号 4，P1000 频率设定源 6（从 CB 来）。

（5）PLC 编程。由于采用 4PKW，4PZD WORD CONS. 方式，PZD 不需要调用

SFC14，15，可用 MOVE 指令实现。在本例中设定值和控制字可以从 MD10 传送，MD14 可传送其他数据。MW10 设为 047E 再变为 047F 后 MW12 中的频率值将输出。状态字和实际值从 PIW264，PIW266 读出。2，4 个 PKW 为连续数据，所以要调用 SFC14，15 来打包解包。本例中打包解包数据放在 DB1 中如图 3－26 所示。

```
CALL      "DPRD_ DAT"              SFC14
LADDR：= W#16#100
RET_ VAL：= MW2
RECORD：= DB1. BRW_ TO_ PLC        P#DB1、DBX0. 0
CALL      "DPWR_ DAT"              SFC15
LADDR：= W#16#100                  P#DB1. DBX8. 0
RECORD：= DB1. DRW_ OUT_ DRIVE
RET_ VAL：= MW4
```

图 3－26　打包解包程序

（6）数据传送规则。对 PKW 区数据的访问是同步通信，即发一条信息，得到返回值后才能发第二条信息。PKW 一般为 4 个字。

读写 0002～1999 的参数。

如读 P0700，700 = 2BC（HEX），

PLC PKW 输出 = 12BC，0000，0000，0000 1 为读请求，

PLC PKW 输入 = 12BC，0000，0000，0006 返回 1 为单字长，值为 0002。

如读 P1082，1082 = 43A（HEX），

PLC PKW 输出 = 143A，0000，0000，0000 1 为读请求，

PLC PKW 输入 = 243A，0000，4248，0000 返回 2 为双字长。

值为 42480000（HEX）= 50.0（REAL），

如写 P1082，1082 = 43A（HEX），

PLC PKW 输出 = 343A，0000，41F0，0000 3 为写双字请求，

41F00000（HEX）= 30.0（REAL），

PLC PKW 输入 = 243A，0000，41F0，0000 返回 2 为双字长，确认修改完毕。

读写 2000～3999 的参数。

如读 P2010，10 = A（HEX），

PLC PKW 输出 = 100A，0180，0000，0000 1 为读请求，8 为参数 2000～3999，1 为数组中第一个参数。

PLC PKW 输入 = 100A，0180，0000，0006 返回 1 为单字长。值为 6（HEX）。

PZD 参数为异步读写。

PLC 输出，第一个字为控制字，第二个字为主设定值。（缺省）

PLC 输入，第一个字为状态字，第二个字为运行反馈值。（缺省）

3.2.4　任务训练

练习 1：完成如图 3－27 所示 PLC、变频器、编程器之间网络组态。

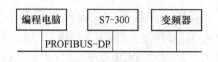

图 3 - 27　网络配置

练习 2：题目名称：连铸切割机工作走行 PLC 控制

1. 工艺流程

连铸切割机示意如图 3 - 28 所示。切割机由切割大车和切割枪等几部分组成，切割机切割铸坯工作过程是：初始时切割机大车停止在原始位等待铸坯拉出，当铸坯拉出长度达到切割长度后，切割机收到启动信号，并开始启动夹紧装置（气缸控制）夹住铸坯使其切割机大车与铸坯同步运行（此时切割机大车电机 M2 不动作，由铸坯带动大车前行），同时切割枪开始行进由右向左切割（电机 M1 启动）。当铸坯切断后切割枪退回原位，切割机收起夹紧装置切割机大车脱离铸坯。切割机大车（电机 M2）启动返回到原始等待位。

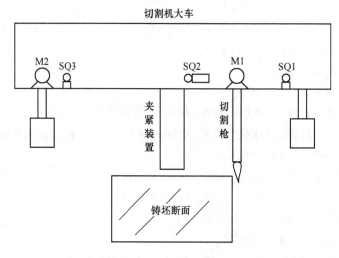

图 3 - 28　切割机横向示图

2. 控制要求

（1）符合电气设计规范，具有必要的保护功能。

（2）工作方式分为手动和自动两种操作方式（手动方式：仅要求电机 M1、M2 可独立动作，自动方式从启动信号发出开始）。

（3）要求切割枪（M2）在工作时有指示灯在闪烁（1Hz 频率闪烁、占空比 30%），切割完毕闪烁停止［切割走行（SQ1 ~ SQ3）时间按 10s 设定］。

（4）夹紧装置收起动作到 SQ2 位时要有显示输出指示。

（5）切割机大车设有起始位和前极限位，要求切割机大车到达前极限位时，必须停止大车前行，即终止切割工作条件，抬起夹紧装置，（电机 M2）启动切割机大车返回。

（6）大车到前极限位时要有报警（红灯）指示，切割机大车返回到原始位时报警消除。（此功能可在手动方式下设置，延时时间在 15s 内）

（7）按下急停按钮可随时停止切割机，急停按钮信号解除后，切割机继续执行急停前的工作。

任务 3.3　工业以太网

3.3.1　任务描述与分析

3.3.1.1　任务描述

（1）了解西门子网络模块结构。

（2）掌握通过 CP343 - 1 以太网模块，如何实现 2 套 S7 - 300 之间的以太网通信。

3.3.1.2　任务分析

近来，在工业自动化领域中已逐渐采用以太网，而且成立了工业以太网协会（IEA）和工业自动化开放网络联盟（LAONA）等组织，还制定有关标准（如 Ethernet/IP 等）推进以太网在工业自动化中的应用，其内容主要围绕确定性，互操作性和可靠性研究解决办法。

3.3.2　完成任务所需材料

S7 - 300 系列 PLC 2 套，2 套 PLC 包涵 PS307 电源、CPU314C - 2DP、CPU314C - 2PTP、CP343 - 1、CP343 - 1IT，以太网电缆，装有 STEP 7 5.3 软件的计算机一台。

3.3.3　相关知识及内容

3.3.3.1　硬件配置

工业以太网 PLC 系统概貌如图 3 - 29 所示。

实现 2 套 S7 - 300 之间的以太网通信步骤：

第一步：打开 SIMATIC Manager，根据系统的硬件组成，进行系统的硬件组态，如图 3 - 30 所示，插入 2 个 S7 - 300 的站，进行硬件组态。分别组态 2 个系统的 1 号硬件模块如图 3 - 31 所示，2 号硬件模块如图 3 - 32 所示。

设置 CP343 - 1、CP343 - 1IT 模块的参数如图 3 - 33 和图 3 - 34 所示，建立一个以太网，MPI、IP 地址。

组态完 2 套系统的硬件模块后，分别进行下载，然后点击 Network Configration 按钮，打开系统的网络组态窗口 NetPro，选中 CPU314，图 3 - 35 所示为网络结构。

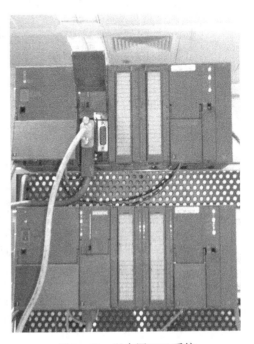

图 3 - 29　以太网 PLC 系统

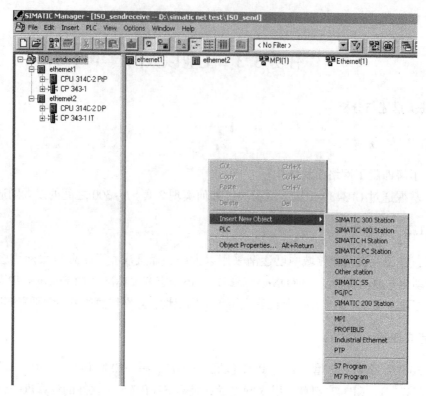

图 3 – 30　插入 2 个 S7 – 300 的站

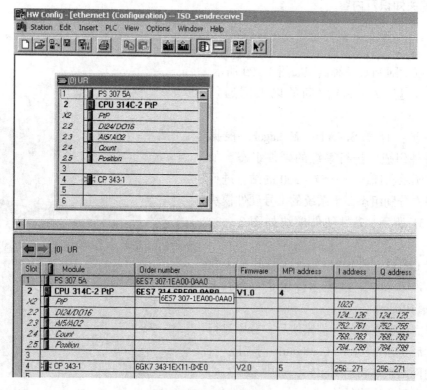

图 3 – 31　1 号硬件模块

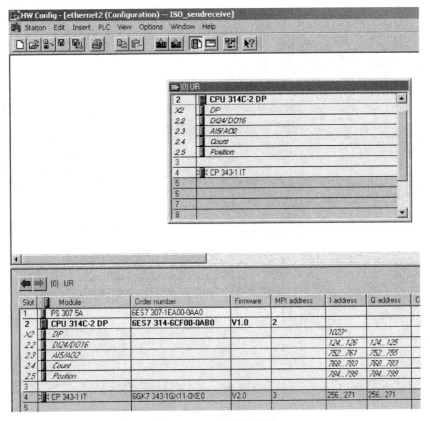

图 3 – 32　2 号硬件模块

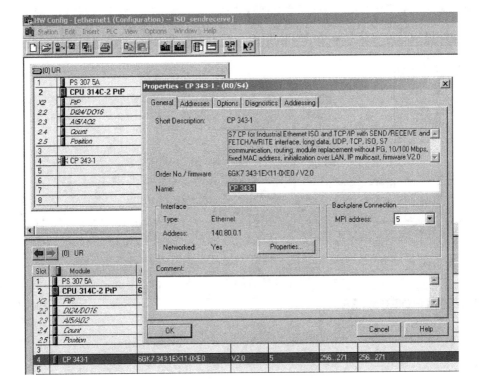

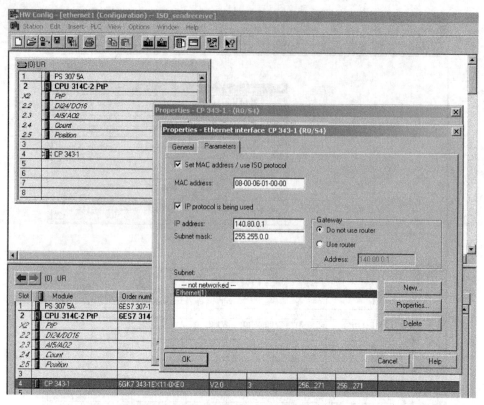

图 3 – 33　设置 CP343 – 1 模块的参数

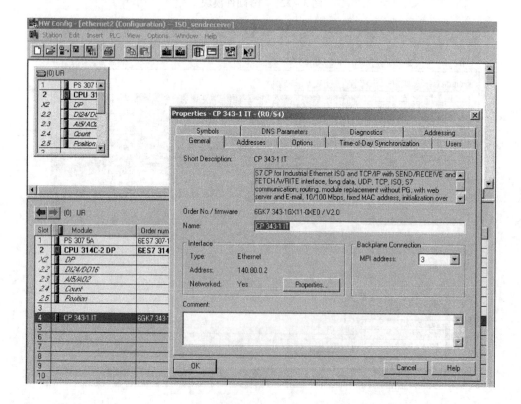

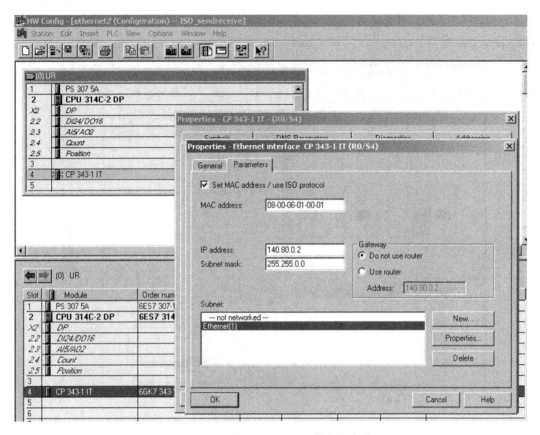

图 3-34 设置 CP343-1IT 模块的参数

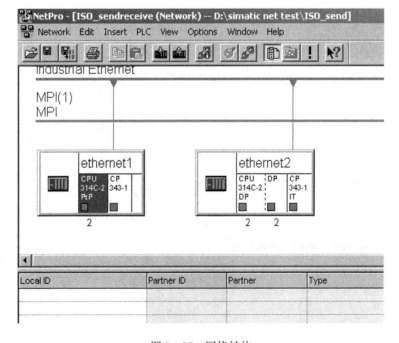

图 3-35 网络结构

在窗口的左下部分点击鼠标右键，插入一个新的网络链接，并设定链接类型为 ISO – on –
TCP connection 或 TCP connection 或 UDP connection 或 ISO Transport connection，如图 3 – 36 所示。

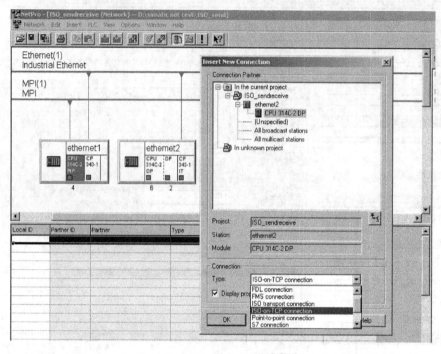

图 3 – 36　新的网络链接

点击 OK 后，弹出链接属性窗口，使用该窗口的默认值，并根据该对话框右侧信息进
行后面程序的块参数设定，如图 3 – 37 所示。

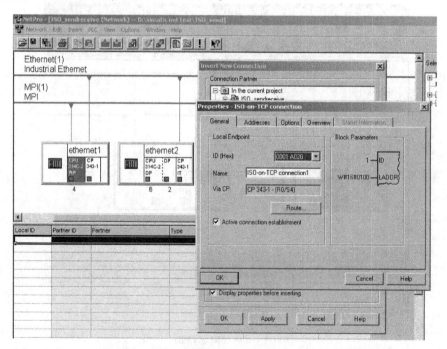

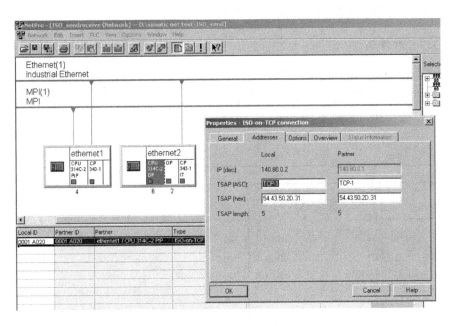

图 3 – 37 配置参数

当 2 套系统之间的链接建立完成后，用鼠标选中图标中的 CPU，分别进行下载，这里略去 CPU314C – 2DP 的下载图示，如图 3 – 38 所示。

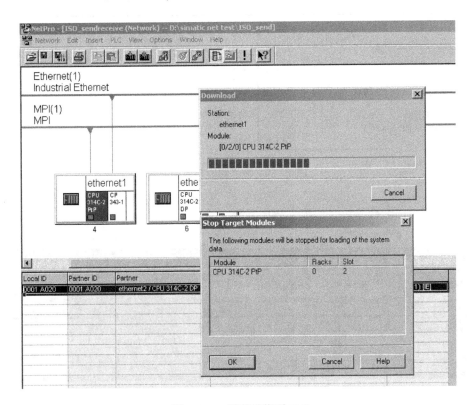

图 3 – 38 下载网络到 PLC

到此为止，系统的硬件组态和网络配置已经完成。

3.3.3.2　软件编制

在 SIMATIC Manager 界面中，分别在 CPU314C - 2PTP、CPU314C - 2DP 中插入 OB35 定时中断程序块和数据块 DB1，DB2，并在两个 OB35 中调用 FC5（AG_ Send）和 FC6（AG_ Recv）程序块，如图 3 - 39 所示。

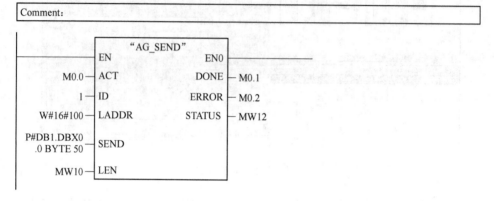

图 3 - 39　发送接收程序块

创建 DB1、DB2 数据块，如图 3 - 40 所示。

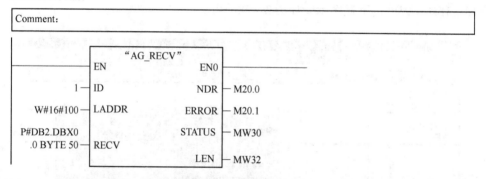

图 3 - 40　数据块

2 套控制程序已经编制完成，分别下载到 CPU 当中，将 CPU 状态切换至运行状态，就可以实现 S7 – 300 之间的以太网通信了。

如下界面说明了将 CPU314C – 2DP 的 DB1 中的数据发送到 CPU314C – 2PTP 的 DB2 中的监视界面：

选择 Data View，切换到数据监视状态如图 3 – 41 所示。CPU314C – 2DP 的 DB1 中发送出去的数据如图 3 – 42 所示。CPU314C – 2PTP 的 DB2 中接收到的数据如图 3 – 43 所示。

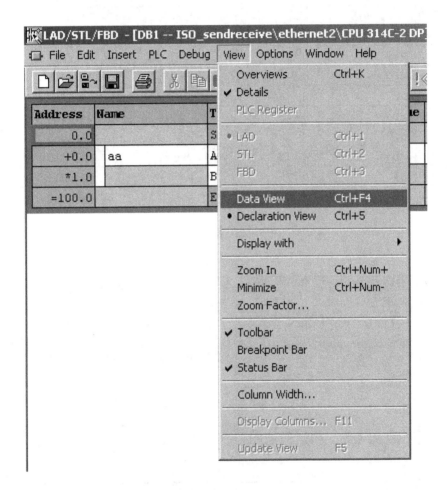

图 3 – 41　数据监视

3.3.4　任务训练

西门子自动化系统 MPI 通信：

（1）PC adaptersh 适配器用于 PLC 与组态监控 WinCC 之间的通信；

（2）实现 S7 – 300 与 S7 – 200 PLC 之间的 MPI 通信；

（3）应用系统功能块实现 S7 – 300 与 S7 – 300 PLC 之间的 MPI 通信。

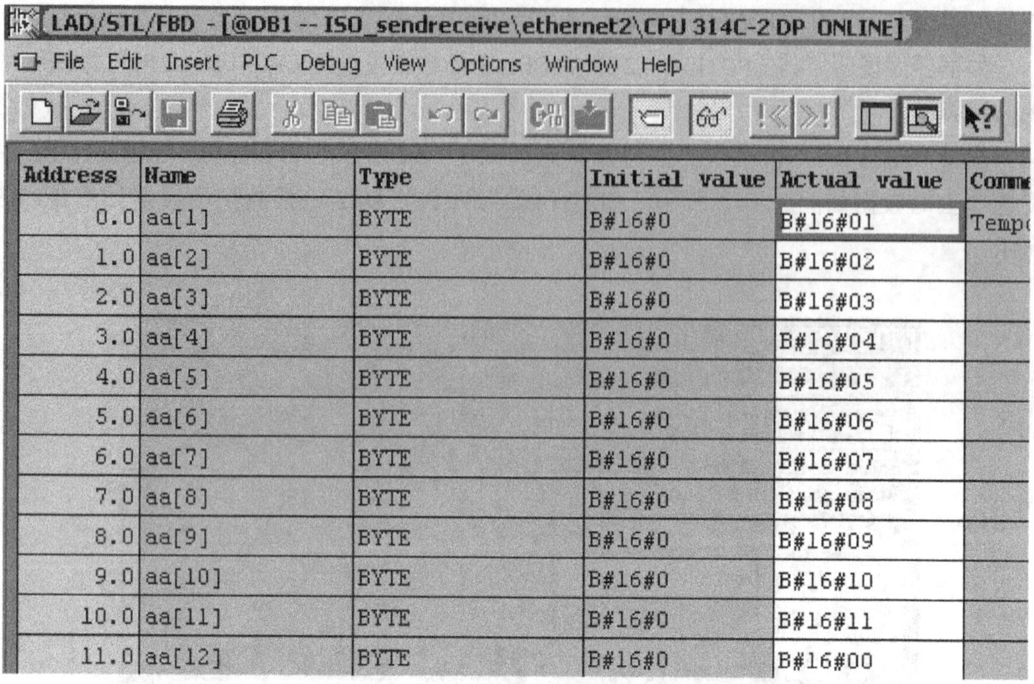

LAD/STL/FBD - [@DB1 -- ISO_sendreceive\ethernet2\CPU 314C-2 DP ONLINE]

File　Edit　Insert　PLC　Debug　View　Options　Window　Help

Address	Name	Type	Initial value	Actual value	Comme
0.0	aa[1]	BYTE	B#16#0	B#16#01	Tempo
1.0	aa[2]	BYTE	B#16#0	B#16#02	
2.0	aa[3]	BYTE	B#16#0	B#16#03	
3.0	aa[4]	BYTE	B#16#0	B#16#04	
4.0	aa[5]	BYTE	B#16#0	B#16#05	
5.0	aa[6]	BYTE	B#16#0	B#16#06	
6.0	aa[7]	BYTE	B#16#0	B#16#07	
7.0	aa[8]	BYTE	B#16#0	B#16#08	
8.0	aa[9]	BYTE	B#16#0	B#16#09	
9.0	aa[10]	BYTE	B#16#0	B#16#10	
10.0	aa[11]	BYTE	B#16#0	B#16#11	
11.0	aa[12]	BYTE	B#16#0	B#16#00	

图 3 -42　发送数据

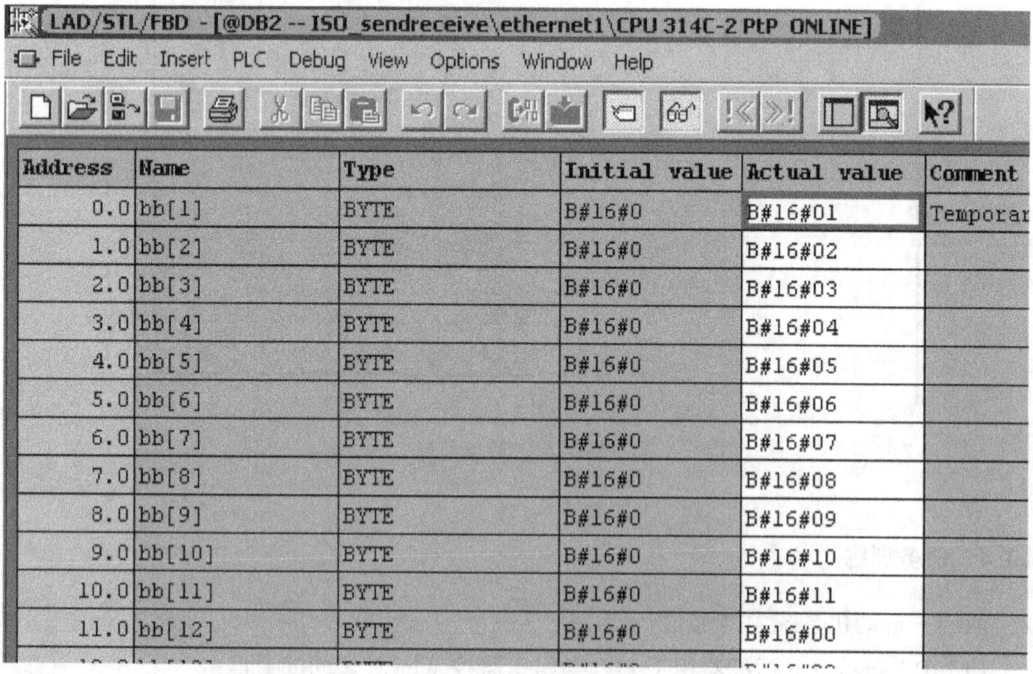

LAD/STL/FBD - [@DB2 -- ISO_sendreceive\ethernet1\CPU 314C-2 PtP ONLINE]

File　Edit　Insert　PLC　Debug　View　Options　Window　Help

Address	Name	Type	Initial value	Actual value	Comment
0.0	bb[1]	BYTE	B#16#0	B#16#01	Temporar
1.0	bb[2]	BYTE	B#16#0	B#16#02	
2.0	bb[3]	BYTE	B#16#0	B#16#03	
3.0	bb[4]	BYTE	B#16#0	B#16#04	
4.0	bb[5]	BYTE	B#16#0	B#16#05	
5.0	bb[6]	BYTE	B#16#0	B#16#06	
6.0	bb[7]	BYTE	B#16#0	B#16#07	
7.0	bb[8]	BYTE	B#16#0	B#16#08	
8.0	bb[9]	BYTE	B#16#0	B#16#09	
9.0	bb[10]	BYTE	B#16#0	B#16#10	
10.0	bb[11]	BYTE	B#16#0	B#16#11	
11.0	bb[12]	BYTE	B#16#0	B#16#00	

图 3 -43　接收数据

任务 3.4 任务训练测试题

3.4.1 任务描述与分析

3.4.1.1 任务描述

(1) 物料分拣 PLC 控制。
(2) 泵站水池 PLC 控制。

3.4.2 任务训练测试题

3.4.2.1 物料分拣 PLC 控制

A 考核内容及控制要求

a 工艺流程

工艺流程如图 3-44 所示,当运料小车传动装置准备就绪,按下启动按钮,首先要使运料小车返回初始位 A 位。当运料小车已经到达 A 位时,打开进料阀,物料(每批物料要么为黑色要么为白色)通过料斗向运料车上料,2s 后,关闭进料阀,同时启动运料车,运料车从位置 A 向位置 B 点运行,当其运行到位置 C 时,启动皮带电机(皮带机通过变频器所带的电动机进行拖动),当运行到位置 B 时运料车停止运行,然后开始卸料(5s 卸完料),卸完料后小车从位置 B 自动向 A 位置方向返回,经过 C 点时如果皮带上物料为空,停止皮带电机,继续向 A 位运行,到达 A 位重复前面的过程进入下一循环,否则停于 C 点。当物料在皮带上运行时,如果检测为白色物料启动推料机 1 将白色物料推进料槽 1;如果检测为黑色物料启动推料机 2 将黑色物料推进料槽 2。运料车和推料机均由三相异步电动机驱动。如果在运行过程中操作工按下急停按钮,运料车和皮带机能够立即停止;按下停止按钮,则在当前周期完成之后,运料小车自动停于位置 A(位置 A、B、C 三处均各设有一个接近开关)。

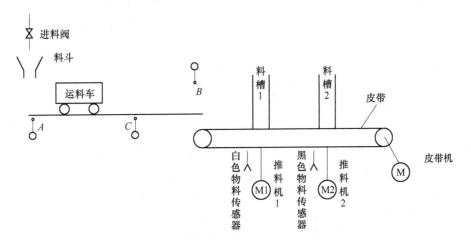

图 3-44 物料分拣控制工艺流程图

b　控制要求

（1）操作控制键要符合电工规范常用习惯，并具有必要的保护功能。

（2）完成上述任务时分手动、自动两种操作方式。

（3）运料车运行时以 1Hz 频率（占空比为 20%）闪烁显示。

（4）采用规范化软件程序方式编写程序。

（5）在控制屏上有工作状态指示。

B　考核要求

（1）画出 PLC 控制系统原理图。

（2）完成远程机架与接触器盘的正确接线。

（3）按控制要求完成硬件组态，并下载到 PLC。

（4）能实现所有的控制功能。

（5）安全文明生产（完成接线后，必须经过监考人员确认后方可送电）。

C　说明

（1）控制柜的按钮、信号灯与 PLC 主站的输入、输出接口线均已接好；PLC、变频器、远程机架总线已接好。

（2）主回路不用接线，接触器、电机无故障。

（3）完成接线，必须经过监考人员确认后方可送电。

（4）远程工作站上 I/O 模板、接触器和热继电器上所有接线点均已对应延伸到端子排上，所有接线点在端子排上完成。

3.4.2.2　泵站水池 PLC 控制

A　控制要求及考核内容

a　工艺流程

有一套如图 3 - 45 所示的泵站控制系统，该系统由两台泵组组成，其中 1 号泵组为变频泵，2 号泵组为工频泵。其自动工作方式：当高于 2 水位时，延时 5s 启动变频泵，变频泵以 50% 的速度运行；若水位达到 3 水位，变频泵以 100% 的速度运行；若水位达到 4 水位，工频泵启动，与变频泵一起抽水；当水位下降到 2 水位，切除工频泵，当水池水位低于 1 水位时两台泵停运。工频电机功率为 7.5kW，电动闸阀电机功率为 1.5kW。

b　控制要求

（1）符合电气设计规范，具有必要的保护功能。

（2）工作方式分为手动和自动两种操作方式。

（3）泵组启动时，泵组先运行后开闸阀；泵组停止时，先关闸阀后停泵组。

（4）"显示面板"作泵站水位状态显示。当低于 1 水位时，"1 水位"指示灯常亮；当高于 1 水位低于 2 水位时，"1 水位"、"2 水位"指示灯以 0.8Hz 频率闪烁；当高于 2 水位低于 3 水位时，"2 水位"、"3 水位"指示灯以 2Hz 频率闪烁；当高于 3 水位低于 4 水位时，"3 水位"、"4 水位"指示灯以 2.5Hz 频率闪烁；当高于 4 水位时，"4 水位"指示灯常亮；任何时候状态指示灯最多只有两盏点亮。

（5）1 号泵组由变频器控制，变频器和 PLC 之间采用 DP 总线方式，总线已联好。

（6）在信号控制屏上有泵组工作状态指示，并统计 2 号泵工作时间。

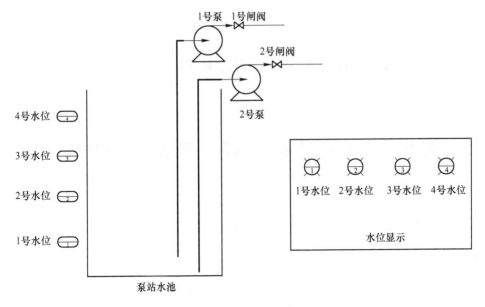

图 3 – 45 泵站工艺

（7）完成远程机架与接触器盘之间的控制线路接线。远程机架与 PLC 之间采用 DP 总线方式，总线已联好。

B 考核要求及评分标准

（1）画出 PLC 控制系统原理图。

（2）完成远程机架与接触器盘的正确接线。

（3）按控制要求完成硬件组态，并下载到 PLC。

（4）能实现所有的控制功能。

（5）安全文明生产（完成接线后，必须经过监考人员确认后方可送电）。

C 说明

（1）控制柜的按钮、信号灯与 PLC 主站的输入、输出接口线均已接好；PLC、变频器、远程机架总线已接好。

（2）主回路不用接线，接触器、电机无故障。开始水位在 1 水位以下，不考虑水位在其他中间水位。

（3）完成接线，必须经过监考人员确认后方可送电。

（4）远程工作站上 I/O 模板、接触器和热继电器上所有接线点均已对应延伸到端子排上，所有接线点在端子排上完成。

学习情境 4　工业组态软件

任务 4.1　创建 WinCC 项目、组态一个内部变量

4.1.1　任务描述

认识计算机与 WinCC 软件，修改客户机属性，建立内部变量。

4.1.2　完成任务所需器材

（1）PLC 实验实训装置一套（CPU31X-2DP、STEP 7 软件）。

（2）计算机 WinCC 软件一套。

4.1.3　相关知识

WinCC 是进行廉价和快速组态的 HMI 系统，WinCC 的模块性和灵活性为规划和执行自动化任务提供了全新的可能。WinCC 是结合西门子在过程自动化领域中的先进技术和 Microsoft 的强大功能的产物。作为一个国际先进的人机界面（HMI）软件和 SCADA 系统，WinCC 提供了适用于工业的图形显示、消息、归档以及报表的功能模板；并具有高性能的过程耦合、快速的画面更新以及可靠的数据；WinCC 还为用户解决方案提供了开放的界面，使得将 WinCC 集成入复杂、广泛的自动化项目成为可能。

4.1.3.1　启动 WinCC

首先确定启动的计算机上已安装了 WinCC 软件；从开始→所有程序→SIMATIC→WinCC→WINDOWS CONTROL CENTER 单击鼠标左键启动 WinCC 软件。如图 4-1 启动 WinCC 所示。

4.1.3.2　创建 WinCC 项目

启动 WinCC 后，系统将提示创建一个工程。WinCC 独自为每个创建的工程创建一个工程文件夹，如果要创建一个新的工程，请在 WinCC 浏览器中进行下列操作：

在菜单条上单击"File（文件）"→在下拉菜单中单击"New（新建）"→出现浏览器对话框→选择"Single User（单用户）"→单击"OK（确定）"→在"Create New Project（创建新的工程）"对话框中，输入工程名称→单击"Create（创建）"按钮。如图 4-2 所示为创建项目过程。

WinCC 目录结构是动态的，而且取决于所安装的软件工具以及 WinCC 应用程序（在 WinCC 光盘上）的使用。如图 4-3 所示为文件结构。在扩展名为 ldf，mdf 数据库文件总

是两个文件。

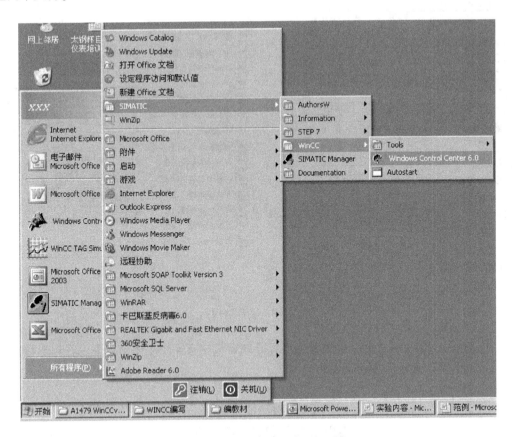

图 4-1 启动 WinCC

办公 PC 或者工业 PC

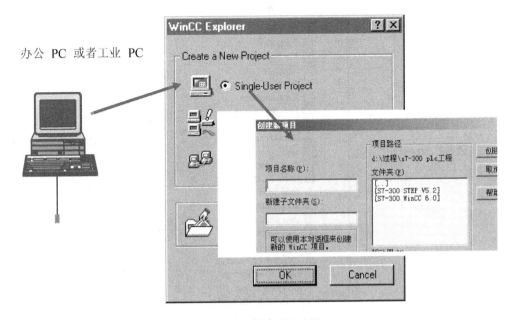

图 4-2 创建项目过程

WinCC工程结构和文件

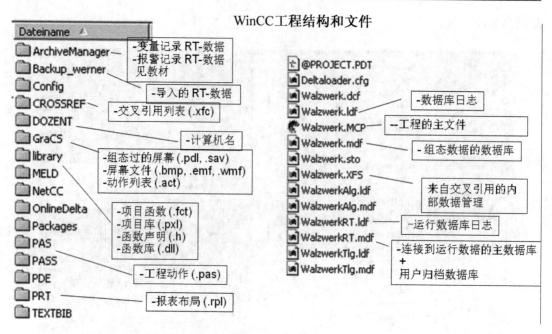

图 4 - 3　文件结构

在创建了一个工程之后，可以看到工程导航窗口中有 4 个主要节点显示在树形结构视图中，如图 4 - 4 所示为项目树结构。

WinCC中的功能模块1/2

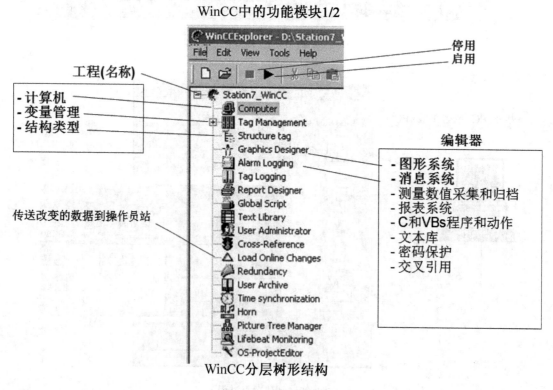

WinCC分层树形结构

图 4 - 4　项目树结构

计算机：使用计算机列表节点来定义工作站中计算机的属性，例如站名，启动特性（程序列表）以及参数（语言设置和组合键）。

变量管理：变量管理管理驱动程序连接、逻辑连接、过程和内部变量以及变量组。

结构类型：在这个数据类型的帮助下，能够生成一个数据结构。

4.1.3.3　切换工程

可以在现有的工程间进行切换：在 WinCC Explorer 菜单条上，单击"File（文件）"→在下拉菜单中，单击"Open（打开）"→在"Open（打开）"窗口中搜索需要的工程→单击文件名，如图4-5所示为打开所有项目（文件名：Beispiel. MCP）。

在工程间进行交换

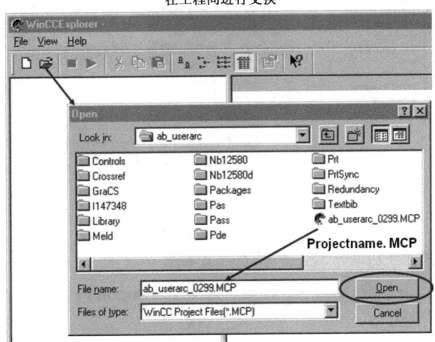

图4-5　打开所有项目

4.1.3.4　设置工程属性

将鼠标移到打开的项目名上→单击鼠标右键→属性→单击鼠标右键，在弹出的对话框中根据需要可选择相应的常规、更新周期、热键进行设置，鼠标移到确定（或 OK）单击左键确认如图4-6所示的项目属性对话框。

4.1.3.5　计算机属性

创建项目后，必须调整计算机的属性。如果是多用户项目，必须单独为每台创建的计算机调整属性。在 WinCC 项目管理器浏览窗口中选择所需要的计算机→单击鼠标右键弹出计算机列表对话框→选择属性单击鼠标左键打开计算机属性对话框，根据需要对计算机属性对话框中的常规、启动、参数、图形运行系统以及运行系统分别进行设置，如图4-7所示

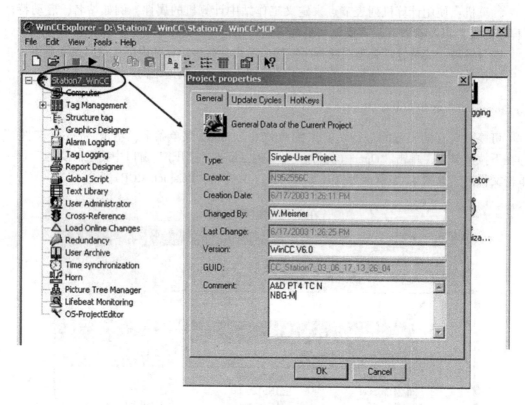

图 4 – 6　项目属性对话框

计算机属性(1/2)

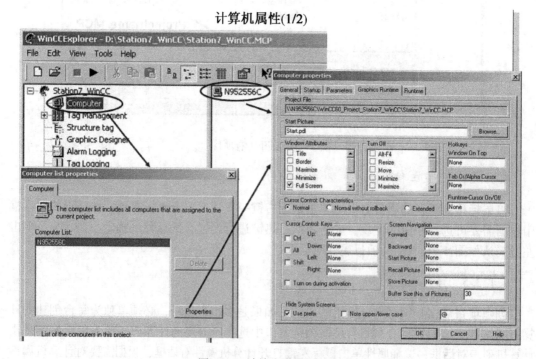

图 4 – 7　计算机属性对话框

为计算机属性对话框。

4.1.3.6 组态内部变量

变量系统是组态软件的重要组成部分。在组态软件的运行环境下，工业现场的生产状况将实时地反映在变量的数值中；操作人员可监控过程数据，操作人员在计算机上发布的指令通过变量传送给生产现场。

内部变量用于采集系统内部值和状态。内部变量没有对应的过程驱动程序和通道单元，不需要建立相应的通道连接。内部变量在"内部变量"目录中创建。新建组：WinCC 允许以技术为单位对变量进行组合。这使得变量结构易于阅读。在开始变量组态（新建变量）之前，创建一个"新建组…"。新建（内部）变量如图4-8所示为所有的组态步骤。

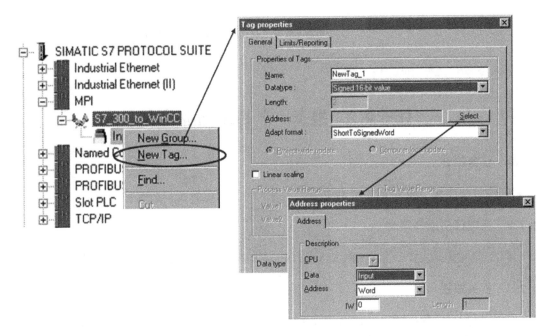

图 4-8 新建变量属性

（从 WinCC V5 起，使用 S7 码元（TIA）是可能的）

4.1.4 任务训练

练习1：在 D：盘中建立"WinCC-项目"

（1）在工程属性中指定工程的创建者。

（2）将"User cycle 1（用户循环1）"修改为15s（按 ms 设置）。

练习2：用各组中相应的内部变量组态显示三个变量组

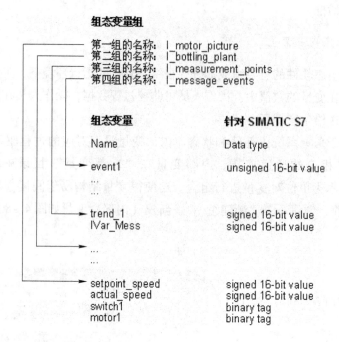

任务 4.2　组态一个 PLC 连接变量

4.2.1　任务描述

创建驱动连接，建立 PLC 外部变量。

4.2.2　完成任务所需器材

PLC 实验实训装置一套（CPU31X－2DP、STEP 7 软件）、计算机 WinCC 软件一套。

4.2.3　相关知识

在处理大量的数据时，往往需要较多的变量，此时建议将这些变量组织为变量组，只有这样才可以在大型项目中始终注意各种事件。然而，变量组并不保证变量的唯一性，只有通过变量名才可以达到此目的。

外部变量的连接原理如图 4－9 所示。过程：例如柱形图，自动装配设备等。连接：WinCC 可与 SIMATIC 驱动程序或其他驱动程序连接。过程映象：数据管理器管理来自 DB、DX、输入、输出以及位存储器（特征位）的变量数据的过程映象。功能：使用编辑器组态视图以及在 WinCC 中可用的控制功能，通过变量用过程连接功能。

外部变量数据交换原理如图 4－10 所示。SIMATIC 可用 S7－S7 MPI、S7 PROFIBUS、S7 以太网等。在 WinCC 中对数据管理器进行数据交换，使用 S7（DB 85）中的数据块来进行。在本示例中，每种类型的一个变量，位、字节、字、双字等都被传输。

SIMATIC 设备驱动程序在 WinCC 安装的通信下进行选择，如图 4－11 所示。如果没有选择安装，以后可以用增量安装来进行。

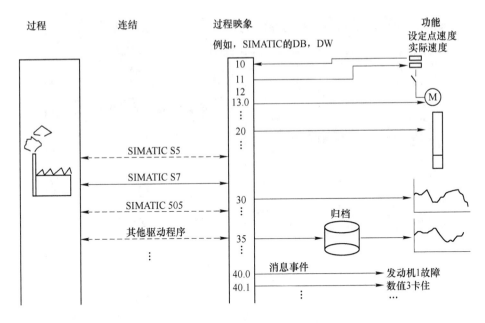

图 4-9　过程变量连接原理

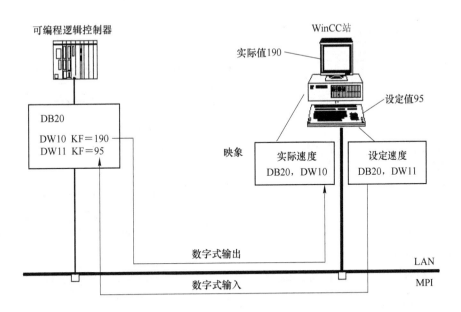

图 4-10　外部变量数据交换原理

　　添加和显示外部变量驱动程序如图 4-12（a）所示，添加通信驱动程序：使用选择图（a）中的"Tag Management 变量管理"单击鼠标右键打开图标调出快捷菜单→. 在快捷菜单中选择"Add New Driver（添加新的驱动程序）…"→在窗口中，搜索通信驱动程序，然后为程序选择驱动程序（例如 SIMATIC S7Protocol Suite. CHN）。如图 4-12（b）所示是更新过的 WinCC Explorer。

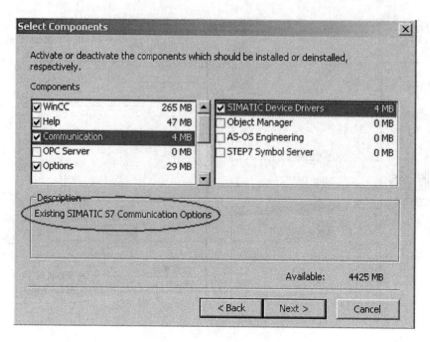

图 4 – 11　安装 WinCC 设备驱动程序

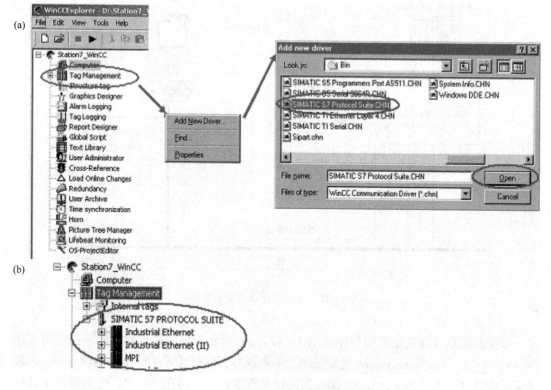

图 4 – 12　添加和显示外部变量驱动程序
(a) 添加驱动程序；(b) 浏览添加驱动程序后的资源管理器的树结构

在图 4-13 中显示的是 WinCC 组态 PLC 连接过程，步骤如下：

（1）使用"MPI"图标调出快捷菜单。

（2）在快捷菜单中选择"New Driver Connection（新的驱动程序连接）…"。

（3）在"Connection Properties（连接属性）"窗口中，输入连接名称。

（4）在"Connection（连接）"变量中，输入 S7 网络地址的连接参数。

1）Station address：2（MPI 地址）。

2）Segment-ID：0（目前未使用）。

3）Rack Number：0（CPU 的机架号码）。

4）Slot No：0（CPU 插槽号码），S7 400 系列 PLC 用 4。

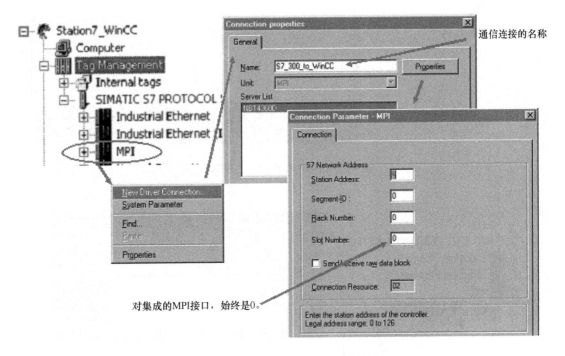

图 4-13　显示 WinCC 组态 PLC 连接过程

诊断：从 WinCC 端对连接进行诊断。这是在 WinCC Explorer 中完成的。如果一个通信连接是使用 S7 协议组创建的，可以使用 S7 的诊断性能。

标准的诊断可以通过下面的方法进行，单击菜单条上的工具（Tools），然后在下拉菜单中单击驱动程序连接状态（Status of Driver Connections）如图 4-14 所示。如果所显示的只读和/或只写任务的数量持续增加，而且没有减少的发生，可导致数据链接过载。

在变量管理器中创建 WinCC 外部变量，首先必须组态一个与 PLC 的连接。然后创建变量组和变量，具体过程如下：将鼠标移到 新建连接 →单击鼠标右键打开属性对话框中如图 4-15 所示为外部变量及属性→选择新建变量或新建变量组→打开变量属性对话框→在"常规"选项卡上输入变量的名称→选择变量的数据类型→单击"选择"按钮→打开"地址属性"对话框→输入此变量的地址。可在"限制/报表"选项卡上设置上限值和起始值。

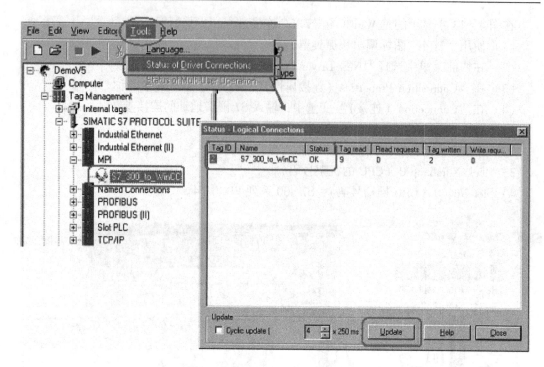

图 4 – 14　WinCC 和 PLC 连接状态

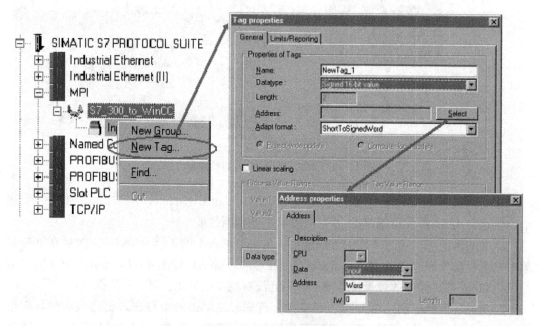

图 4 – 15　外部变量及属性

（从 WinCC V5 起，使用 S7 码元（TIA）是可能的）

　　使用 Excel，可以轻松而高效地创建和维护大量的变量。如果在设计变量的名称时使用了一个固定的结构，将使得在 Excel 中创建变量列表更加容易。使用程序 \ SmartTools \

CC_ VariablenImportExport \ Var_ exim. exe 可以把在 Excel 中创建的变量列表导入到当前的 WinCC 工程中。可以在 WinCC 光盘中找到这个程序。

4.2.4　任务训练

4.2.4.1　指导训练

（1）创建一个工程、组态 PLC 连接。

（2）组态 SIMATIC S7 外部变量组和变量，如图 4 – 16 所示为创建变量。

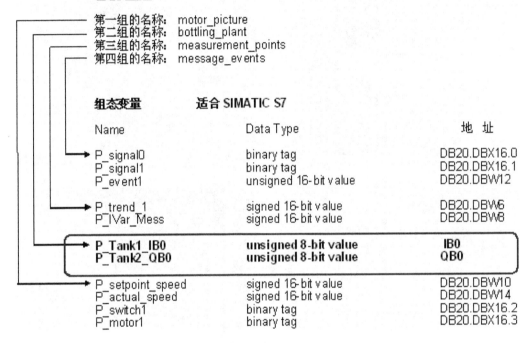

图 4 – 16　创建变量

4.2.4.2　实训操作

任务 4.3　WinCC 图形编辑器设计

4.3.1　任务描述

（1）创建一个画面。

（2）在画面中使用滑动条和滚动棒对象。

4.3.2　完成任务所需器材

PLC 实验实训装置一套、计算机 WinCC 软件一套。

4.3.3　相关知识

所有显示过程值或者过程状态的图形组件属于动态图形组件。动态图形组件有数字、数值、棒图、输出文本、属性和显示变化。

通过动作组态使得所有的对象（静态或者动态的）的颜色、几何、闪烁、样式、填充等属性随变量的变化而改变。

在屏幕划分一个原则上，每个单独的屏幕分区都可以组态。如图 4 – 17 所示为一个屏幕分区的示例。

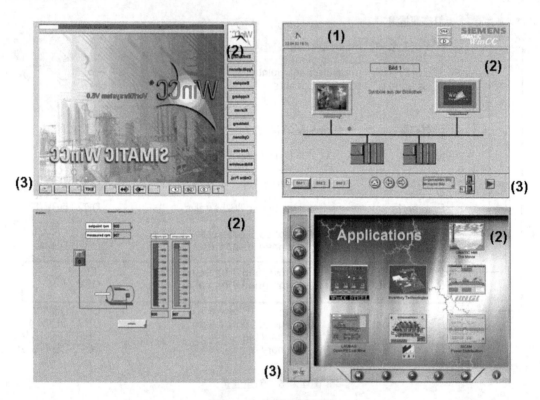

图 4 – 17　图形屏幕划分

图 4 – 17 中概览区域（1）通常包含适用信息，例如日期，时间、消息、范围选择操作以及系统信息。概览区域显示在所有画面中；工作区域（2）显示过程事件；键集合区域（3）显示可以操作的按钮，例如开关工作区域、调用信息、开关键集合。按钮可以独立于所选择的工作区域使用；鼠标和/或功能键支持操作。

数字数值以数字形式显示来自过程的数值，或者用来作为输入域以直接改变画面中的调整点。根据要显示的数值，数值的显示可用属性和格式来改变。图形编辑器用于根据任务定义创建必要的屏幕（画面）。如图 4 – 18 所示为打开图形设计界面结构。

图形设计功能介绍：

启用/禁用选项板：在菜单条中，单击"View（视图）"→在下拉菜单中，单击"Toolbar（工具条）…"。

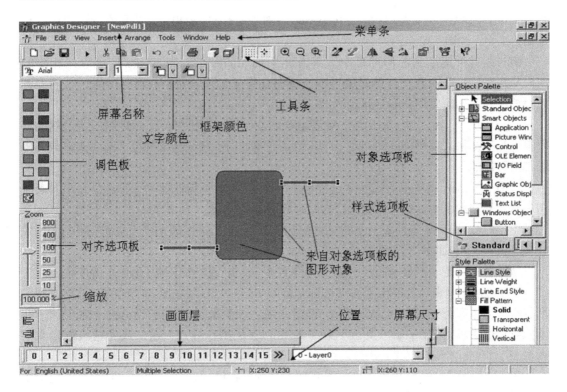

图 4 - 18　设计界面

设置屏幕尺寸：在屏幕的空白区域调出快捷菜单→从快捷菜单中选择"Properties（属性）…"→使用"Object Properties（对象属性）"窗口中的"Properties（属性）…"变量选择"Geometry（几何）"→双击"Height（高度）"或者"Width（宽度）"属性以在显示的窗口中输入一个新值。如果静态对象是通过 *.emf 文件载入的，画面选择时间可以提高。通过单击菜单条中的 File（文件）→Export（输出）来选择所有的静态对象（它们必须位于同一层）并把它们保存在 GraCS 目录中。然后，可用对象选项板编辑图形对象，输出的 *.emf 文件与图形对象连接。

工具条：通过按下 ALT 并用鼠标左键双击可以组态工具条。请考虑菜单条下的设置，下拉菜单中的 Options and Settings（选项和设置）→Menu/Toolbar（菜单/工具条）变量。

组态对象：使用鼠标左键选择对象选项板中的对象。单击鼠标以将该对象放置到组态界面。在帮助功能中描述了其他的编辑。

标准对象：标准对象由图形对象和静态文本组成。

应用窗口是消息系统、诊断系统甚或是外部应用提供的对象。外部属性（位置、尺寸以及外部特性）在图形设计器中组态并在运行模式传送给外部应用。外部应用打开应用窗口，照管其显示和操作。

画面窗口是以它们自己的位置、尺寸以及其他属性组态的对象，可以是动态的。一个重要的属性是对其他屏幕（画面）的引用，该屏幕可显示在画面窗口中。该窗口的内容可以在运行模式通过"picture name（画面名称）"特性中的动态变化而动态地改变。

控件：用于实现 Windows 组件（例如滚动条或者模拟时钟）。OLE 控件的特性显示在

"Properties（属性）"变量"Object Properties（对象属性）"窗口中，也可在此窗口中进行编辑。

OLE 组件可集成到图形屏幕中。双击（例如 Microsoft Paint Screen）可以用相应的 OLE 应用编辑这个对象。其他对象类型，例如音频或者视频对象，当双击时，它们即开始播放。它们的源应用并不打开。

I/O 域可用作输入域、输出域，或者组合的 I/O 域。二进制、十六进制、十进制或者字符串等数据格式都是可以的。当一个入口是完整的时，极限值的规范、隐含入口或者传输都是可能的。

条形（图表）以模拟形式显示过程值。一个区域显示当前值。一个典型的棒图表应用显示容器中的水平。颜色的变化可指示对极限值的违背。

图形对象用于在图形设计器中集成外部图形对象（扩展名为.WMF 或.EMF 或.BMP）到一个画面中。

状态显示用于动态显示图形对象（扩展名为.WMF 或.EMF 或.BMP）的变化。

EMF/WMF 对象（Enh 增强的 Windows Meta File）是在其他地方生成的，被集成到图形屏幕中。用以下方法集成 EMF 或者 WMF 对象：在菜单条上单击"Insert（插入）"。在下拉菜单中，单击"Import（导入）…"文字列表可用作输入、输出或者输入输出文字列表。

Windows 对象：按钮用于操作过程事件。复选框在进行多个选择操作时需要。选项组类似于复选框，但只能执行一个操作。圆形按钮用于操作过程事件。滚动条用作线性调节器，调整模拟过程值。

对齐对象技巧：本功能可通过对齐选项板来处理。如果在开始组态图形前打开了网格点，在移动对象的同时就可以进行对齐。

选择对象：使用鼠标左键选择对象→当按下鼠标左键并在几个对象上拖动时，处在矩形框中的所有对象都被选中（套索功能）→当按下 Shift 键，用鼠标左键选择单个的对象时，对象可以被"集合"起来→这个功能用于删除、对齐、复制、移动以及对象编辑。还有其他设置：在菜单条上，单击"Tools（工具）"菜单→在下拉菜单中，单击"Settings（设置）…"。

修改属性：选择一个对象并用鼠标右键调出快捷菜单。在"Properties（属性）"下，所有对象属性都可以修改。这样可以将自己的默认属性存储在 Default.pdd 文件中。在菜单条上，单击 Tools（工具）在下拉菜单中，单击 Settings（设置）；Default Object Configuration（默认对象组态）变量。

修改一个对象的：调出"Object Properties（对象属性）"窗口→在对象选项板中选择一个对象→设置你要设置的属性，并把该对象拖到屏幕上。

背景网格：在菜单条上，单击"Tools（工具）"菜单→在下拉菜单中，单击"Settings（设置）…"，从此进入背景网格、宽度和高度的设置。

4.3.3.1　会话调用

组态会话：并非所有的对象都有这种会话。生成这些对象的时候，组态会话自动出现。通过单击菜单条上的 Tools（工具）再单击下拉菜单中的 Settings（设置），可以显示或者隐藏（启用或者禁用）组态会话。在对象选项板中选择一个对象，将其放置到图形画面中。要做修改，用鼠标右键打开快捷菜单，启动组态会话。如图 4-19 所示是动态变化的会话调用属性。

动态向导：在画面中选择一个对象→选择属性或者事件→选择需要的向导并双击启动向导。必须通过单击菜单条中的 View（视图）然后单击下拉菜单中的 Toolbars（工具条）来选择动态向导。

直接连接：在画面中选择一个对象→显示对象属性→选择事件变量→在动作栏中，用鼠标右键打开快捷菜单 n→选择直接连接。

变量连接：在画面中选择一个对象→显示对象属性→选择属性变量→在动态栏中，用鼠标右键打开快捷菜单 n→选择变量→在接下来的对话中，选择需要的变量并接受它。

动态会话：在画面中选择一个对象→显示对象属性→选择属性变量→在动态栏中，用鼠标右键打开快捷菜单→选择动态会话→在接下来的对话中，组态需要的动态并接受它。

C-动作在画面中选择一个对象→显示对象属性→选择属性或者事件变量→在动态或者动作栏中，用鼠标右键打开快捷菜单→选择 C-动作→组态需要的 C-动作并按下"createaction（创建动作）"按钮。

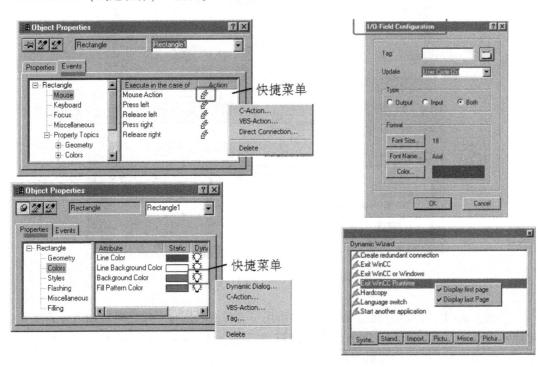

图 4-19　动态变化的会话调用

4.3.3.2　变量连接

连接变量：过程变量或者内部变量可以直接或者间接地进行各种属性动态。例如，对于过程值的输出，I/O 域的"输出值"属性与希望的变量连接。这个连接在变量浏览器中进行或者使用工具条的"列出所有变量"。使用它，你可以访问系统中现有的或者组态的所有变量。

　　直接/间接：访问间接变量寻址向一个 I/O 域提供输入也是可能的。定义的变量（地址变量）包含目标变量的变量名。通过修改"地址变量"的内容，就可以访问不同的变量。这同时也改变了变量到 I/O 域的连接。间接寻址有以下特性：在"间接"的情况下，通过双击，除了变量，在属性边输入了一个复选标记。对于间接寻址，输入的变量必须是文本变量。

　　更新：更新时间的默认值是 2s。这个值可以在很大的范围内进行修改。在菜单条上单击 Tools（工具），在下拉菜单中选择 Settings（设置），然后选择 Default Objects Configuration（默认对象组态变量）变量。另外，还有一个更新的方式：画面循环、窗口循环，甚至更改变量。一个绿色的灯泡指出对象已被设置动态的并与一个变量相连，如图 4-20 所示十进制显示。使用变量连接可以增强性能。对于优化的组态，应当始终使用变量连接。

菜单条 > 视图，
下拉菜单 > 工具条
-> 变量

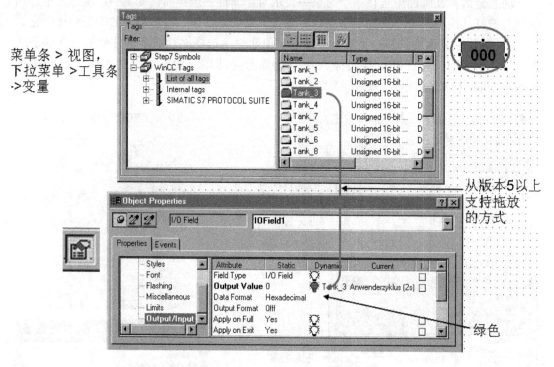

图 4-20　十进制显示

　　应用：例如：输入以及组合的输入/输出用于过程值的调整。输出对象和组合的输入/输出对象用于显示过程值。三个域类型都可用组态会话（Configuration Dialog）来定义。输入-调用组态会话并设置域类型 input（输入）以及变量 Setpoint（调整点）。调整点在图 4-21 所示数字式输入/输出组态中，当画面被选中时，不显示当前的过程值（总是 0）。

　　组态　－Properties/output and input　　/data format：decimal
　　　　　　　　　　　　　　　　　　　　　/output format：999
　　输出－　调用组态会话并设置域类型 Output（输出）以及变量 Actual Value（实际值）
　　组态　－Properties/output and input　　/data format：decimal
　　　　　　　　　　　　　　　　　　　　　/output format：999
　　输入/输出-组态　调用组态会话并设置域类型 Both（输入和输出）以及变量 Speed（速度）

组态　–Properties/output and input　　　　/data format：decimal

/output format：999

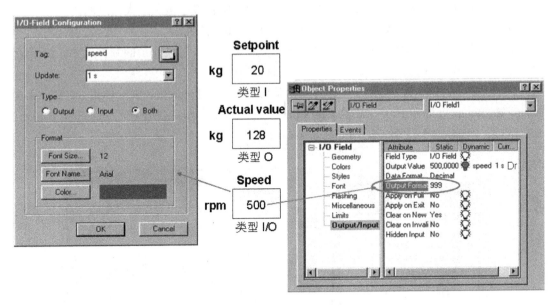

图 4 – 21　数字式输入/输出组态会话

4.3.3.3　范例

一个酿酒厂的酿造过程的温度将要以图形方式显示在棒图上。一个趋势指示将显示温度值是上升还是下降。温度显示范围是 0 ~ 100，把棒图颜色组态为绿色。棒图与变量temp1 通过过程连接相连。

实现过程：从对象选项板中选择一个棒图。在组态会话的帮助下在图形屏幕中组态棒图。其他必要的设置，请参考图 4 – 22 棒图输出组态会话。

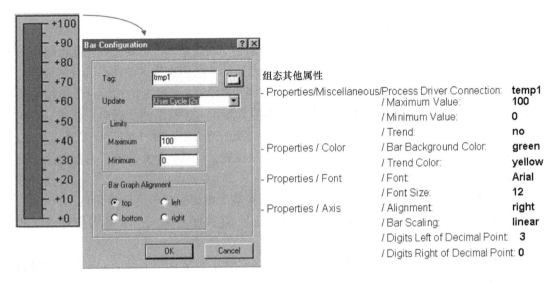

图 4 – 22　棒图输出组态会话

　　颜色切换：根据数字数值，可通过"棒图颜色"属性和动态会话来组态颜色变化。然而最好还是使用条的极限来全部或者分段地改变条的颜色。

　　任务：使用滚动条对象输入一个调整点。控制范围在最小值和最大值之间。

　　示例：滚动条对象的调整值（控制范围）在 0～100 之间。

　　过程：使用对象选项板在画面中生成滚动条对象。可以用尺寸句柄调整尺寸。给滚动条对象加上标识。

　　属性组态如图 4 – 23 所示。调整用滚动条对象所示 – Properties/Slider Object/Miscellaneous/Maximum Value：100，/Minimum Value：0，/Steps：10，/ProcessConnection/Dynamic：value，/Password，/Operator Input message。

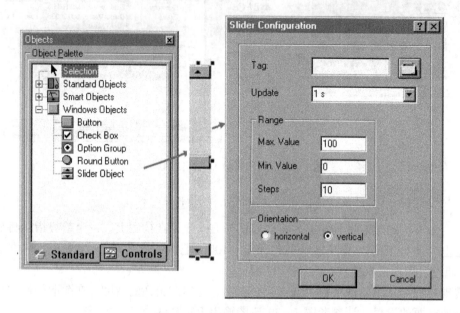

图 4 – 23　调整用滚动条对象

　　动态向导：动态向导能够通过程序提示的方式创建经常需要的某些动态动作或者各种对对象的操作以及对象属性。在同一个对象上创建多个动态动作，需要连续好几次调用动态向导。这可以以非常针对的方式激活一定的属性，而不必明确表达动作。以后使用各对象的属性页时，还可以进行增加。通过单击菜单条上的 View（视图）然后单击下拉菜单中的 Toolbars（工具条）可以激活和禁用动态向导如图 4 – 24 所示的动态向导概述。本向导支持所选对象使用的动态化。这些动态的发生，有三个步骤：第 1 步选择需要的动态，第 2 步为该动态选择一个触发器，第 3 步进行选项设置，这样一个 C 脚本将自动生成，所需要的动态被赋予对象。

　　画面功能。屏幕导航；窗口中画面的变化（在某个画面窗口中更改画面）；单个画面变化（更改当前画面）；显示错误框；显示 WinCC 对话框（插入一个可用作对话框的 PDL）。

　　标准动态：根据所选的对象生成，如图 4 – 25 所示，设置调整值显示了一个发动机的调整点速度。

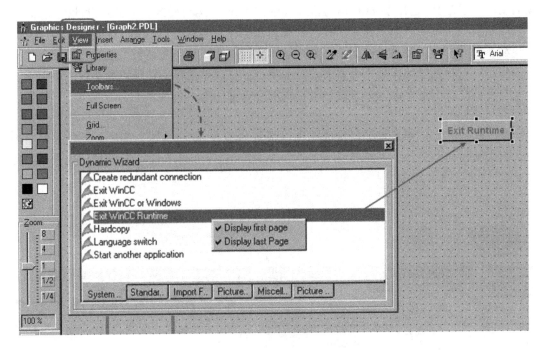

图 4 - 24　动态向导概述

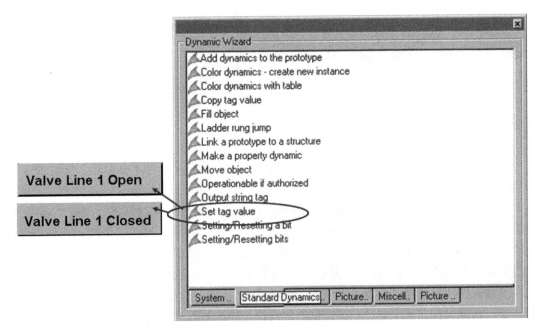

图 4 - 25　设置调整值

系统功能：启动另外一个应用（启动任何其他 Windows 应用），硬拷贝（在标准打印机上形成当前屏幕的一个硬拷贝），设置冗余连接，语言切换，退出 WinCC（退出 WinCC，关闭所有的 WinCC 应用），退出 WinCC 或者 Windows（显示几个可能，退出、重新启动以及登录），退出 WinCC 运行模式（退出 WinCC 运行模式，切换到设计模式）。

画面模块 – 生成画面模块 – 模板。生成画面模块 – 实例。

动态会话：动态会话也可用于对象的动作。例如使用动态会话极大地简化了极限值检查的组态。扫描创建动作是不必要的。对于组态，只简单地输入极限值和参数就足够了。

组态：在灯泡上单击鼠标右键，可触发动态会话组态（对象属性弹出菜单）。扫描结果立即与连接的属性连接。

修改颜色属性：如果有必要修改，可以很容易地在现有扫描（编辑动态会话）中进行。如果通过动态会话，属性成为动态的，红色闪电符号将取代灯泡符号，如图 4 – 26 所示。

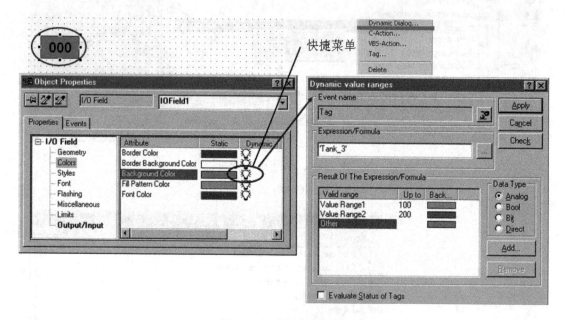

图 4 – 26　修改颜色属性

使用动态会话可以增强性能。然而这只有当使用变量触发器时才有可能。在画面选择过程中，变量都被调用一次。之后，系统进行优化，只有当变量值变化时才处理该功能。在动态会话的帮助下，可求得过程变量的状态。例如对电机运行状态进行测定组态（连接的过程变量为 motor_ 1），如图 4 – 27 所示。在动态对话框中勾选变量状态评估选项，对变量测定 No connection 项，组态为 No PLC connection。则变量为真时显示为：motor on；变量为假时显示为：motor off；检测不到变量时显示为：No PLC connection。

直接连接。直接连接使得不要像 C 脚本那样明确描述动作即可把某些属性和动作相互连接。这就是创建单个属性与相应供给之间快速连接的方式。图 4 – 28 直接连接的屏幕显示了鼠标操作值和变量描述之间的直接连接。如果组态直接连接，闪电符号以蓝色显示。

范例要求：根据过程，阀的状态将被显示在屏幕上。通过对象和属性使显示发生变化。通常在状态显示扫描中只有一个二进制数值（一个字节）。阀的状态向操作人员显示相关的系统状态："关闭"是蓝色的，"打开"是红色的，"错误"是闪烁的红色。如

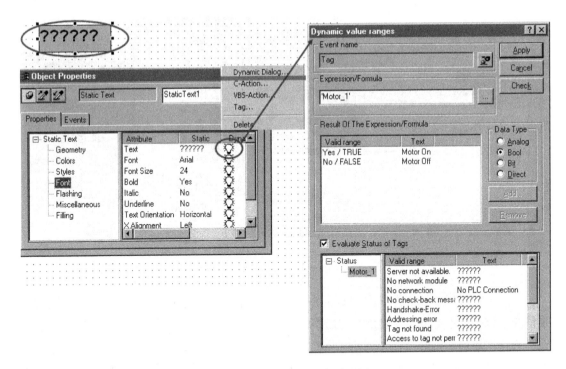

图 4 - 27　过程变量状态测定组态

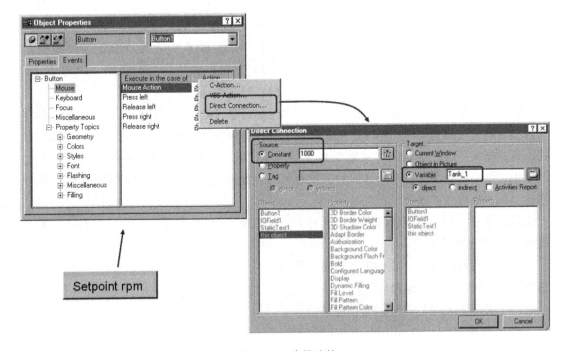

图 4 - 28　直接连接

图 4 - 29 所示, 组态三个对象, 或者从库中挑选出合适的图标。

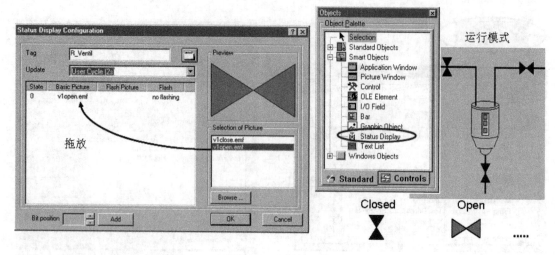

图 4 – 29　状态显示

选择每个对象并把文件导出到 GraCS 目录，使用一个合理的名称。使用 File（文件）菜单和下拉菜单中 Export（导出）。使用"Smart Objects"（灵巧对象）节点，从对象选项板中选择状态显示。必需首先创建 . BMP，. WMF 或者 . EMF 文件作为替换对象。这些图形文件也可以用其他工具（例如 PaintshopPro，MS Paint 等）创建。WMF 文件可以用 WinCC 光盘上的工具（wmfdcode. exe）进行转换。默认情况下，Properties（属性）/Status（状态）/Basic Picture Referenced（被基本画面引用）下设置为 yes（是）。也就是，当状态发生变化时，每个状态文件（. emf，. wmf，. bmp）都被加载。

如果 Basic Picture Referenced（被基本画面引用）是 no（不），那么状态文件被保存在画面中，当画面被选中时载入。这样，更新时间就可以减少。系统画面 . pdl 变大了，在最初选择时就能注意到。更高性能的硬件可以减轻这种现象。

定制的对象：定制的对象允许对对象的属性进行隐含的组态。这样就可以只显示那些对过程可视化重要的属性。同时，定制对象的设计者可以修改属性的名称，甚至是多语言的。通过拖放可以把定制的对象复制到库中。反过来，定制的对象可复制到任何 WinCC 画面中。全局库包含一整系列这样的定制对象（例如测量仪器），这些对象可在任何时候用自己的对象进行扩展。

任务要求：在一个定制的对象的帮助下，动态地改变一个矩形的位置。只有这个属性将被显示给最终用户。

过程：圆角的矩形（或者属于定制对象的所有对象）被放置在图形画面中。接下来，选择所有的对象，具体操作如下：

（1）用定制对象的设置创建快捷菜单。

（2）激活"Customized Object（定制对象）"→"create（创建）"。

显示组态会话定制对象，在此"Selected Properties（选中的属性）"（如图 4 – 30 所示为制定对象屏幕）可以被删除、添加和重命名。

（3）可通过定制对象的属性连接过程变量。

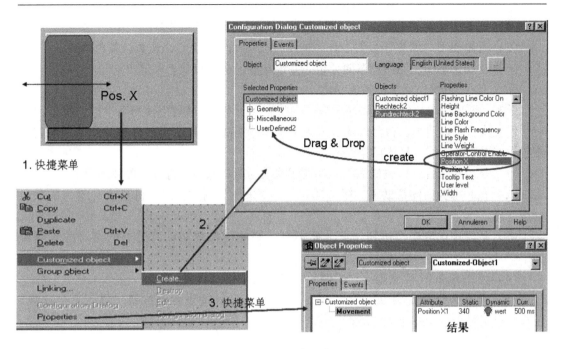

图 4 - 30　制定对象

4.3.4　任务训练

4.3.4.1　指导训练

实训练习

练习1：创建一个画面

任务：要创建两个画面。通过一个简单的画面变化，从一个画面到另一个画面。必须从这个画面选择启动画面。具体操作如下：

（1）组态两个画面：1）启动画面：Start. PDL。2）电机画面：Motor. PDL。

（2）在静态文本和其他静态要素的帮助下，组态启动画面。

（3）组态智能对象→OLE 对象并连接到文件（应该是默认的安装路径）。

（4）组态一个按钮，用于画面选择功能。

（5）组态两个画面选择功能（切换到 Motor. PDL 以及返回）。

（6）用上面提到的名字保存该画面。

（7）选择 start. PDL 为运行模式启动画面。

（8）存储画面并测试项目。

练习2：用于设定点和实际值的 I/O 域

任务：要创建两个 I/O 域。一个 I/O 域用作调整点速度的输入/输出。第二个 I/O 域只用作实际速度的输出。具体操作如下：

（1）组态两个 I/O 域：1）调整点速度。2）实际速度。

（2）为调整点速度组态 I/O 域，作为输入域和输出域。

（3）为实际速度组态 I/O 域，作为输出域。

（4）把 I/O 域与"setpoint speed"和"actual speed"变量相连。

（5）可以使用"属性"设置 I/O 域的属性（例如字体大小，位数，颜色等）。

（6）在起始画面，使用动态向导组态系统功能退出运行状态和退出。

练习 3：电机操作及电机颜色变化

任务：要更改电机的颜色以显示电机的状态（开/关）。（可以使用库中的电机显示）。对颜色变化，可以使用动态会话或者 C 动作。切换按钮也显示当前开关状态。用设定点按钮组态设定点速度。具体操作如下：

（1）从库中选择一个电机显示，并使用拖放功能将选中的符号放置到画面中。

（2）在动态会话的帮助下，用"Motor1"变量作为输入，使电机显示（组）的颜色动态变化。

（3）从库中选取切换按钮，见上面幻灯，并使用拖放功能将选中的符号放置到画面中。

（4）使用 Switch1 变量连接到切换开关使其动态化。

（5）组态三个分别为 0r/min，400r/min，800r/min 的设定点按钮。用"直接连接"连接到设定点变量（setpoint speed）中。

（6）存储并测试项目。

练习 4：调整点和实际值的棒图

任务：要创建两个棒图。一个棒图显示调整点速度，另一个棒图显示实际速度。具体操作如下：

（1）组态两个棒图：1）调整点速度。2）实际速度。

（2）把棒图与"setpoint speed"和"actual speed"变量相连。

（3）组态显示下限为 0 上限为 1000。

（4）可以使用"Properties（属性）"来设置棒图的属性（例如字体大小、位数、颜色等）。

（5）在属性中→极限→极限值颜色变化。

（6）当速度超出 > 900，棒图颜色变成红色。

（7）存储画面并测试项目。

练习 5：状态显示

任务：组态一个阀门显示器显示出阀门的打开闭合状态。借助状态显示这种组态方式也可以用于其他对象。具体操作如下：

（1）创建一个画面 Zustansanzeige. pdl 并在起始画面里调用。

（2）从符号库中选择阀门显示符并且将其托拽进来。

（3）选择阀的另一状态重复第二步。

（4）点选菜单 File→Export…将这两个状态导出成为 . emf 格式。

（5）从智能对象里选择一个状态显示，组态。

（6）当出现组态对话时，从画面选择窗口里选择阀门的状态，拖入基本画框中（赋值状态见上面幻灯指示）。

（7）创建过程变量 color valve，类型二进制，对应地址 I0.0，连接该变量到本状态显示中来。

（8）存储画面并测试。

练习 6：带有两步操作的子控制框

任务：为了拥有较高开关安全等级，可以把电机的开关切换操作放入一个两步操作控制框内。具体操作如下：

（1）创建一个操作画面 Mot1. pdl。

（2）在电机画面中编辑一个名称为 Motor1 的按钮。

（3）用 Dynamic Wizard→Display WCCDialog box 功能生成控制框。

（4）存储画面并测试。

练习 7：在字节中对一个位进行设定

任务：使用两个按钮通过对一个字节中的一个位进行置位复位的操作控制一个传送带的起停。其他未被使用的位可用来控制其他的程序。具体操作如下：

（1）创建操作画面 Bandanlage. pdl。

（2）建立一个有符号的 8 位变量 Conveyor，地址对应为 QB0。

（3）使用 Dynamic Wizard→Setting/Resetting Bits 功能给两个按钮设定相应功能。

（4）存储画面并测试。

练习 8：交通信号灯自动控制

1. 交通信号灯工艺

信号灯的动作受开关总体控制，按一下启动按钮信号灯系统开始工作、并周而复始地循环动作；按一下停止按钮，所有信号灯都熄灭。动作时间如下：

南北方向	信号灯	红灯亮			绿灯亮	绿灯闪亮	黄灯亮
	时间	30s			20s	6s	4s
东西方向	信号灯	绿灯亮	绿灯闪亮	黄灯亮	红灯亮		
	时间	20s	6s	4s	30s		

交通灯如图 4-31 所示。

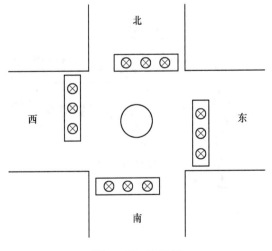

图 4-31　交通灯

2. 要求

（1）南北方向红灯亮 30s，绿灯亮 20s，绿灯闪烁 6s（周期 2s），黄灯亮 4s。

（2）东西方向红灯亮 30s，绿灯亮 20s，绿灯闪烁 6s（周期 2s），黄灯亮 4s。

（3）手动控制时，南北方向和东西方向均黄灯闪烁（周期 2s）。

（4）用 WinCC 制作动态显示屏。

任务 4.4　变量归档和趋势显示

4.4.1　任务描述

（1）创建归档变量。

（2）以趋势方式显示归档数据。

4.4.2　完成任务所需器材

PLC 实验实训装置一套（CPU31X - 2DP、STEP 7 软件）、计算机 WinCC 软件一套。

4.4.3　相关知识

4.4.3.1　创建过程值归档

如果还没有组态变量，首先组态过程变量。在项目资源管理器中访问变量记录如图 4 - 32 所示。用鼠标点击"Open"→变量记录启动→最大化窗口→并建立需要的界面。

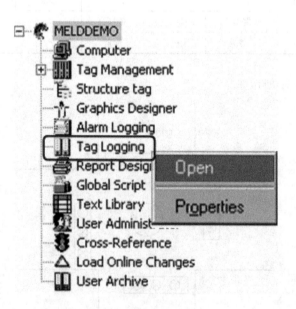

图 4 - 32　变量记录调用

变量记录组态界面：在访问了变量记录之后，如图 4 - 33 所示为变量纪录组态界面，在左边窗口的树结构中显示编辑器；分别选择的编辑器的组态结果将显示在右边窗口中；在图 4 - 33 的屏幕下部有一个表格窗口，其中显示了测量点的文本、变量和属性的编辑可能性。定时器可以随意创建归档和记录周期。启动归档向导如图 4 - 34 所示。

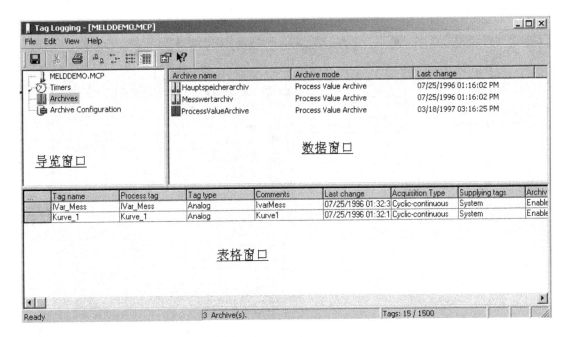

图 4 - 33　变量纪录组态界面

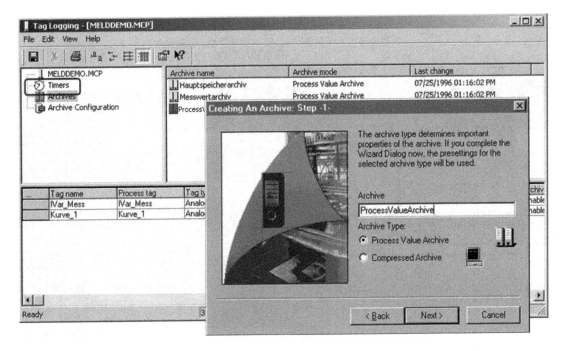

图 4 - 34　归档向导

过程值归档位置如图 4 - 35 所示：每个测量点都可以提供变量记录来归档，有两种不同的归档类型：在主存中（RAM） - 环形缓冲器，在本地的硬盘中 - 环形缓冲器，计算测量归档值的大小等于测量值的数目乘以 28 个字节。编辑归档测量点如图 4 - 36 所示。

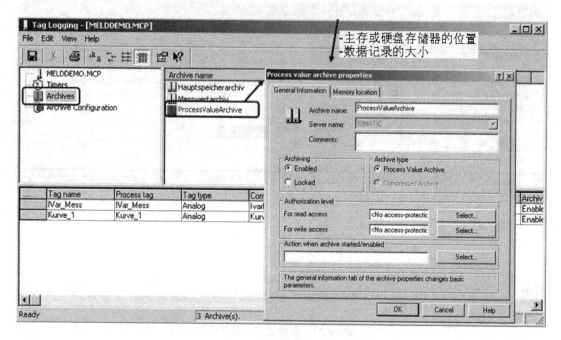

图 4 - 35　过程值归档

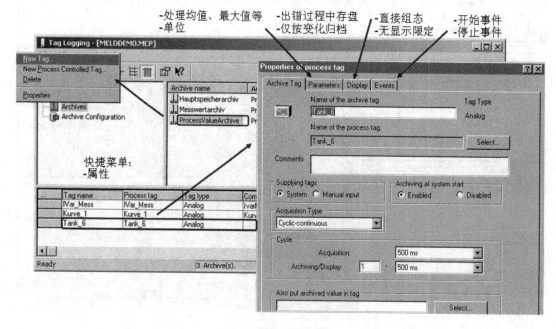

图 4 - 36　编辑测量点

　　组态归档："片断变化的时间"：可以在这里输入一个规定的起始时间，例如对于每日的片段来讲，每个片断从 0：00 开始。如果项目首次开始时间为 16：00，则第一个片断从 16：00 ~24：00。在此之后，每个片断将从 0：00 到 24：00。所有片断的时间周期的最小单位：天，单个片断的时间周期的最小单位：1 兆字节。组态归档设置如图 4 - 37 所示。组态归档的设定适用于所有类型的归档。

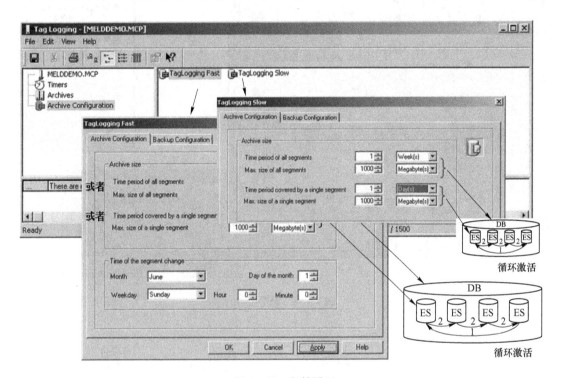

图 4 - 37　归档设置

4.4.3.2　组态趋势显示

　　WinCC 的在线控件是一个运行时间的窗口，其中显示运行中的测量值。图形编辑器中调用 WinCC 在线趋势控件和设置趋势控件属性如图 4 - 38 所示。

　　趋势控件属性调用：双击鼠标左键来调用属性窗口。可以在窗口属性的帮助下，为 WinCC 在线趋势控件指定趋势窗口的设计和显示如图 4 - 39 所示。

4.4.4　任务训练

4.4.4.1　指导训练

A　归档练习

练习 1：请通过归档向导（1）运行并且设置下列参数：

（1）归档名：Mesured_ values_ Station_ 1_ 10。

（2）归档类型：过程值归档。

（3）变量：Trend_ 1，IVar_ Meas。

（4）过程值变量 Trend_ 1：采样周期 1s，归档周期 1s。

（5）属性 Ivar_ Meas：采样周期 2min，归档周期 2min。

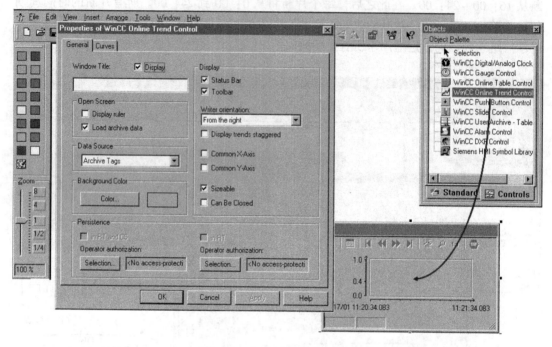

图 4 – 38　趋势控件

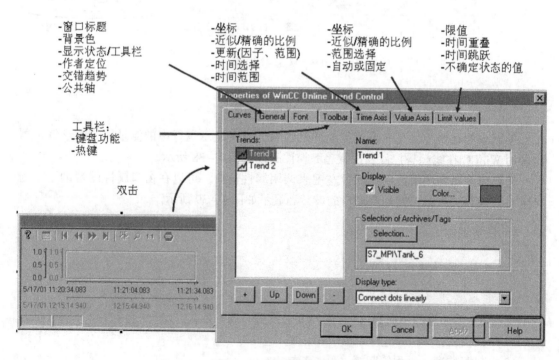

图 4 – 39　趋势控件属性

B 创建一个趋势窗口面板

其中可以显示来自测量值归档的两个趋势。

（1）把趋势控件放到图形编辑器中，请在窗口中进行下列设置，显示为：

– Trend1	– Trend 2
显示：可见	显示：可见
色彩：红色	色彩：绿色
变量：Trend_ 1	变量：IVar_ meas
线性连接各点	线性连接各点

（2）请在窗口中进行下列设置，显示为：

– Trend 1	– Trend 2
– X 轴	
坐标：时间	坐标：时间
时间范围：1min	时间范围：1min
更新：是	更新：是
– Y 轴	
坐标：温度	坐标：压力
近似比例：25	近似比例：20
精确比例：5	精确比例：5
开始和结束 0 – 100	开始和结束 0 – 120
显示小数	显示小数
小数位数：0	小数位数：0
范围选择	范围选择
自动：不	自动：不

（3）在创建的组态中执行功能测试，测试分配的属性。

（4）使用表格窗口来组态测量值输出。

C 综合训练题

题目名称：PLC 在上料爬斗生产线上应用

控制要求及考核内容：

a 工艺流程

任务：如图4-40所示为爬斗示意图，爬斗由 M1 三相异步电动机拖动，皮带运输机由 M2 三相异步电动机拖动。自动工作时，当按下启动按钮料斗自动停止在下限 SQ2 处，料斗停止后启动皮带电机 M2，皮带对料斗进行装料20s后，料斗从 SQ2 开始上升到上限后，自动翻斗卸料，同时翻斗上撞行程开关 SQ1，经5s卸料后随即下降，达到下限。SQ2停止；料斗停止后启动皮带机电机 M2，皮带对料斗进行装料20s后，皮带机自动停止，料斗则自动上升…。当皮带机运行8次后为完成一批送料任务，料斗完成任务后在下极限等待执行下批送料任务。

b 控制要求

（1）控制设计符合电气设计规范，具有必要的保护功能。

（2）工作方式分为手动和自动两种操作方式。

（3）电机 M1 由变频器拖动，电机上升时全速运行，下降速度减半运行。

（4）自动循环时应按上述顺序动作，如果料斗不再下限启动时自动回下限。手动时

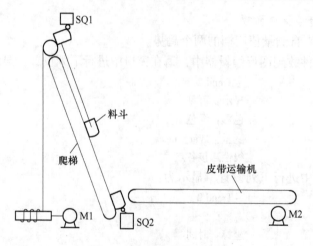

图4-40　爬斗生产示意图

料斗可以停在任意位置，启动时可以使料斗随意从上升或下降开始。

（5）程序要有工作状态、故障0.5Hz闪烁显示功能。

（6）用WinCC界面显示爬斗生产示意图，料斗上升和下降用箭头线显示。同时显示电机电流、电压曲线。

（7）变频器和PLC之间采用DP总线方式，总线已连好。

（8）在信号控制屏上有电机和传送带工作状态指示。

（9）完成远程机架与接触器盘之间的控制线路接线。远程机架与PLC之间采用DP总线方式，总线已连好。

任务4.5　C动作在图像设计中的应用

4.5.1　任务描述

用C语言建立一个子程序。

4.5.2　完成任务所需器材

PLC实验实训装置一套（CPU31X-2DP、STEP 7软件）、计算机WinCC软件一套。

4.5.3　相关知识

C动作：对象的动作使得操作每个画面对象的属性成为可能。这些动作甚至可用于将静态对象变成动态对象。内部变量或者外部变量（过程变量）可以触发变化。

属性：对象具有的属性的类型和数量取决于对象。

静态文本对象包含以下属性：

（1）几何（X位置，Y位置，宽度以及高度）。

（2）颜色（边界颜色，边界背景，背景颜色，填充颜色以及前景颜色）。

（3）样式（边界深浅，边界类型以及填充图样）。

（4）字体（文字，字体类型，字体大小，加粗，斜体，下划线，文字方向，X 对齐以及 Y 对齐）。

（5）闪烁（闪烁边界动作，边界闪烁颜色关闭，边界闪烁颜色打开，边界闪烁频率，闪烁动作等）。

（6）其他（操作启用，密码以及显示）。

（7）填充（动态填充以及填充等级）。

示例。输出/输入：当求"wert"变量时，通过换算（计算）确定输出值。说明：绿色的小灯指示与某个动作连接的对象已经成为动态的。黄色的小灯指示 C 脚本还没有编译。动作运行的频率由事件名称确定（例如 500ms），如图 4-41 所示为 C 语法属性输出值的计算。

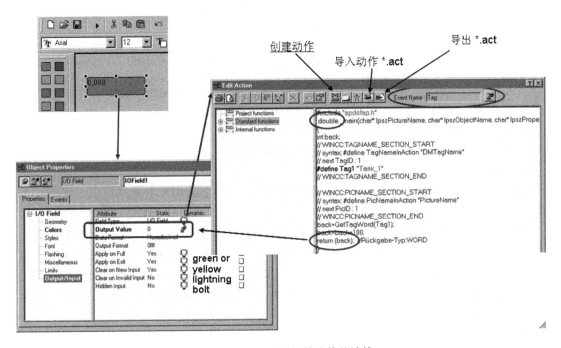

图 4-41　C 语法属性输出值的计算

变量触发器设置确保在画面选择过程中变量都被调用一次。之后，系统进行优化，当变量值变化时处理该功能。

C 函数。使用 C 函数还可以处理非常广泛的动作、检查以及扫描。除了标准的 C 函数（ANSI C），当然还有 WinCC-特殊的函数用于读写变量以及处理所有可能的对象。

组态。C 函数可用于直接连接到单个变量不充分的地方或者有几个属性要同时修改的地方。在 C 函数的帮助下，可以获得对所有对象属性和所有 WinCC 变量内容的广泛理解。

事件。如果为一个事件组态了 C 动作，绿色闪电符号表示动作已装载。

如果 C 动作还没有编译，小灯就以黄色显示。

如果 IF 语句中使用了布尔条件，该条件要么是 TRUE，要么是 FALSE（FALSE 等于 0，TRUE 不等于0）。对象属性的类型和数量取决于所选择的对象。当选择的属性改变时，或者通过鼠标单击/键盘可以执行动作如图 4-42 所示。

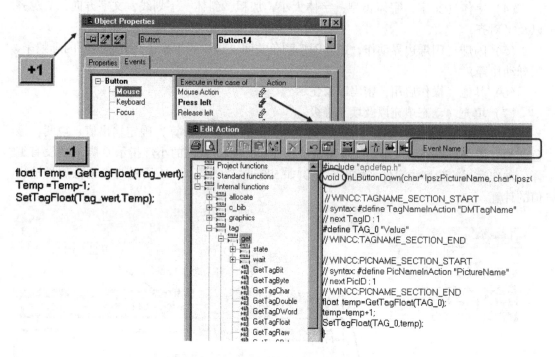

图 4 – 42　C 语法事件动作加 1/减 1

示例。使用两个按钮以固定的步长修改调整点（值）。使用库对象也可以设置上、下限值。

任务。在一个两步操作中，用一个按钮打开和关闭一个阀。该开关操作必需被确认。

范例。对于开关条件 1 – 0 – 1…将要通过一个临时显示的画面执行一个两步操作（第一步是选择按钮 PA13A，第二步是 I/O 按钮）。直到确认键也被操作该调整才执行。"OK" 按钮用于关闭画面。该开关操作对应于一个变量的二进制值。附加的确认给操作人员提供了更高的开关安全性。

过程分以下两步：

（1）如图 4 – 43 所示为二元开关操作（有确认），组态操作画面。该操作画面有三个按钮。一个按钮用于开关操作，第二个按钮用于确认，第三个按钮用于关闭操作画面，在创建对话框时，操作画面的尺寸（x 和 y 尺寸）必需和对话框相同。

（2）在画面中组态一个按钮用于调用对话框。对话框的尺寸（x 和 y 尺寸）必需和操作画面相同。可使用动态向导来生成对话框。必需创建一个二进制类型的变量以传输数值。

如果要给对话框一个标题，那么对话框的高度必需比在对话框中显示的 .PDL 文件的高度大 10 个像素。

任务。在一个两步操作中使用按钮进行阀的开和关。

示例。对开关条件 1 – 0 – 1…用临时显示的画面方式执行一个通过选择按钮 PA13B 的两步操作。该开关操作对应于变量的二进制值。

过程如下：

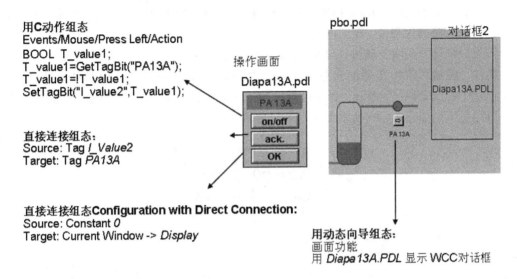

用**C**动作组态
Events/Mouse/Press Left/Action
BOOL T_value1;
T_value1=GetTagBit("PA13A");
T_value1=!T_value1;
SetTagBit("I_value2",T_value1);

操作画面
Diapa13A.pdl

直接连接组态:
Source: Tag *I_Value2*
Target: Tag *PA13A*

直接连接组态**Configuration with Direct Connection:**
Source: Constant *0*
Target: Current Window -> *Display*

pbo.pdl

对话框2

Diapa13A.PDL

用动态向导组态:
画面功能
用 *Diapa13A.PDL* 显示 WCC对话框

图 4-43　二元开关操作（有确认）

（1）如图 4-44 所示为二元开关操作（没有确认），组态操作画面。每个操作画面都有一个按钮用于开关操作。在创建画面窗口时，操作画面的尺寸（x 和 y 尺寸）必须与画面窗口相同。

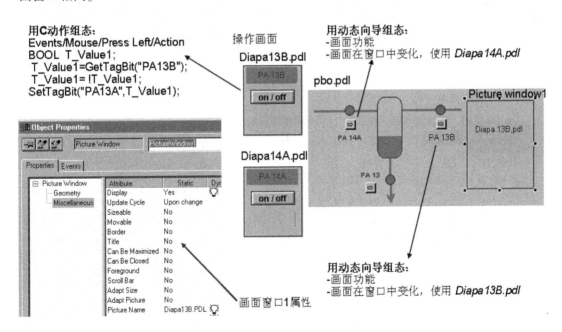

用**C**动作组态:
Events/Mouse/Press Left/Action
BOOL T_Value1;
T_Value1=GetTagBit("PA13B");
T_Value1 = !T_Value1;
SetTagBit("PA13A",T_Value1);

操作画面
Diapa13B.pdl

Diapa14A.pdl

用动态向导组态:
-画面功能
-画面在窗口中变化，使用 *Diapa14A.pdl*

pbo.pdl

Picture window1

Diapa 13B.pdl

用动态向导组态:
-画面功能
-画面在窗口中变化，使用 *Diapa13B.pdl*

画面窗口1属性

图 4-44　二元开关操作（没有确认）

（2）组态 pbo. pdl 画面中的两个按钮，改变 picture window 1 中的内容。画面窗口的尺寸（x 和 y 尺寸）必须与操作画面相同。使用对象选项板→灵巧对象来编辑画面窗口。必需创建两个二进制类型的变量以传输数值。如果要给对话框一个标题，那么对话框的高度必需比在该对话框中显示的 .PDL 文件的高度大 10 个像素。

消息框。图形画面（Diapa13B. pdl）可用作消息框，如果删除 I/O 按钮并输入适当的文字（例如调整的极限值，0 ~ 100!）

任务。打开、关闭发动机，显示发动机电路状态。

组件。按钮对象用作瞬间接触开关。这个按钮对象位于图形设计器对象选项板的Windows 对象。按下一个键时，操作就被执行。"off（关）"状态以灰色识别，"on（开）"状态以绿色识别如图 4 - 45 所示为颜色变化会话框。

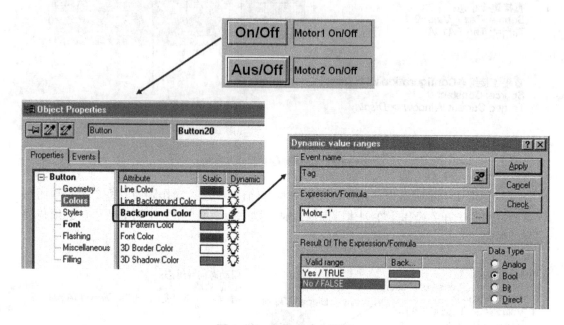

图 4 - 45　颜色变化会话框

On/Off 按钮　　属性/颜色/背景颜色/动态栏中鼠标右键/动态会话…

Expression/Formula：　　Ein_ aus1（on_ off1）

Data type：　　　　　　Bool

Result of expression：　　yes/TRUE：　　　green

　　　　　　　　　　　no/FALSE：　　　gray

Off 按钮　背景颜色 - 参见 On/Off 按钮

属性/字体/文本/动态栏中，鼠标右键/动态会话…

表达式/公式：　　　　　Ein_ aus2（on_ off2）

数据类型：　　　　　　Bool

表达式的结果：　　　　是/真　　　　Off

　　　　　　　　　　否/假　　　　On

鼠标操作　组态：

Events/Button/Mouse/Mouse - click/C action…

BOOL value;

value = GetTagBit（"Ein_ aus1"）;

value = ! value;

SetTagBit（"Ein_ aus1"，（WORD）value）;

任务。检查一个过程变量是否违背极限。对极限的违背将以可视的形式表现：颜色变化。该变量接受的值范围：从 0 到 1000。将组态以下颜色动画：第一个 Value > 800：颜色从墨绿色变为黄色；第二个 Value > 900：颜色从黄色变为红色。

过程。需要一个 I/O 域以及一个棒图。另外，为输入数值，组态一个滚动条。I/O 域和棒图都与过程变量连接。I/O 域颜色变化可以用 C 动作来组态。

Properties/I/O Field/Colors/Background Color/Dynamic/C action⋯

int currentvalue, colorvalue;

  currentvalue = GetTagDWord（"event1"）;

if（currentvalue > 900）｛

  colorvalue = CO_ RED;｝　　　　　//color change to red

else if（currentvalue > 800）｛

  colorvalue = CO_ YELLOW;｝　　　//color change to yellow

else｛

  colorvalue = CO_ DKGREEN;｝　　//color change to dark green

return colorvalue;

棒图。同样的 C 动作也可用于棒图。连接点是 Properties/Colors/Bar Color/Dynamic/C action 对于棒图，不同的极限值也可作可选的颜色变化。本任务也可用动态会话来解决。如图 4 - 46 所示，颜色变化 C 动作中的示例说明了在使用 C 程序时所必须考虑的事项。

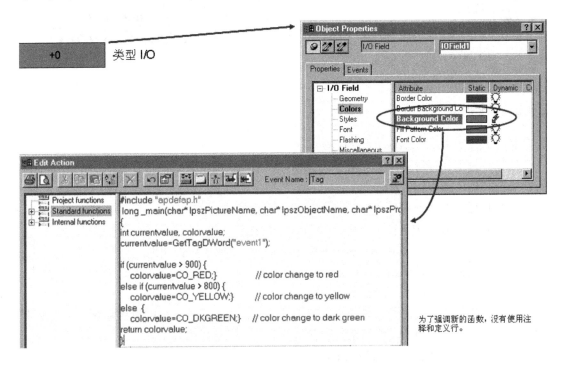

图 4 - 46　颜色变化 C 动作

任务。要通过一组开关，用 8 个按钮开关四个装配传送带。装配传送带电机被指派给每个按钮。每个电机可以打开或者关闭。同样的过程变量（传送带）将要用作开关操作。这可确保 PLC 的内存位置被最佳利用。

示例。每个电机的每个开关操作都引起一个字中置位和复位。指派了位地址 0 到 3。位地址 4 到 15 可用在控制器程序中进行其他操作。

过程。在数据管理器中"conveyor"变量被定义为一个无符号的 16 位数值。

根据图 4 - 47，用动态向导在字中设置位的屏幕模板创建静态和动态的屏幕组件。

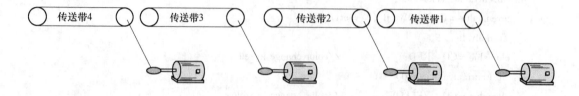

开关操作,
用动态向导组态:
-标准动态
-置位/复位

颜色变化,
用动态会话组态:
-数据类型 Bit

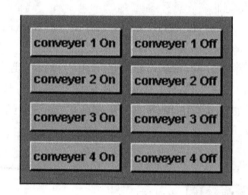

图 4 - 47　用动态向导在字中设置位

4.5.4　任务训练

练习 1：带有两步操作的子控制框

任务：为了拥有较高开关安全等级，你可以把电机的开关切换操作放入一个两步操作控制框内。具体操作如下：

（1）创建一个操作画面 Mot1. pdl。

（2）在电机画面中编辑一个名称为 Motor1 的按钮。

（3）用 Dynamic Wizard→Display WCCDialog box 功能生成控制框。

（4）存储画面并测试。

练习 2：在字节中对一个位进行设定

任务：使用两个按钮通过对一个字节中的一个位进行置位复位的操作控制一个传送带的起停。其他未被使用的位可用来控制其他的程序。具体操作如下：

（1）创建操作画面 Bandanlage. pdl

（2）建立一个有符号的 8 位变量 Conveyor，地址对应为 QB0。

（3）使用 Dynamic Wizard→Setting/Resetting Bits 功能给两个按钮设定相应功能。

（4）存储画面并测试。

任务4.6　消息归档报警

4.6.1　任务描述

(1) 创建一模拟量。

(2) 建立报警记录。

4.6.2　完成任务所需器材

PLC 实验实训装置一套（CPU31X - 2DP、STEP 7 软件）、计算机 WinCC 软件一套。

4.6.3　相关知识

通过消息系统，来自 PLC 的事件或来自 WinCC 的监控功能（操作状态，错误等）以消息的形式被显示。如果可行，事件可以被操作者归档、报告、确认和接受。因此，消息划分成几个消息种类进行组态。为了可看到过去的记录，消息以短期或长期归档的形式被保存在硬盘驱动器上。WinCC 消息系统的基础信息来自 DIN 19235。

消息系统：比特消息过程和按年代顺序排序的正确报表。消息确认，甚至是可编程的逻辑控件器；单个消息和分组消息；每个系统含 16 个消息种类，每个种类又有 16 种类型；短期归档和长期归档；显示使用了行方向的消息和图片；消息列表视图和可定义的归档；报警回路；停止/开始消息。

归档：消息的归档时，WinCC 使用可组态容量的周期性归档（环形缓冲器）。用户可决定组态时使用或不使用备份。归档文件总是存储在本地计算机的相关项目下。WinCC 的消息归档由多个单独的片段构成。整个或者每个片断的容量和时间都是可组态的。例如：消息归档每一周归档所有发生的消息（1），每一天归档一个片断的消息（2）。这些总是可以组态的。如果这两个关键指标（容量和日期）超出，将发生归档总容量超出（1）→最早的消息（即最早的归档片断）将被删除。归档单独片断容量超出，一个新的归档片断（ES）将被创建。

如果在线组态消息时（如使用在线 Delta 装入）一个新的片断也会创建。Dat@ Monitor 用于图形化评估，WinCC/Dat@ Monitor 提供一系列基于英特网范围的监测（仅用于监测）工具和在线分。Connectivity Pack 通过 OPC 和 OLE - DB 访问 WinCC。使用 OLE - DB，用户可以直接访问存储在 MS SQL Server 数据库中的 WinCC 归档数据。RT - DB 的名字运行数据分别存在数据库母体和几个运行数据库中。数据库母体管理运行数据库并参考于它们。数据库母体创建在项目的目录下，名字由项目名称和"RT"尾标构成。

每个运行数据库包含特定时间段的归档数据，存储于项目目录下的子目录"Archive-Manager/Alarm Logging"中。

运行时短期归档和长期归档显示相同的归档数据。长期归档时可存储在线的注释；在短期归档里，最多显示 1000 条消息（当前及归档的消息）。数据升级时，只有长期归档可以进行数据升级，短期的则丢失。如图 4 - 48 消息系统所示。

综合信息：消息在 ActiveX（消息窗口）中以列表显示。在系统块、处理值块和用户

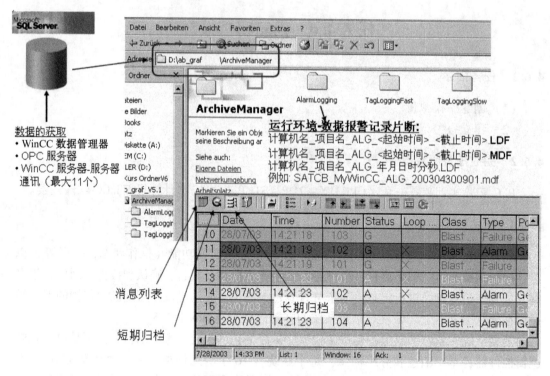

图 4 – 48　消息系统

文本块中，用"消息行"变量来指定这些表所有的列如图 4 – 49 消息块和消息行所示。

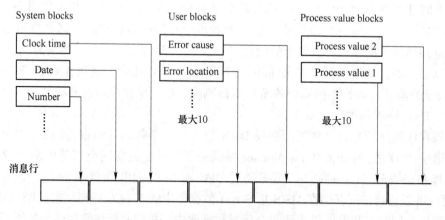

图 4 – 49　消息块和消息行

消息块：消息块提供了系统消息，如当前日期时间（时钟时间）。

用户文本块：用户文本块（最大 10）输出用户编辑的消息文本。

过程值块：过程值块（最大 10）显示了变量块的值。

注释：可以根据需要设计消息行的格式，它是在 WinCC 报警控件窗口中产生的。

任务定义。组态消息系统和 WinCC 报警控件，其中消息系统包含消息块、消息、消息种类。组态必须进行功能测试，组态的解释显示了练习所必需的设置。

如果目前还没有消息事件，必须在附加的消息组态执行之前马上被组态。组态消息系统如图 4 – 50 调用消息系统所示。

当消息系统被调用后，消息系统的组态界面分区将被显示在监控器上如图 4 – 51 所示。左边的窗口显示了树结构中的编辑器，右边的窗口显示了相应编辑器的组态结果，

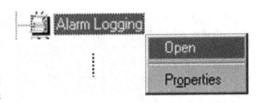

图 4 – 50　调用消息系统

屏幕下部的表格窗口代表对文字、变量以及消息编号的属性进行编辑的可能性。

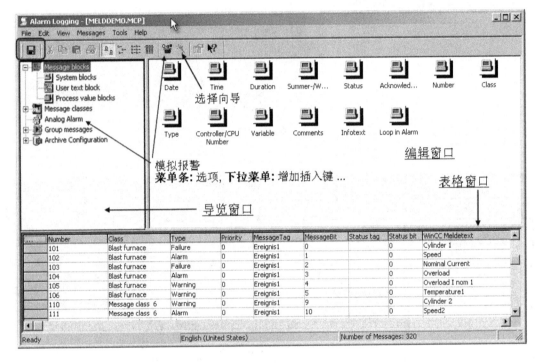

图 4 – 51　消息系统的组态界面

模拟报警：在菜单栏中，点击 Options，在下拉菜单中，点击 Add Ins…如图 4 – 52 所示。可以输入消息的编号，一旦模拟报警出现，它就会生成运行时间。

系统向导：在菜单栏中，点击 File，在下拉菜单中，点击 Select Wizard，System Wizard。为了更方便地进行组态，消息系统有一个组态帮助（系统向导）。组态帮助考虑了所有的重要设置，以便快速建立可执行的消息系统，如图 4 – 52 向导概貌所示，系统向导位于树结构的左上方，可以在任何时候使用相关编辑器改变默认值。编辑生成消息块如图 4 – 53 所示。

消息种类：消息种类与确认原理不同，相同确认原理的消息可以按照消息的种类进行分组。在报警记录中，消息种类"故障"、"系统，要求确认"和"系统，不要求确认"将被预先组态。可以在 WinCC 中最多定义 16 条消息。消息类型：消息类型是消息种类的子集，它与有关消息状态的色彩类型不同。在 WinCC 中最多可以为每种消息种类创建 16 种消息类型。消息种类和消息类型的消息结构如图 4 – 54 所示。

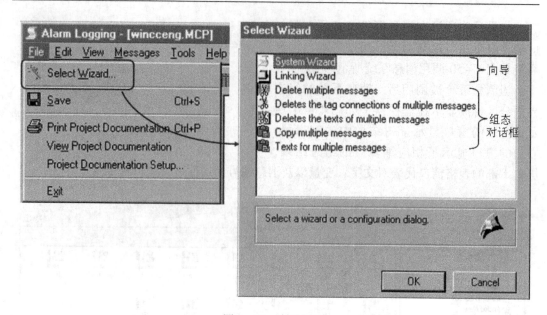

图 4 – 52 向导概貌

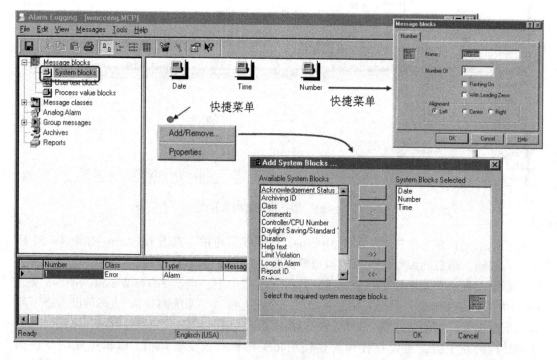

图 4 – 53 编辑消息块

编辑消息种类：通过 "Message Classes" 对象调用快捷菜单→选择 "Add/Remove…"命令→把消息种类从窗口的左边部分移到右边部分→使用 "OK" 按钮保存设置如图4 – 55 编辑和组态消息种类所示。

改变消息种类属性：从刚生成的消息种类对象中调用快捷菜单→在快捷菜单中选择

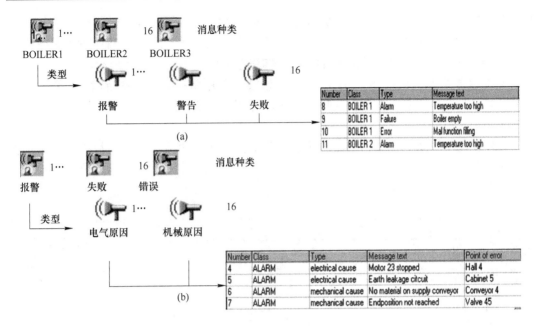

图 4 - 54　消息种类和消息类型的消息结构

（a）技术划分法；（b）优先权划分法

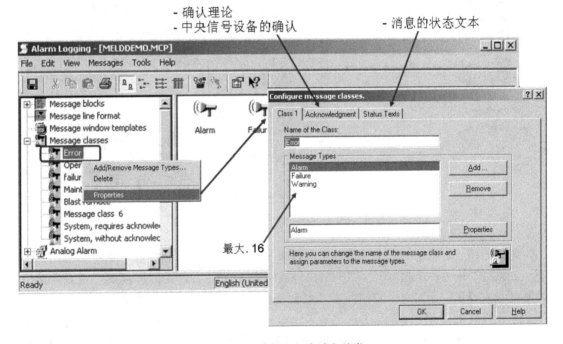

图 4 - 55　编辑和组态消息种类

"Properties" 命令→可以改变名称（例如 Message Class2→Blast Furnace），在调出窗口中插入消息类型→使用 "OK" 按钮保存设置如图 4 - 53 编辑和组态消息种类所示。

系统消息类别为 "系统，需要应答" 及 "系统，无需应答" 的消息总是存在并且只能用属性功能来改变它们。系统消息的生成取决于不同的 WinCC 模板。点击菜单栏的工具，在下拉菜单中的"WinCC – 系统消息"生成报警系统中的系统消息。

每一方案的每个消息都位于包含 16 种消息种类的分配存储区，而每个种类又各包含 16 种消息类型。用户可以定义这些消息种类和消息类型。

编辑消息类型：从刚生成的消息种类对象中调用快捷菜单→在快捷菜单中选择"Add/Remove…"命令→把消息类型从窗口的左边部分移到右边部分→使用"OK"按钮保存设置。

改变消息类型属性：从刚生成的消息种类对象中访问快捷菜单→在快捷菜单中选择"Properties"命令，可以改变名称（例如 TYPE 1→warning），并且可以改变调出窗口的状态文本参数如图 4 – 56 编辑消息类型所示→使用"OK"按钮保存设置。

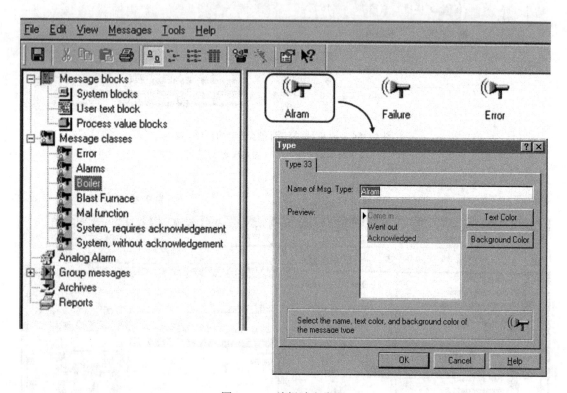

图 4 – 56　编辑消息类型

组态归档。"所有片断的时间周期"或者"所有片断的最大容量"是对整个归档而言。如果某个或另一个超范围，旧的归档将被删除。"单个片断的时间周期"或者"单个片断的最大容量"是对每个归档而言。也就是说，归档被划分为好几个数据库文件。对于"片断变化的时间"，可以在这里输入一个规定的起始时间，例如对于每日的片段来讲，每个片断从 0:00 开始。如果项目首次开始时间为 16:00，则第一个片断从 16:00 到 24:00。在此之后，每个片断将从 0:00 到 24:00。+ 所有片断的时间周期的最小单位：天，+ 单个片断的时间周期的最小单位：1 兆字节，设定消息归档如图 4 – 57 所示。短期归档参数的设定用于系统失效后的消息重新装载如图 4 – 58 重装消息的设定。

WinCC 报警显示消息。WinCC 报警控件是运行时间的窗口，在运行过程中显示消息。当 WinCC 报警控件生成之后，消息窗口面板的设计、显示和输入可能性都被分配了参数。

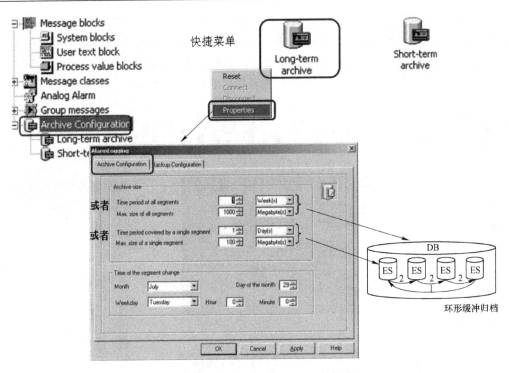

图 4 - 57　设定消息归档

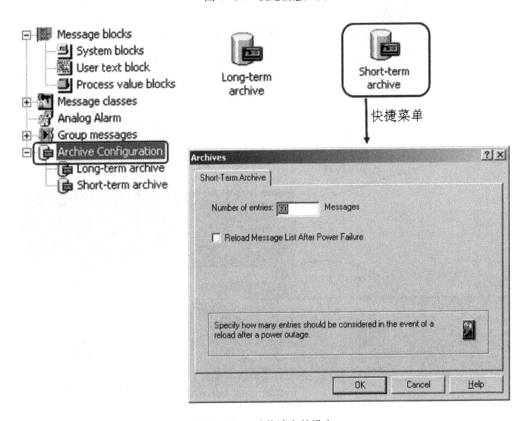

图 4 - 58　重装消息的设定

编辑 WinCC 报警控件如图 4 – 59 图片编辑器中添加的 WinCC 报警控件所示，Quick Configuration Dialog（快速组态对话框）会自动出现。在 WinCC 报警控件属性窗口的帮助下，可以建立消息窗口的设计和显示。通过双击鼠标左键来调用属性窗口。通过控件的属性窗口来分配附加参数如图 4 – 60 WinCC 报警控件的窗口属性所示。

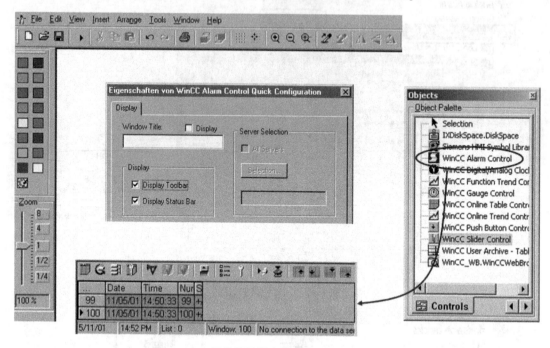

图 4 – 59　图片编辑器中添加的 WinCC 报警控件

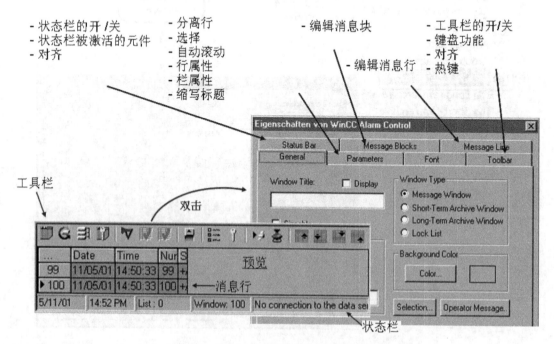

图 4 – 60　WinCC 报警控件的窗口属性

通过消息行变量，可以以消息行（格式）建立消息块序列。从组态的消息块中选择消息行中要显示的消息块。通过预览看到序列，该序列可以通过切换消息块来改变。还没有存在的消息块可以通过消息块变量来编辑。为了浏览各种消息文档内容，必须在 WinCC Alarm Control window（Wincc 报警控件窗口）中重新组态其内容如图 4 – 61 WinCC 报警控件的消息行所示。

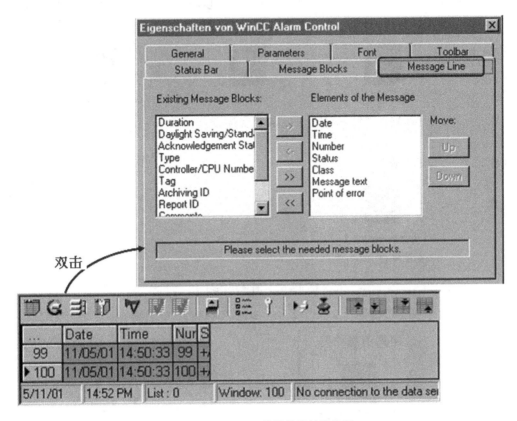

图 4 – 61   WinCC 报警控件的消息行

4.6.4　任务训练

4.6.4.1　消息训练

练习 1：生成如图 4 –62 所示中指定的消息块。设置以上幻灯片中指定的属性。

练习 2：生成如图 4 –63 所示中指定的消息种类，调节指定值，消息类型，传递指定值，指定的归档。

练习 3：生成 4 个单消息，编号为 1 至 4。考虑以上幻灯片表格窗口所指定的参数。

练习 4：消息屏幕功能测试——在创建的组态上进行功能测试，测试分配的属性。

4.6.4.2　WinCC 报警控件训练

练习 1：创建一个过程值块的消息并显示该消息。（配合消息行）

练习 2：创建一个有 LOOP IN ALARM 屏幕的消息。

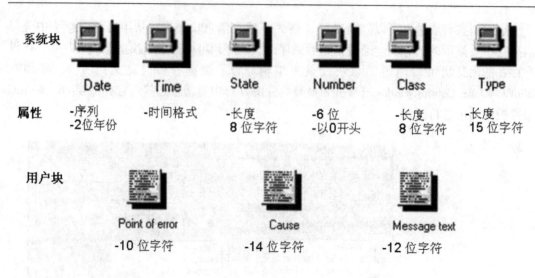

图 4 – 62　消息块练习

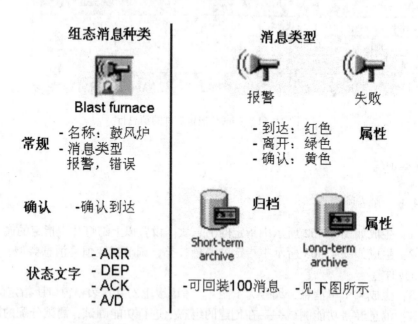

图 4 – 63　消息种类、消息类型和归档练习

　　练习 3：输出与输入消息；输出一条消息；在新的消息编号下使用文本编辑器（如 Excel）来复制该消息；导入这个文本文件。

练习 4：创建一个对于消息种类 Blast Furnace 有固定选项的消息屏幕。分组消息：

在启动列表中必须选择：报警记录运行时间和文本库运行时间。每个分组消息都必须定义一个指定分组消息状态的变量。消息分类：生成群组消息变量，连接群组消息与变量。

练习 5：为消息种类"Blast Furnace"组态分组消息。从 Catalog ab_ uebung 中将图片 Melden. pdl 复制到工程子目录 GraCS 下。生成分组消息所需要的变量，对组态进行功能测试，测试练习的功能，实现如图 4 - 64 所示群组消息。

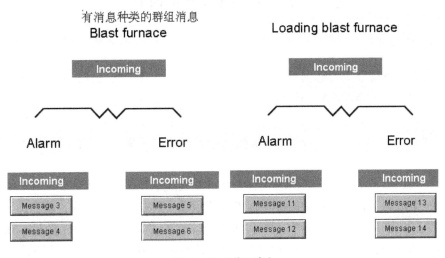

图 4 - 64　群组消息

学习情境 5 电气自动化工程项目控制系统集成

任务 5.1 项目分析设计

5.1.1 项目背景分析

自动化控制系统集成的触角伸向各行各业，小到一个开关的设计，大到宇航飞机的研究，都有它的身影。自动化控制系统集成涵盖了、自动控制、电力电子、信息处理、试验技术、研制开发、经济管理以及电子与计算机网络技术应用等领域的工作。是宽口径复合型高级工程技术人员，从事自动控制系统运行、维护、系统集成及工程设计人员必备技能。

当今是知识和经济飞速发展的时代，经济的发展离不开科学技术的驱动和支撑。自动化控制系统集成属于科学技术中的高端顶尖行业领域，其发展前途远大，就业前景辉煌。

20 世纪 70 年代末微处理器引入后，出于可靠性的考虑，自动化装置基本在面向间隔、面向对象独立设置的模式方向发展；随着信息时代的到来，人们对硬件集成、功能集成和信息集成的需求变得越来越强烈。本学习任务提出自动化控制系统集成的思想。

5.1.2 电气自动化控制系统集成的设计

5.1.2.1 集中监控方式

这种监控方式优点是运行维护方便，控制站的防护要求不高，系统设计容易。但由于集中式的主要特点是将系统的各个功能集中到一个处理器进行处理，处理器的任务相当繁重，处理速度受到影响。由于电气设备全部进入监控，伴随着监控对象的大量增加随之而来的是主机冗余的下降、电缆数量增加，投资加大，长距离电缆引入的干扰也可能影响系统的可靠性。

5.1.2.2 远程监控方式

这种监控方式具有节约大量电缆、节省安装费用、节约材料、可靠性高、组态灵活等优点。由于各种现场总线的通讯速度不是很高，而电气部分通讯量相对又比较小，所有这种方式适合于小系统监控，而不适应于全厂的电气自动化系统的构建。

5.1.2.3 现场总线监控方式

目前，对于以太网（Ethernet）、现场总线等计算机网络技术已经普遍应用于综合自动化系统中，且已经积累了丰富的运行经验，智能化电气设备也有了较快的发展，这些都为网络控制系统应用于发电厂电气系统奠定了良好的基础。现场总线监控方式使系统设计更加有针对性，对于不同的间隔可以有不同的功能，这样可以根据间隔的情况进行设计。采用这种监控方式除了具有远程监控方式的全部优点外，还可以减少大量的隔离设备、端子柜、I/O 卡件、模拟量变送器等，而且智能设备就地安装，与监控系统通过通信线连接，可以节省大量控制电缆，节约很多投资和安装维护工作量，从而降低成本。另外，各装置的功能相对独立，装置之间仅通过网络连接，网络组态灵活，使整个系统的可靠性大大提高，任一装置故障仅影响相应的元件，不会导致系统瘫痪。因此现场总线监控方式是今后计算机监控系统的发展方向。

5.1.3 电气自动化控制系统的发展趋势

PC 客户机/服务器体系结构、以太网和 Internet 技术引发了电气自动化的一次又一次革命。正是市场的需求驱动着自动化和 IT 平台的融合，电子商务的普及将加速着这一过程。Internet/Intranet 技术和多媒体技术在自动化控制系统集成领域有着广泛的应用前景。企业的管理层利用标准的浏览器，可以对当前生产过程的动态画面进行监控，在第一时间了解最全面和准确的生产信息。仿真现实技术和监控技术的应用，将对未来的自动化产品，如人机界面和设备维护系统的设计产生直接的影响。相对应的软件结构、通讯能力及易于使用和统一的组态环境变得重要了。软件的重要性在不断提高。这种趋势正从单一的设备转向集成的系统。

5.1.4 系统设计

5.1.4.1 自动化控制系统硬件设计

硬件设计是自动化控制系统的至关重要的一个环节，这关系着控制系统运行的可靠性、安全性、稳定性。PLC 控制器是自动化控制系统的核心装置，主要包括输入和输出电路两部分。

A 自动化控制系统的输入电路设计

控制系统供电电源一般为 AC85～240V，适应电源范围较宽，但为了抗干扰，应加装电源净化单元（如电源滤波器、1:1 隔离变压器等）；隔离变压器也可以采用双隔离技术，即变压器的初、次级线圈屏蔽层与初级电气中性点接大地，次级线圈屏蔽层接控制系统输入电路的地，以减小高低频脉冲干扰。控制系统输入电路电源一般应采用 DC24V，同时其带负载时要注意容量，并作好防短路措施，这对系统供电安全和控制系统安全至关重要，因为该电源的过载或短路都将影响控制系统的运行，一般选用电源的容量为输入电路功率的两倍，控制系统输入电路电源支路加装适宜的快熔断路器，防止短路。

B 控制系统控制系统的输出电路设计

依据生产工艺要求，各种指示灯、变频器/数字直流调速器的启动停止应采用晶体管输出，它适应于高频动作，并且响应时间短；如果控制系统系统输出频率为每分钟 6 次以下，应首选继电器输出，采用这种方法，输出电路的设计简单，抗干扰和带负载能力强。

如果控制系统输出带电磁线圈等感性负载，负载断电时会对控制系统的输出造成浪涌电流的冲击，为此，对直流感性负载应在其旁边并接续流二极管，对交流感性负载应并接浪涌吸收电路，可有效保护控制系统。当控制系统扫描频率为 10 次/min 以下时，既可以采用继电器输出方式，也可以采用控制系统输出驱动中间继电器或者固态继电器（SSR），再驱动负载。对于两个重要输出量，不仅在控制系统内部互锁，建议在控制系统外部也进行硬件上的互锁，以加强控制系统系统运行的安全性、可靠性。对于常见的 AC220V 交流开关类负载，例如交流接触器、电磁阀等，应该通过 DC24V 微小型中间继电器驱动，避免控制系统的 DO 接点直接驱动。

　　C　控制系统的抗干扰设计

随着工业自动化技术的日新月异的发展，晶闸管可控整流和变频调速装置使用日益广泛，这带来了交流电网的污染，也给控制系统带来了许多干扰问题，防干扰是自动化控制系统设计时必须考虑的问题。一般采用以下几种方式：

（1）隔离：由于电网中的高频干扰主要是原副边绕组之间的分布电容耦合而成，所以建议采用 1:1 超隔离变压器，并将中性点经电容接地。

（2）屏蔽：一般采用金属外壳屏蔽，将 PLC 系统内置于金属柜之内。金属柜外壳可靠接地，能起到良好的静电、磁场屏蔽作用，防止空间辐射干扰。

（3）布线：强电动力线路、弱电信号线分开走线，并且要有一定的间隔；模拟信号传输线采用双绞线屏蔽电缆。

5.1.4.2　自动化控制系统的软件设计

在进行硬件设计的同时可以着手软件的设计工作。软件设计的主要任务是根据控制要求将工艺流程图转换为梯形图，这是控制系统应用的最关键的问题，程序的编写是软件设计的具体表现。在控制工程的应用中，良好的软件设计思想是关键，优秀的软件设计便于工程技术人员理解掌握、调试系统与日常系统维护。

　　A　控制系统的程序设计思想

由于生产过程控制要求的复杂程度不同，可将程序按结构形式分为基本程序和模块化程序。

基本程序：既可以作为独立程序控制简单的生产工艺过程，也可以作为组合模块结构中的单元程序；依据计算机程序的设计思想，基本程序的结构方式只有三种：顺序结构、条件分支结构和循环结构。

模块化程序：把一个总的控制目标程序分成多个具有明确子任务的程序模块，分别编写和调试，最后组合成一个完成总任务的完整程序。这种方法叫做模块化程序设计。我们建议经常采用这种程序设计思想，因为各模块具有相对独立性，相互连接关系简单，程序易于调试修改。特别是用于复杂控制要求的生产过程。

　　B　自动化控制系统的程序设计要点

自动化控制系统 I/O 分配，依据生产流水线从前至后，I/O 点数由小到大；尽可能把一个系统、设备或部件的 I/O 信号集中编址，以利于维护。定时器、计数器要统一编号，不可重复使用同一编号，以确保控制系统工作运行的可靠性。程序中大量使用的内部继电器或者中间标志位（不是 I/O 位），也要统一编号，进行分配。在地址分配完成后，应列出 I/O 分配表和内部继电器或者中间标志位分配表。彼此有关的输出器件，如电机的正/反转等，其输出地址应连续安排。

C 控制系统编程技巧

控制系统程序设计的原则是逻辑关系简单明了，易于编程输入，少占内存，减少扫描时间，这是控制系统编程必须遵循的原则。下面介绍几点技巧。

控制系统各种触点可以多次重复使用，无需用复杂的程序来减少触点使用次数。

同一个继电器线圈在同一个程序中使用两次称为双线圈输出，双线圈输出容易引起误动作，在程序中尽量要避免线圈重复使用。如果必须是双线圈输出，可以采用置位和复位操作（以 S7 – 300 为例如 S Q4.0 或者 R Q4.0）。

如果要使 PLC 多个输出为固定值 1（常闭），可以采用字传送指令完成，例如 Q2.0、Q2.3、Q2.5、Q2.7 同时都为 1，可以使用一条指令将十六进制的数据 0A9H 直接传送 QW2 即可。

对于非重要设备，可以通过硬件上多个触点串联后再接入 PLC 输入端，或者通过 PLC 编程来减少 I/O 点数，节约资源。

5.1.4.3 PLC 控制系统设计的基本原则

A 控制系统设计概要

在满足功能要求的基础上，还应必备以下条件：

（1）最大限度地满足被控对象的控制要求。

（2）保证控制系统的高可靠、安全。

（3）满足上面条件的前提下，力求使控制系统简单、经济、实用和维修方便。

（4）选择 PLC 时，要考虑生产和工艺改进所需的余量。

在设备选型和资料规范方面应注意以下几个方面：

（1）选择合适的用户输入设备、输出设备以及输出设备驱动的控制对象。

（2）分配 I/O，设计电气接线图，考虑安全措施。

（3）选择适合系统的 PLC。

（4）设计程序。

（5）调试程序，一个是模拟调试，一个是联机调试。

（6）设计控制柜，编写系统交付使用的技术文件，说明书、电气图、电气元件明细表。

（7）验收、交付使用。

B 程序设计

流程图功能说明：

（1）分析生产工艺过程。

（2）根据控制要求确定所需的用户输入、输出设备，分配 I/O。

（3）选择 PLC。

（4）设计 PLC 接线图以及电气施工图。

（5）程序设计和控制柜接线施工。

PLC 程序设计的步骤：

（1）对于复杂的控制系统，最好绘制编程流程图，相当于设计思路。

（2）设计梯形图。

（3）程序输入 PLC 模拟调试，修改，直到满足要求为止。

（4）现场施工完毕后进行联机调试，直至可靠地满足控制要求。

（5）编写技术文件。

（6）交付使用。

C　PLC 机型和容量的选择步骤与原则

随着 PLC 技术的发展，PLC 产品的种类也越来越多。不同型号的 PLC，其结构形式、性能、容量、指令系统、编程方式、价格等也各有不同，适用的场合也各有侧重。因此，合理选用 PLC，对于提高 PLC 控制系统的技术经济指标有着重要意义。

PLC 的选择主要应从 PLC 的机型、容量、I/O 模块、电源模块、特殊功能模块、通信联网能力等方面加以综合考虑。

a　PLC 机型的选择步骤与原则

PLC 机型选择的基本原则是在满足功能要求及保证可靠、维护方便的前提下，力争最佳的性能价格比。选择时主要考虑以下几点：

（1）合理的结构型式。PLC 主要有整体式和模块式两种结构型式。

整体式 PLC 的每一个 I/O 点的平均价格比模块式的便宜，且体积相对较小，一般用于系统工艺过程较为固定的小型控制系统中；而模块式 PLC 的功能扩展灵活方便，在 I/O 点数、输入点数与输出点数的比例、I/O 模块的种类等方面选择余地大，且维修方便，一般于较复杂的控制系统。

（2）安装方式的选择。PLC 系统的安装方式分为集中式、远程 I/O 式以及多台 PLC 联网的分布式。

集中式不需要设置驱动远程 I/O 硬件，系统反应快、成本低；远程 I/O 式适用于大型系统，系统的装置分布范围很广，远程 I/O 可以分散安装在现场装置附近，连线短，但需要增设驱动器和远程 I/O 电源；多台 PLC 联网的分布式适用于多台设备分别独立控制，又要相互联系的场合，可以选用小型 PLC，但必须要附加通讯模块。

（3）相应的功能要求。一般小型（低档）PLC 具有逻辑运算、定时、计数等功能，对于只需要开关量控制的设备都可满足。

对于以开关量控制为主，带少量模拟量控制的系统，可选用能带 A/D 和 D/A 转换单元，具有加减算术运算、数据传送功能的增强型低档 PLC。

对于控制较复杂，要求实现 PID 运算、闭环控制、通信联网等功能，可视控制规模大小及复杂程度，选用中档或高档 PLC。但是中、高档 PLC 价格较贵，一般用于大规模过程控制和集散控制系统等场合。

（4）响应速度要求。PLC 是为工业自动化设计的通用控制器，不同档次 PLC 的响应速度一般都能满足其应用范围内的需要。如果要跨范围使用 PLC，或者某些功能或信号有特殊的速度要求时，则应该慎重考虑 PLC 的响应速度，可选用具有高速 I/O 处理功能的 PLC，或选用具有快速响应模块和中断输入模块的 PLC 等。

（5）系统可靠性的要求。对于一般系统 PLC 的可靠性均能满足。对可靠性要求很高的系统，应考虑是否采用冗余系统或热备用系统。

（6）机型尽量统一。一个企业，应尽量做到 PLC 的机型统一。主要考虑到以下三方面问题：

机型统一，其模块可互为备用，便于备品备件的采购和管理。

机型统一，其功能和使用方法类似，有利于技术力量的培训和技术水平的提高。

机型统一，其外部设备通用，资源可共享，易于联网通信，配上位计算机后易于形成一个多级分布式控制系统。

b　PLC 选型原则

PLC 的容量包括 I/O 点数和用户存储容量两个方面。

（1）I/O 点数的选择。PLC 平均的 I/O 点的价格还比较高，因此应该合理选用 PLC 的 I/O 点的数量，在满足控制要求的前提下力争使用的 I/O 点最少，但必须留有一定的裕量。

通常 I/O 点数是根据被控对象的输入、输出信号的实际需要，再加上 10%～15% 的裕量来确定。

（2）存储容量的选择。用户程序所需的存储容量大小不仅与 PLC 系统的功能有关，而且还与功能实现的方法、程序编写水平有关。一个有经验的程序员和一个初学者，在完成同一复杂功能时，其程序量可能相差 25% 之多，所以对于初学者应该在存储容量估算时多留裕量。

PLC 的 I/O 点数的多少，在很大程度上反映了 PLC 系统的功能要求，因此可在 I/O 点数确定的基础上，按下式估算存储容量后，再加 20%～30% 的裕量。

存储容量（字节）＝开关量 I/O 点数 ×10 + 模拟量 I/O 通道数 ×100 另外，在存储容量选择的同时，注意对存储器的类型的选择。

5.1.4.4　可编程控制器应用系统设计

A　准备工作

具体工作如下：

（1）深入了解和分析被控对象的工艺条件和控制要求这是整个系统设计的基础，以后的选型、编程、调试都是以此为目标的。

被控对象就是所要控制的机械、电气设备、生产线或生产过程。

控制要求主要指控制的基本方式、应完成的动作、自动工作循环的组成、必要的保护和连锁等。对较复杂的控制系统，还可将控制任务分成几个独立部分，这样可化繁为简，有利于编程和调试。

（2）确定 I/O 设备根据被控对象的功能要求，确定系统所需的输入、输出设备。常用的输入设备有按钮、选择开关、行程开关、传感器、编码器等，常用的输出设备有继电器、接触器、指示灯、电磁阀、变频器、伺服、步进等。

（3）选择合适的 PLC 类型根据已确定的用户 I/O 设备，统计所需的输入信号和输出信号的点数，选择合适的 PLC 类型，包括机型的选择、I/O 模块的选择、特殊模块、电源模块的选择等。

（4）分配 I/O 点分配 PLC 的输入输出点，编制出输入/输出分配表或者画出输入/输出端子的接线图。接着就可以进行 PLC 程序设计，同时可进行控制柜或操作台的设计和现场施工。

（5）编写梯形图程序根据工作功能图表或状态流程图等设计出梯形图即编程。这一步是整个应用系统设计的最核心工作，也是比较困难的一步，要设计好梯形图，首先要十分熟悉控制要求，同时还要有一定的电气设计的实践经验。

（6）进行软件测试将程序下载到 PLC 后，应先进行测试工作。因为在程序设计过程中，难免会有疏漏的地方。因此在将 PLC 连接到现场设备上去之前，必须进行软件测试，以排除程序中的错误，同时也为整体调试打好基础，缩短整体调试的周期。

（7）应用系统整体调试在 PLC 软硬件设计和控制柜及现场施工完成后，就可以进行整个系统的联机调试，如果控制系统是由几个部分组成，则应先作局部调试，然后再进行整体调试；如果控制程序的步序较多，则可先进行分段调试，然后再连接起来总调。调试中发现的问题，要逐一排除，直至调试成功。

（8）编制技术文件系统技术文件包括说明书、电气原理图、电器布置图、电气元件明细表、PLC 梯形图等。在 PLC 系统设计时，确定控制方案后，下一步工作就是 PLC 的选型工作。应详细分析工艺过程的特点、控制要求，明确控制任务和范围，确定所需的操作和动作，然后根据控制要求，估算输入输出点数、确定 PLC 的功能、外部设备特性等，最后选择有较高性能价格比的 PLC 和设计相应的控制系统。下面结合丰炜 PLC 具体说明一下选型步骤及系统设计时注意事项。

B　几个方面进行设计

a　PLC 型号的选择

（1）通讯功能选择，根据系统的工艺要求，首先应确定系统通讯类型，根据通讯接口数量、类型（RS – 232，422，485）及通讯协议，规划 PLC 类型和通讯扩充卡或通讯扩充模块。

（2）控制功能选择，根据系统的工艺要求，应确定系统是否有 A/D、D/A 转换，温度采集控制，比例阀控制等工艺要求，选择相应的特殊模块。

（3）高速计数及高速脉冲输入输出选择，根据系统的工艺要求，确认系统是否有高速计数或高速脉冲输入输出及相应的点数和频率，来选择相应型号的主机。

（4）I/O 点数及输入输出形式选择要先弄清楚控制系统的 I/O 总点数，再按实际所需总点数的 10% ~ 20% 留出备用量（为系统的改造等留有余地）后确定所需 PLC 的点数。然后根据系统的外部电路选择合适的输入输出形式。

b　输入回路的设计

（1）电源回路 PLC 供电电源一般为 AC85 ~ 240V（也有 DC24V），适应电源范围较宽，但为了抗干扰，应加装电源净化元件（如电源滤波器、1∶1 隔离变压器等）。

（2）各公司 PLC 产品上一般都有 DC24V 电源，但该电源容量小，为几十毫安至几百毫安，用其带负载时要注意容量，同时作好防短路措施（因为该电源的过载或短路都将影响 PLC 的运行）。

（3）外部 DC24V 电源若输入回路有 DC24V 供电的接近开关、光电开关等，而 PLC 上 DC24V 电源容量不够时，要从外部提供 DC24V 电源，具体接线方法请参阅 PLC 硬件说明书。

c　输出回路的设计

（1）各种输出方式之间的比较。继电器输出：优点是不同公共点之间可带不同的交、直流负载，且电压也可不同，带负载电流可达 2A/点；但继电器输出方式不适用于高频动作的负载，这是由继电器的寿命及响应时间决定的。其寿命随带负载电流的增加而减少，一般在 10 万次以上，响应时间为 10ms。

晶体管输出：最大优点是适应于高频动作，响应时间短，OFF→ON：20μs 以下，ON→OFF：100μs 以下，但它只能带 DC5—30V 的负载，最大输出负载电流为 0.5A/点，但每 4 点共 COM 不得大于 0.8A。

（2）抗干扰与外部互锁，当 PLC 输出带感性负载，负载断电时会对 PLC 的输出造成浪涌冲击，为此，对直流感性负载应在其旁边并接续流二极管，对交流感性负载应并接浪涌吸收电路，可有效保护 PLC。用于正反转的接触器同时合上是十分危险的事情，像这样的负载除了在 PLC 内部已进行软件互锁外，在 PLC 的外部也应进行互锁，以加强系统的可靠性。

（3）PLC 外部驱动电路对于 PLC 输出不能直接带动负载的情况下，必须在外部采用驱动电路：可以用三极管驱动，也可以用固态继电器或晶闸管电路驱动，同时应采用保护电路和浪涌吸收电路，且每路有显示二极管（LED）指示。印制板应做成插拔式，易于维修。

（4）扩充模块及特殊模块之电源，供应 PLC 主机及扩充机本身具备电源供给电路，而扩充模块及特殊模块的电源供应必须依赖主机及扩充机提供，当容量不够或有特殊要求，均应提供外扩电源。

（5）PLC 的输入输出布线 PLC 的输入、输出布线也有一定的要求，请看各产品的使用说明书。

5.1.5　调试程序与工艺

调试前期准备工作：

收集设计图纸和设备资料。主要包括：各个程控系统设计原理图，辅助系统网络配置说明书、控制器产品的硬件说明书，PLC 系统的 I/O 清单，有关一次测量元件和执行元件的设备说明书。

安装与调试：

自动化控制集成系统安装、调试采用模块化结构，能够对中规模至大规模的控制系统进行系统组态、逻辑控制、顺序控制、联锁控制、PID 回路调节，以满足最高性能的应用要求。

在安装与调试中应注意以下几个方面：

（1）调试范围。硬件检查。对所有引入程控系统的电缆进行电缆接线正确性检查，进行绝缘电阻检查。对程控系统的输入/输出通道进行完好性检查。

用户软件检查。对已经设计的用户最终控制软件进行正确性检查。对不符合现场要求的控制逻辑应以书面的形式提交建设单位和设计单位。

一次设备检查。对程控系统直接控制的所有执行元件，如电磁阀，气动门及电动机等进行远方操作试验检查；对由顺控系统发出的热工报警信号进行确认试验。

静态试验。用信号发生器或短接就地开关等方法模拟一次测量参数的变化进行程控系统的静态模拟试验。对顺控系统进行分项试验和整体联动试验。

动态试验及投入。随着各个辅机程控系统的投入逐步投入程控系统，在投入过程中，根据试运中出现的问题，合理地修改控制逻辑、延迟时间、步序和保护定值等动态参数。

（2）试运组织与分工。所有参加热工调试工作的人员在进行现场工作以前必须进行一次安全规程考试，合格后方可进行工作。

（3）系统调试具体内容。

5.1.5.1　硬件检查

A　电源电缆检查

检查程控系统的所有供电电源接线的正确性。即按照热工设计图纸（热工电源系统）对每一个接入程控系统的工作电源的电缆进行检查。电源取出位置应正确，电源接入位置正确，电缆两端有明显的标志和名称。

检查程控系统所有供电电缆回路的绝缘电阻。

B　机柜送电

首先将所有电源开关（包括机柜交流电源开关和机柜直流电源开关）置于"断开"位置，关断所有进入机柜的电源。

检查电源进线接线端子上是否有误接线或者误操作引起的外界馈送电源电压。确认所有程控柜未通电。

在控制模件柜内，按厂家要求分别拔出控制主机模块、以太网络接口模块和 I/O 模块，以确保机柜通电时不会发生烧毁模块的事故。

在供电电源处，联系电气专业或相关人员投入总电源开关。在控制机柜处，用万用表测试电源进线端子处的电压值，其电压值不应超过额定电压的 ±10%。如果误差较大，则应通知对侧送电人员停电进行检查，合格后再送电。

C　各个模块送电

依次插入各个模块，观察其状态指示是否正确，或者用工作站对控制主机模块的基本功能或性能进行测试。

D　程控系统 I/O 通道完好性检查

在断开外部信号电缆的前提下，用高精度信号发生器及高精度万用表对顺控系统的输入和输出通道进行完好性检查。

E　电压电流型模拟量输入通道检查

用模拟量信号发生器发出所需要的模拟量信号（如 4 – 20mA，1 – 5V），在工作站或其他编程器上检查显示值（一般为工程单位值），记录下每一个通道的输入信号值和输出显示值。每一个通道检查 3 点：0%，50%，100%。

F　开关量输入通道检查

用短接线短接开关量输入信号，在工作站或其他编程器上检查显示状态（可能的工程显示单位为：开门/关门，启动/停止等）。

对于有源开关量输出，在工作站上或其他编程器上发出不同的指令信号（可能的工程单位信号为：开门/关门，启动/停止等），在输出通道的接线端子上，用电压表测试其输出状态的变化（有电压/没有电压）。

对于无源开关量输出，在工作站上或其他编程器上发出不同的指令信号（可能的工程单位信号为：开门/关门，启动/停止等），在输出通道的接线端子上，用通灯或万用表测试其状态的变化。对于干接点输出，用通灯即可；对于固态继电器输出，则用万用表的欧姆挡（放在 10M 挡以上比较明显）进行测试。

5.1.5.2　用户软件检查和修改

A　控制逻辑的检查和修改

所有的控制逻辑均应符合设计和现场实际要求，但是由于设计变更或设备升级等方面的因素，使得原设计不符合现场新的要求；原设计没有错误，但是在具体组态图上存在错误，使得不能实现原设计意图。针对以上可能出现的问题，必须按照设计图纸对控制逻辑进行检查。

B　定值修改

与工程设计人员共同系统的定值进行检查分析，发现问题及时进行修改。

5.1.5.3　一次设备检查

（1）检查与程控系统有关的一次测量元件的一次校验纪录。

（2）一次执行元件的检查

在所有一次执行设备单体调试全部完成后，应在上位机上进行远方操作试验工作，以保证程控系统对一次执行设备的基本控制功能。根据就地反馈的信号来判断远方操作应有效、操作方向应正确、反馈信号应一致。

5.1.5.4　静态试验

静态试验包括三个内容，第一是联锁试验。手动启动一次设备或系统，然后使备用一次设备或系统处于备用状态或联锁状态。在就地用信号发生器模拟某一联锁条件，使上述设备或系统自动启动。其结果应符合系统的要求和预想的结果。要求对所有联锁条件都进行静态检查。第二是保护试验。手动启动一次设备或系统，在就地用信号发生器模拟某一保护条件（或称跳闸条件），使上述设备或系统迅速停止或切除。要求对所有保护条件都进行检查。第三是程控组试验。先操作试验子程控组，待所有子程控组操作试验完毕后，操作试验总程控组。按下某一个程控组的启动/停止按钮，则辅机系统内的所有一次设备将按照控制程序步序动作。

5.1.5.5　动态试验

PLC 程控系统动态试验的目的是进一步对控制系统进行调整，使之控制逻辑完全达到系统投入的要求。为此，必须进行如下的工作。其一，参与重要辅机的启动过程，对启动过程中出现的问题进行技术分析，合理地修改控制逻辑、延迟时间和动态参数。

任务 5.2　智能化恒压控制网络监控仿真控制系统集成

5.2.1　项目背景需求分析

5.2.1.1　选题的目的意义和背景

目前的工业监控系统，尤其在攀钢，基本上采用的是模拟单机控制技术，其现场布线结构和范围、抗干扰能力等都受到模拟系统特性的制约。因此，近年来，攀钢投入大量资金和人力进行技术改造，尤其是攀钢三期工程建设，改造的重点是 ERP 建设及工业现场控制系统。

随着现代化工业的发展，工业现场需要监测的数据参数越来越多，设备布局越来越复杂，变化速度越来越快，这都对生产过程自动化和通过实时监测迅速诊断出故障，保障生产的顺利进行提出了更高要求。尤其是工业现场的有些数据参数如果让人工检测，有时是很危险的，稍有失误即会造成重大事故和人身伤亡。此外，如何实现网络监控是企业的当务之急。

现场总线是 20 世纪 90 年代兴起的一种先进的工业控制技术，它将当今网络通信与管理的概念引入工业监控领域，完成对现场数据参数的采集，通过智能采集卡把离散数据上传到上位机，在显示器屏幕上显示出数据量。现场总线是 21 世纪工业控制系统的主导结构。

Internet 是基于以太网技术的遍布全球的广域网，以太网技术是目前发展最快的计算机局域网技术。以太网经过几十年的发展和应用，成本大大降低，而性能指标提高很快。以太网的传输媒介也由过去的同轴电缆替换为双绞线或光纤，网络拓扑结构采用总线型或星型。高速以太网是以太网速度提升的产物，其体系结构和以太网一样。如 100Base－T 标准，采用双绞线对接，传输速率 100Mb/s。

因此，将现场总线技术和 Internet 有机地结合起来，构成基于现场总线的网络监控系统，是新技术发展的趋势，是满足攀钢技术改造的有效途径、具有广阔的应用范围和前景。

本系统的目的及要求可归结如下：

（1）为攀钢（集团）公司生产设备进行网络动态监控、诊断技术改造提供研究环境和仿真操作，提供生产设备进行技术改造的理论依据和经验。

（2）为攀钢（集团）公司生产设备进行网络动态监控、诊断技术改造提供人员培训环境。

（3）参照仿真系统，使攀钢（集团）公司生产设备进行网络动态监控、诊断技术改造后可实现无人值守运行，提高生产工作效益。

（4）提高攀钢（集团）公司的整体培训条件。

5.2.1.2　研究思路及工作内容

A　研究思路

通过对攀钢目前工业控制系统和技术改造后的现状做认真调查及分析发现：恒压控制

是攀钢工业控制系统较为普遍的控制系统，此外，考虑到本仿真系统的地域环境及节省经费的因素，因此本书所研究的工业现场网络监控仿真系统采用恒压供水作为控制对象，构建智能化恒压供水控制，模仿工业现场网络监控系统。

智能化恒压供水是指在通过管网将水输送给用户时，满足一定的供水压力，并且根据实际用水情况的需要保持供水压力的稳定，提供高质量的供水。系统设计时采用了西门子公司的 S7 - 300 PLC 实现恒压供水所要求的各种指标，用现场总线技术为工业控制设备之间、控制设备与 PLC 之间的通信提供方便简洁的实现手段；用 WinCC 组态软件作工控机控制软件；用工业以太网实现工控机与工控机之间、工控机与 WinCC 服务器之间、PLC 与 PLC 之间的通信。将工业现场网络监控仿真系统接入 Internet 网，共享 Internet 网上的无限资源，同时实现网络监控。在控制上，采用了手动控制、自动控制、通过上位机网络的方式进行控制。对于整个控制而言，在设计时都保证现场控制拥有最高的控制权。在通信上，整个系统可以通过现场总线方便地进行数据的采集和传输，通过局域网、Internet实现网络数据传输和网络监控。

B　主要研究工作

(1) 对攀钢目前工业控制系统及技术改造后攀钢工业控制系统新的需求进行认真调查及分析，提出本系统的研究目标。

(2) 规划、设计智能化恒压供水网络控制系统的总体结构。

(3) 分析了恒压供水的技术要求，根据设备的实际情况，建立了智能化恒压供水的理论模型，采用遇限削弱积分的 PI 控制算法实现供水压力的工艺要求。详细分析了系统运行过程中机组切换时机的选择，机组切换次序等问题。引入数据结构中队列的处理方法解决机组切换时如何选择机组号的问题。

(4) 研究了接入 Internet 的技术方法，并将该恒压供水网络控制系统接入 Internet 网，实现网络监控。

(5) 规划、设计了本系统的安全方案。

(6) 完成本系统中 PLC 源程序代码的编制。

5.2.1.3　系统设计要求

本系统以计算机控制技术和通信技术为基础，但它又有自身的特点。这些特点主要表现在：

(1) 仿真与实际结合。本系统是恒压供水网络控制系统，但该系统将作为攀钢今后进行工业控制系统技术改造和培训的基地，设计时必须充分考虑工业现场的实际情况，模拟实际现场环境进行设计。

(2) 实用性。按照工业控制系统的要求进行设计，工业控制系统的设计强调控制设备如 PLC 与工业现场设备如电机、开关等之间在功能上要和谐搭配，在控制要求上符合工业控制的行业标准。在系统控制和功能实现上，要求简单明确，显示信息直观清楚。操作上要方便易学，便于掌握。

(3) 安全性。通过采用先进的计算机技术，实现现场设备的自动化运行，减少人为参与控制的行为，提高系统运行的可靠性和安全性。因此，在实现系统控制功能的同时，最大限度地考虑到设备运行期间可能产生的各种故障，并且在系统实现时给出各种故障处理的方法。

（4）可靠性。工业流程要尽可能连续地不间断地进行，保证供水的连续性。在正常情况下，系统自动运行，设备的运行状态由控制器（PLC）控制。但系统运行时可能会发生各种各样在设计时无法预料的故障。尽管 PLC 程序中考虑了多种故障处理的方法，但一旦 PLC 本身发生了故障，这一切都毫无意义。所以，本控制系统中的控制功能的设计包括了自动和手动两种控制方式。当自动控制无法实现时，可以临时采用手动控制的方式。

5.2.1.4　基于网络监控思想的提出

随着生产管理及全面企业管理要求的提高，许多企业（如攀钢）要求将工厂现场监控系统与企业信息系统融为一体，将工厂现场监控系统中的监控上位机作为一个网络节点与网络中的其他节点交换数据，实现网络监控和维护，故提出基于网络监控的思想。

5.2.2　系统总体构架概述

5.2.2.1　系统总体构架

本节简介系统总体结构，系统总体结构如图 5 - 1 所示。

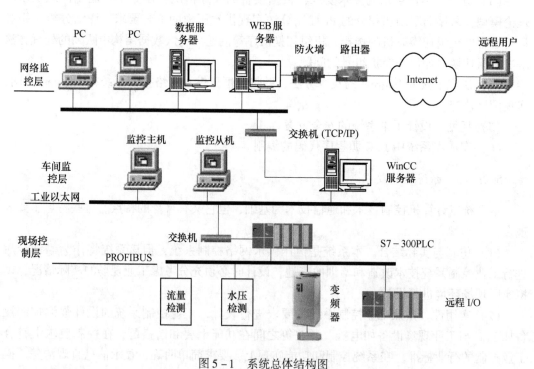

图 5 - 1　系统总体结构图

功能说明

A　现场控制层

现场控制层是智能化恒压供水控制系统的底层。在这一层中，现场总线网段与系统现场设备连接。各智能设备，依照现场总线的协议标准，采用功能块的结构，通过组态设计，完成数据采集，转换，数字滤波，流量压力补偿控制以及阀位补偿等各种功能。此外，总线上应有 PLC 接口，便于连接 PLC。现场设备是以网络节点的形式挂接在现场总线网络上，为保证节点之间实时、可靠的数据传输，在这一层中的监控网络必须采用合理的拓扑结构，常见的现场网络拓扑结构有以下几种：

（1）环形（令牌）网。其特点是时延确定性好，重载时网络效率高，但轻载时等待令牌产生不必要的时延，传输效率下降。

（2）总线网。其特点是节点接入方便，成本低。轻载时时延小，但网络通信负荷较重时时延加大，网络效率下降，此外传输时延不定。

（3）树型网。其特点是可扩展性好，频带较宽，但节点间通信不便。

（4）令牌总线网。结合环形网和总线网的优点，即物理拓扑上是总线网，逻辑上是令牌网。这样网络传输时延确定无冲突，同时节点接入方便，可靠性好。

在这一层中，现场设备必须采用统一的协议标准，实现标准化。

本智能化恒压供水控制系统中，现场控制层采用了 PROFIBUS - DP 现场总线技术。该层包括 PLC、PROFIBUS - DP 现场总线技术、压力变送器、流量变送器、矢量控制变频器及变频器控制的水泵等部分。

B　车间监控层

现场控制层将来自现场一线的信息送往控制室，置入实时数据库，进行高等控制与优化计算、集中显示，这是网络系统的中间监控层。这一层从现场设备中获取数据，完成各种控制，运行参数的监测、报警。

监控层的功能一般由上位计算机完成，它通过扩展槽中网络接口板与现场总线相连，协调网络节点之间的数据通信；或者通过专门的现场总线接口（转换器）实现现场总线网段与以太网段的连接，这种方式使系统配置更加灵活。

该层处于工业以太网中，其关键技术是以太网与底层现场设备网络之间的接口，当采用总线网段与以太网段直接互连时，转换器（利用网关/网桥或通信控制器）负责现场总线协议与以太网协议的转换，并保证数据包的正确解释和传输。

在恒压供水控制系统中，该层通过专门的现场总线接口（CP 343 - 1 通信处理器）实现现场总线网段与以太网段的连接。该层包括 WinCC 服务器、监控机、工业以太网、通信处理器 CP 343 - 1、CP1613。下面简述该层各部分的作用。

a　监控机

监控机作为 PLC 的上位机，对现场设备的运行情况进行实时监控。

b　WinCC 服务器

WinCC 的 C/S 结构由服务器和工作站组成，现场数据通过现场级的网络送入服务器，工作站与服务器之间使用以太网进行数据交换；监控系统使用后台数据库为数据源，所有的数据首先通过其内嵌的 Microsoft SQL Server 数据库引擎，存储在后台数据库中，然后根据情况分配到各个工作站上使用；工作站可以根据现场情况进行分布，不必集中在一起使用，各个工作站可以使用相同的组态系统，也可以不同。WinCC 服务器负责系统组态和监控信息的 WEB 发布。

　　C　网络监控层

上层是基于 Internet 或 Intranet 的网络监控层。其主要目的是在分布式网络环境下，构建一个安全的网络监控系统。首先要将中间监控层实时数据库中的信息转入上层的关系数据库中，这样网络用户就能随时通过数据库软件或浏览器查询网络运行状态以及现场设备的工况，各种生产数据，对生产过程进行实时的网络监控。赋予一定的权限后，还可以在线修改各种设备参数和运行参数，从而在局域网或广域网范围内实现低层测控信息的实时传送。但该层必须保证网络安全，应采用包括防火墙、用户身份认证以及密钥管理等技术。

在恒压供水控制系统中，网络监控层主要基于 Internet 和校园网，在校园网部分，包括 WEB 服务器、数据库服务器、路由器、防火墙。

在这一层的关系数据库中，除了本系统控制信息外，还包括了学校的信息管理系统。使监控系统与学校信息系统融合在一起。

　　a　WEB 服务器的作用

系统中，WEB 服务器的主要作用是：一是通过 Internet 接入，达到网络监控的目的，同时共享互联网上的信息资源；二是在 WEB 服务器上建立一个 WEB 网站，作为网络访问校园网的依托，实现网络数据的传输和处理；三是对网络实施管理和提供文件服务功能。

（1）由于 Internet 的开放性，以及较专用网络低的可靠性，所以在 Internet 上进行监控的安全因素是必须着重考虑的问题，为了达到较高的可靠性，WEB 服务器必须具备以下几个功能：

1）信息服务，提供 Internet 进行实时监控的接口，用户通过这个功能才能够访问到实时的监测数据。同时，局域网内的用户也可以充分利用互联网上的信息资源。

2）访问控制，包括用户身份验证和用户权限控制两个方面。

（2）网络管理功能，实时了解网络运行的情形与效率，使网络维持高性能，保障网络传输的品质。在本系统中，由 WEB 服务器充当管理站，配置有管理程序，对局域网内的 PC 进行设定、控制、管理与监控。

（3）文件服务主要提供文件的存储和打印。

　　b　数据库服务器

提供数据的存储、查询和统计。

5.2.3　智能化恒压供水（硬件设计）电气控制部分

5.2.3.1　概述

系统模拟恒压供水情况，由 5 台 0.5kW 水泵从水池直接抽水。根据实际用水情况，动态调节水压，保证压力稳定。同时，为保证 5 台水泵使用均衡，5 台水泵自动按程序设定运行和作休眠备用。

本系统采用西门子 PLC 和变频器进行控制。工作站通过工业以太网和 PLC 之间建立通信实时交换数据，在工作站上能实时浏览，修改，监视控制系统运行情况。该工作站可作为服务器使用，可支持客户机同时访问。

本系统提供网络诊断，报警。可网络上修改，监视控制系统。

5.2.3.2 供水系统组成及工作过程

A 恒压供水系统工艺图

恒压供水系统工艺图如图 5 - 2 所示，供水系统由蓄水池，管道，阀门，水泵，电机，水压传感器，流量传感器，电气控制系统等组成。当按下启动键后，如果有用户用水时，电泵、相应电磁阀同时打开，给用户供水。当用户增加，启动其他电泵时，相应的电磁阀同时打开，满足用户用水要求。如果用户减少，关闭电泵和相应的电磁阀。变频器在中间起调节作用。

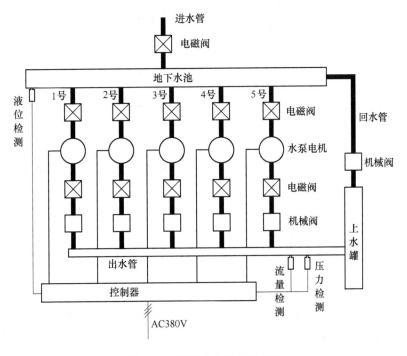

图 5 - 2 恒压供水系统工艺图

B 电气控制系统说明

传动部分：采用西门子 6SE70 矢量控制变频器驱动电机，西门子 6SE70 系列产品具有优良的电气和力学性能，适用于包括水泵、风机、传动等系统的驱动。为节约成本，本系统仅以一台变频器控制启动水泵，通过变频器和电网之间的切换，用变频器和电网交替控制水泵，水泵电机电气线路如图 5 - 3 所示。

恒压供水时，该系统由 5 台水泵从水池取水，用 1 台水泵作应急备用。4 台水泵根据实际需要用水量，用变频器顺序启动水泵，并由变频器调节水压（例如：实际用水量只需 2 台和 3 台全压之间时，2 台处于工频状态，1 台处于变频状态由变频器调节压力，保持恒压）。实际用水量减小时，停止部分水泵，当无人用水时，所有水泵停止工作。为了防止水泵使用不均衡，5 台水泵自动按程序设定作运行和休眠备用，水泵不加任何检测装置。

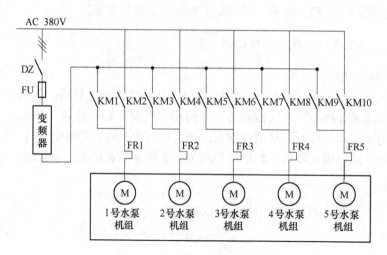

图 5 - 3　水泵电机电气线路图

变频器和 PLC 之间的控制连接有两种方式：一种通过 PROFIBUS - DP 接口和变频器之间通信，另一种为通过 PLC 的 D/A 转换控制变频器。本系统采用前一种通信方式。

水泵的供电方式为两路：电网直接供电和变频器调节供电。水泵的保护全部采用实际工程的保护（例如机械和电气连锁接触器）。

该控制系统由两柜集成：变频器切换显示柜和 PLC 切换（接触器）显示柜。

变频器供电从 1 ~ 5 号顺序切换时，每次变频器从 0 开始启动，4 ~ 1 号停止时由市电改为变频器供电，变频器必须预置快速额定启动，以便投入市电切换下来的水泵作调节用。

在运行过程中，主要有以下几个过程：

（1）水泵启动。以水泵电机 1 为例，先由变频器直接启动，当达到水泵额定运行频率时，运行时间 T1，如果水压还不够，则变频器切出，改市电网投入，即 KM1 断开，KM2 合闸，水泵电机 1 处于工频状态。再由变频器启动下一台电机，以此类推，直到压力达到设定值为止。

（2）变频器切，电网投入。在控制过程中，如需变频器切出，电网投入时，应首先断开变频器与水泵之间的接触器，再合上电网与该水泵之间的接触器，在切换过程中为防止损坏变频器和水泵，电气联锁如上所示。切换时应注意电网和变频器供电的相序需一致。

（3）电网切，变频器投入。在控制过程中，如需市电供电网切出，变频器投入时，则先断开电网与水泵之间的接触器，合上变频器与该水泵之间的接触器，利用变频器的捕捉再启动功能，在水泵电机旋转状态下投入变频器。

（4）压力的调节。在供水过程中，如果压力发生变化，则通过调节变频器的频率来稳定压力。压力减小时，则增加变频器频率，甚至增加投入水泵运行；压力增加时，则减少变频器频率，甚至减少水泵运行数量。由于在供水过程中，用户端压力会比水泵输出端小，可根据流量传感器的信号来补偿压力，这样就能做到用户端水压保持恒定，如图 5 - 4

压力补偿框图所示。

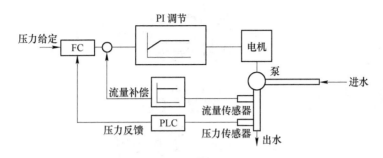

图 5 - 4 压力补偿框图

C 控制部分

a 硬件

PLC（CPU 315 - 2DP）	处理与变频器，工作站之间的数据交换及运算。
DO 模块（SM321）	用于控制接触器、电磁阀及变频器的启停。
AI 模块（SM331）	用于压力传感器和流量传感器的输入。
AO 模块（SM332）	用于控制屏模拟显示。
网络模块（CP343 - 1）	用于 PLC 连接工业以太网。
网络模块（CP1613）	用于工作站连接工业以太网。
电源模块（PS307）	用于给控制系统供电。

b 软件平台

STEP 7 V5.3、WinCC V6.0 + SP2 开发版、WinCC/WEB NAVIGATOR 3 CLIENT LI-CENSES。

c 其他

PROFIBUS - DP 总线电缆、ITP 电缆。

d 控制过程

控制系统图如图 5 - 5 所示。

主机为一台 S7 - 300 型的 PLC，CPU 为 315 - 2DP，这种 CPU 带有一种集成的 DP 总线控制器。DP 总线上主要设备为：分布式 I/O - ET - 200M、变频器。主要使用 DP 类型的总线。

系统采用 Client/Server 结构，以 PLC 上位机 WinCC 服务器作网桥，插上以太网卡，连接 PROFIBUS - DP 网络和以太网（校园网）。

正常工作时，系统自动运行。PLC，变频器，压力传感器组成一个压力闭环控制系统。通过工作站设定水压给定值，变频器运行在压力闭环状态。系统根据设定的水压，自动检测出水口水压，当出水口水压未达到设定值时，PLC 控制变频器逐渐升速，直到电机满速，变频器运行在上限速度，当变频器在上限速度运行达到设定时间 T_1 时，仍未达到给定压力值时，PLC 自动切掉变频器当前拖动的电机，该电机改由电网直接控制运行，同时 PLC 控制变频器拖动下一台电机，以此类推，直到检测到的水压与设定的水压一致。变频器 P、I 调节运行在一个相对稳定的速度，此时供水量与用水量相对平衡，且供水压

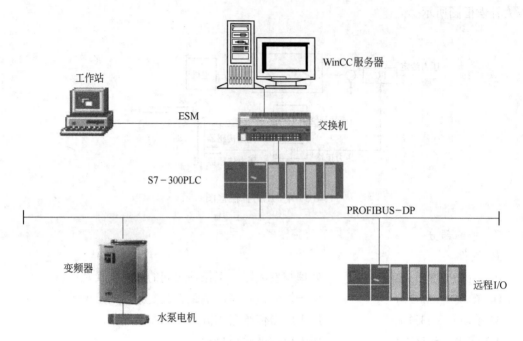

图 5 - 5　控制系统图

力为设定的水压。

在运行过程中，当系统检测到的水压大于设定的水压时，PLC 控制变频器逐渐减速，直到变频器运行在下限速度，当变频器在下限速度运行达到设定时间 T_2 时，压力仍然比设定压力小，则 PLC 自动切掉一台由接触器直接控制工频运行的电机，为保持水压足够，变频器速度给定为最大，变频器当前拖动的电机迅速升速。以后则根据压力闭环自动调节水压，直到检测到的水压与设定的水压一致，变频器运行在一个相对稳定的速度，此时供水量与用水量相对平衡。

PLC 通过两种方式控制变频器，一为 PROFIBUS - DP 通信方式，一为 PLC 输出直接控制变频器，数字输出作为启停，模拟输出作为速度给定。

自动运行时系统自动循环，各泵可先启先停，定期轮换等多种运行形式，以达到各泵均衡使用。

显示和监控系统运行时，工作站与 PLC 之间建立通信连接，实时显示系统运行状态，监控画面主要包括各电磁阀状态，水泵运行状态，用水量等。

e　PLC 与变频器的光隔离联网

PLC 与变频器的连接，传统的做法是将 PLC 和变频器的通信口直接相连组成网络，实际应用发现对于一些干扰较恶劣的工业现场，通信常常产生误码，系统的可靠性大大降低。对于架空线路，若遭雷击则很可能使总线上的所有设备损坏。

为解决上述问题，本系统采用的办法是：在 PLC 和变频器的通信口加光电隔离，如图 5 - 6 所示，采用德阳四星电子技术开发中心生产的 PPI - G 光隔离器组成的 PLC 和变频器通信网络，由图可见，所有设备均被隔离，整个通信线路被浮空，有效地抑制了干扰的进入，也彻底解决了由于设备接地问题而引起的串扰，同时由于 PPI - G 产品本身的抗雷击和延长通信距离的功能，无疑会使系统的可靠性得到很大提高。

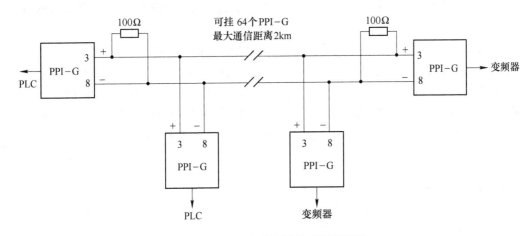

图 5 - 6　PLC 与变频器的光隔离联网

5.2.3.3　系统网络设计和现场总线技术应用

A　系统通信要求

在整个监控系统中，一共有 4 种类型的通信要求，它们是：

（1）PLC 与执行设备之间的通信。送水泵的 PLC 为了精确控制，需要与控制水泵机组运行频率的变频器之间进行通信，PLC 将输出频率值传送给变频器，控制变频器的输出频率。直接数字化的数据传送方式可以避免模拟量控制带来的误差，同时也防止变频器的运行对模拟信号控制带来的干扰，使系统的控制更加准确可靠。

（2）PLC 与上位机之间的通信。要在上位机上对整个系统进行监控，PLC 与上位机之间的通信是不可避免的。PLC 所构成的网络是整个监控系统得以实现的基础，也是所有数据进行采集、测量、处理和传输的具体实现者。而上位机是监控系统和人进行交互的枢纽。因此，建立 PLC 与上位机之间高效可靠的通信网络是系统的操作管理人员对整个监控系统进行有效科学管理的基础。

（3）构成客户机/服务器关系的上位机之间的通信。监控系统中有几台工控机，它们的功能并不相同。它们按照客户机/服务器的工作方式进行功能划分，有一台 PC 作为 WinCC 服务器，负责上位机系统中的数据处理、WEB 信息发布、与 PLC 网络进行数据通信。其他的 PC 作为客户机，它们不与 PLC 直接进行通信，要显示和处理的数据从作为服务器的 PC 中来，并把数据处理的结果存储到服务器的数据库中。这样的划分是因为这些 PC 的功能不同，有的作为工程师站，有的作为监视站。工程师站可以对系统进行实际的操作，如系统启动、停机、参数设置等。监视站只能进行信息显示、监视、系统浏览，而不能进行实际操作。

（4）WinCC 服务器、局域网 WEB 服务器、网络用户之间的通信。WinCC 服务器通过 WEB 服务器与 Internet 网相连，将监控信息发布到 Internet 网上，从而使网络用户能够通过 Internet 网对整个系统进行监控，同时实现系统共享互联网上的信息资源。

B　系统网络拓扑设计

按照系统对通信的要求，结合对 SIEMENS 数据通信方式的考虑，决定系统的网络以如下方式设计。

a　PLC 与变频器、ET200M 之间采用 PROFIBUS – DP 现场技术

组成：考虑到数据传输的效率，在恒压供水系统中的 PLC S7 – 315 – 2DP 与变频器之间采用 PROFIBUS – DP（PROFIBUS – DP 介绍见 5.2 "现场总线技术简介"）的方式进行通信，如图 5 – 7 所示。主机为一台 S7 – 300 型的 PLC，CPU 为 315 – 2DP，这种 CPU 带有一种集成的 DP 总线控制器。DP 总线上主要设备为：分布式 I/O – ET – 200M，矢量控制变频器等。

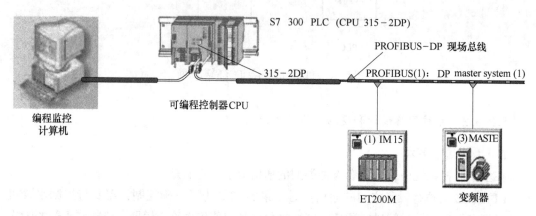

图 5 – 7　PLC 与变频器之间的 PROFIBUS – DP 现场总线技术

PLC 中的数据频率通过这种通信方式传送给变频器，来控制变频器的输出频率，其实变频器的输出频率也可以通过模拟电压或模拟电流信号的方式进行控制。但采用模拟量控制时容易受到现场干扰信号的影响，精度也受限制。采用数据通信的方式不仅能够解决上述问题，还能够为以后的 PLC 与变频器之间更多数据的通信奠定一个良好的基础，只需要在软件上稍作修改，而不需要增加硬件接线了，特别是系统不能停电时，这显得更为重要。

工作原理：DP 即分布式外围设备（Decentralized Periphery），在参考模型中使用第 1、2 层和用户层（用户自定义）。用于工厂和楼宇自动化中实现自控系统和分散的外部设备（I/O）及智能现场仪表之间的高速数据通信。中央控制器通过高速串行线同分散的现场设备（如 I/O、变频器、阀门等）进行通信，多数数据交换是周期性的。PROFIBUS – DP 提供的数据链路层的服务见表 5 – 1。

表 5 – 1　PROFIBUS – DP 数据链路层服务

服　务	功　能	服　务	功　能
SRD	发送和请求回答的数据	SDN	发送数据不需要应答

PROFIBUS – DP 是一个主站/从站（Master/Slave）总线系统。主站是有一个自动控制仪表/系统（1 类主站）或一个 PC（2 类主站）来完成。1 类主站也完成自动化调节功能，通过循环的和非循环的报文对现场的仪表进行全面的访问。2 类主站在需要时用非循环报

文与 1 类主站交换数据（上，下装数据，诊断信息），同现场仪表交换数据。PROFIBUS － DP 按照主从方式运行时，主要有以下两种状态：

（1）运行。输入和输出数据循环传送。1 类主站由 DP 从站读取输入信息并向 DP 从站写入信息。

（2）清除。1 类主站读取 DP 从站的输入信息并使输出信息保持为故障——安全状态。

总线传输技术为：NRZ，RS485；介质为双绞线，双绞电缆，光缆；波特率为：9.6kbps － 12Mbps，总线上每段最多 32 个站，共 126 个主从设备。在 1.5Mbps 时传输距离为 2000m，使用光缆为 21.730km；在 12Mbps 时距离为 100m。拓扑结构有：线形、心形和环形。DP 是一种适合于所有自动化行业的总线类型，主从结构使这种总线具有低廉的造价，极高的速率。

本系统中，以一台 S7 － 300 型的 PLC（CPU 为 315 － 2DP）作为主站，变频器及 I/O 设备 ET200M 作为从站。

b　PLC、WinCC 服务器、监控机之间采用工业以太网

组成：PLC、WinCC 服务器、监控机之间采用工业以太网如图 5 － 8 所示。

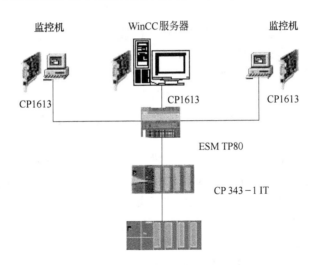

图 5 － 8　PLC、WinCC 服务器、监控机之间的工业以太网

设计时采用了西门子产品工业以太网的 ESM TP80 交换机。WinCC 服务器、监控机内各插一块西门子 CP 1613 通信处理器，通过 CP 1613 通信处理器与 ESM TP80 相连，PLC 通过 CP343 － 1 IT 通信处理器与 ESM TP80 相连。

下面对 CP343 － 1 IT、CP 1613 通信处理器及 ESM 作简要介绍：

（1）CP343 － 1 IT。CP343 － 1 IT 通信处理器可以实现 SIMATIC S7 － 300 和 S7 － 400 以及工业以太网（10/100Mbit/s）的相互连接，这种连接是全双工连接并可依靠自适应进行自动转换。CP343 － 1 IT 具有以下通信功能：

1）用 SIMATIC S7 实现 S7 通信。

2）SEND/RECEIVE（S5—兼容通信）。

3）PG/OP 通信（在网络或 WAN 上进行网络 CPU 编程）。

4）使用 SIMATIC S7 发送电子邮件。

5）利用 WEB 浏览器对过程和操作数据进行访问。

CP343 – 1 IT 运用工业以太网可以独立处理数据的传输，并且集成有工业双绞线连接收发器。

CP 模板产品可以使用标准的 WEB 浏览器对过程数据进行访问（密码保护），降低了客户端方面的软件成本。在本地或世界范围内可以通过电子邮件对事件控制信息进行传送。运用广域网的 TCP/IP 功能通过电话网络实现网络编程也是毫无问题的。由于具有 100M 位/秒的自适应功能，CP 模板产品适用于大型系统；由于与 S5 通信功能兼容又可将现有系统方便地集成到新系统中。

（2）CP1613 通信处理器。CP1613 通信处理器可为 SIMATIC 网络编程设备或 IPCs 提供工业以太网连接，也可以使用于带 PCI 插槽的通用计算机中。它有如下通信功能：

1）在 SIMATIC S7 中实现 S7 通信。

2）PG 通信（通过网络或 WAN 网进行网络 CPU 编程）。

3）SEND/RECEIVE（S5 兼容通信）。

CP1613 是工业和办公室通信集于一身的理想产品。它可运行 ISO 传输协议和 TCP/IP（集成于板中）。

CP1613 允许频繁的大数据量的流量吞吐。这就为 PC 的其他应用比如 HMI 的运行留下了空间。即插即用和自适应的功能使 CP1613 易于操作。

CP1613 适合运用于大型网络组态和冗余通信，因为它有很多连接资源并可用 OPC 作为通信界面。

（3）工业以太网的 ESM。ESM（电气交换模块）用来构建 100Mbit/s 交换网络，并可节省成本。

网络分割（将网络划分为若干部分或网段）并将各网段连接到 ESM，使得实现现有网络的负载分担成为可能，从而改善网络的性能。包含在 ESM 中的网络冗余管理器，用来构建冗余工业以太网环形结构，并可通过交换技术实现高速的介质冗余（重新配置时间最大为 0.3s）。构建电气环网要用 2 个 ESM 的双绞线端口。环的数据传输速率为 100Mbit/s，每个环中最多允许使用 50 个 ESM。

除了有两个环网端口，ESM 还有另外 6 个端口（具有 ITP 或 RJ45 两种接口），这些端口用来连接终端设备和网段。

ESM 的使用使得网络拓扑很容易适应工厂的结构。带 ESM 的网络结构可以是线形和星形。一般网络的级联深度和区域大小会因传输延时而受到限制，采用 ESM，整个网络的范围可达 5km。两模块间或模块到站点之间带 Sub – D 连接器的 ITP 电缆的最大长度为 100m。双绞线电缆的最大长度：TP 双绞线为 10m；当与 RJ45 接插座和 FC TP 电缆相连时最大可达 100m。

工业以太网特点简介：

工业以太网是为工业应用而专门设计的，它是一种遵循国际标准 IEEE802.3 以太网的开放式、多供应商、高性能的区域和单元级网络。工业以太网将自动化系统相互连接，而且还将自动化系统连接到 PC 机和工作站。工业以太网能够以高达 100Mbit/s 的速度实现广泛的、开放的网络解决方案。

目前，以太网在世界范围内的局域网（LAN）市场上基于主导地位。

以太网具有如下重要特点：

（1）启动快速，因为简化了网络连接方法。

（2）灵活性大，因为现有设备可以不受影响地随时扩展。

（3）可靠性高，因为采用了冗余的网络拓扑结构。

（4）无限的通信性能，因为使用交换技术可根据用户需求提供可伸缩的性能。

（5）覆盖极为广泛的企业应用，可从办公室到生产现场。

（6）在整个公司范围实现通信，因为以太网可连接到广域网（WAN），例如综合服务数字网（ISDN）或因特网。

（7）投资可靠，因为该系统正不断得到进一步开发，而且完全向下兼容。

网络解决方案：工业以太网可采用双绞线（TP）和光纤（FO）等传输技术，10Mbit/s 以太网可以是线形或星形拓扑结构，并使用光学链接模块（OLM）和电气链接模块（ELM），这些网络拓扑结构也可组合应用。

光纤交换模件（OSM）或电气交换模件（ESM）适用于网络管理系统。它有下面的界面和接口：

（1）模件本身的信号界面。

（2）使用串行口和 PC 机通过命令行（CLI – 命令行接口）进行的终端仿真。

（3）使用浏览器的网络访问（基于 Web 的管理）。带有浏览器的 PC 机可以通过网络选择 OSM 模件进行访问。

使用 SNMP 连接通过网络从网络管理工作站到 OSM 的网络访问。

如果需要一种传输速率更高（达 100Mbit/s）或者范围更广的网络，则可将快速以太网技术与交换系统结合使用，快速以太网是在已成热的以太网技术基础上进一步发展而来。

通信选项：一个中心要素是 HMI（人机界面）系统（例如 SIMATIC WinCC）使用工业以太网与 SIMATIC S7 进行通信，采用 S7 通信来实现。这个功能可直接访问控制器的数据不再需要调用 PLC 的其他功能。S7 通信系统从 PLC 发送数据到 HMI 系统是一个循环的过程。控制器之间交换过程数据是通过 SEND/RECEIVE 实现的。在 S7 – 300/400 和 SIMATIC S7 之间通过 SEND/RECEIVE 可以进行简便的，事件控制的数据传输。

通过使用 CP343 – 1 IT 模块，系统状态信息可以通过 Internet 在本地或全世界范围内发送。

IP 地址分配：该系统由双网卡构成，工业以太网 CP343 – 1 地址如图 5 – 9 所示，Internet 地址如图 5 – 10 所示。

c　系统与 Internet 网的连接

解决方案：对于网络访问的连接，SIMATIC NET 提供了三种不同的解决方案。

（1）使用 ISDN 路由器的网络访问。需要高性能的可靠连接时，可以使用 ISDN。该方案显著的优点是：

1）稳定的传输质量。

2）快速的连接建立时间。

3）可达 128k 位/s 的高速传输速率。

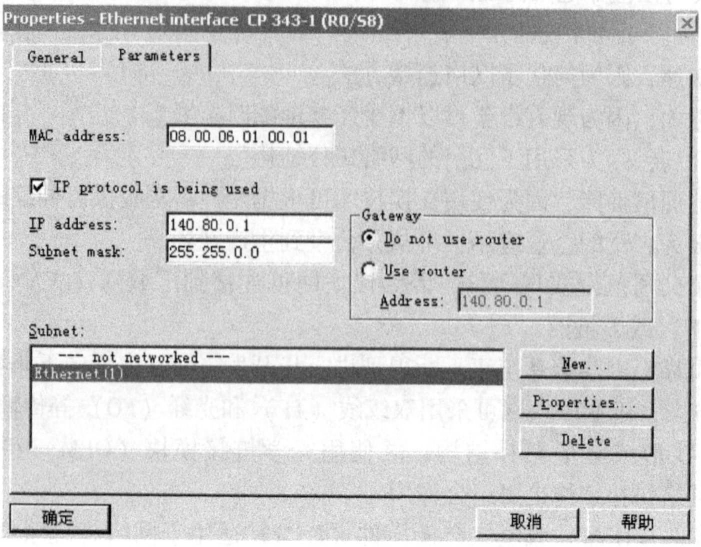

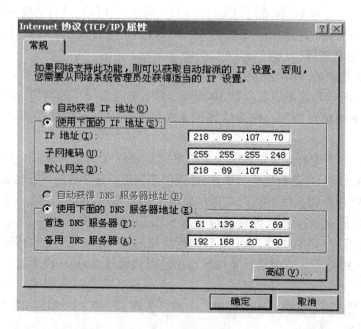

图 5 - 9　工业以太网 CP343 - 1 地址

图 5 - 10　Internet 地址

此外，自动数字识别和回传功能确保了信息传递的安全性。

（2）使用模拟路由器的网络访问。如果没有安装 ISDN 或考虑到安装 ISDN 的成本，推荐使用通过模拟电话线连接的路由器。这种模拟路由器可以连接到任何一种电话插槽上。但是这种解决方案的连接建立相对来说比较慢，传输速率也比较低（最快为 56k 位/s），取决于电话线路的质量，并且像自动数字连接等一些安全功能也不能实现。

（3）使用 Internet 的网络访问。当需要考虑长距离通信的连接成本时，推荐使用 Internet 的网络访问。

本系统采用的 Internet 网络方案：

本系统中，网络访问方案如图 5 - 11 所示。采用 Internet 网络访问。

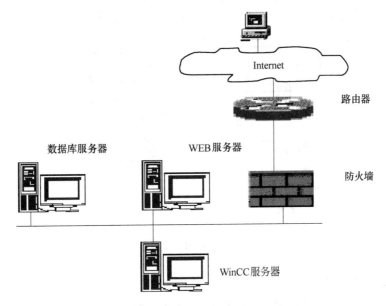

图 5 - 11　系统与 Internet 网的连接

实现 Internet 网络监控：通过 WEB 发布功能设置实现 Internet 网络监控。

用户权限设置：通过用户管理器执行许可检查可保护相应的功能，并避免未经授权就访问操作系统。

C　网络的安装

a　LAN 插头

PROFIBUS 的结点连接非常简单，采用 SIEMENS 的 LAN（Local Area Networks）插头将网络的结点依次连接起来即可。LAN 插头分为两种，一种是不带编程装置插座的 LAN 插头，另一种是带编程装置插座的 LAN 插头。这两种不同的 LAN 插头如图 5 - 12 所示。不带编程装置插座的 LAN 插头不能够直接连接编程装置，而带有编程装置插座的 LAN 插头上可以随时连接编程设备，对整个系统进行调试。插头的接线很容易，只要按照插头指示的进线和出线关系依次连接即可，对于网络终端结点，LAN 插头上只需接一根进线，但要把 LAN 插头的终端电阻拨位开关拨到 ON 的位置。采用 LAN 插头除了能够满足网络通信的

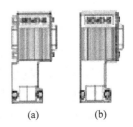

图 5 - 12　LAN 插头
(a) 带编程装置；
(b) 不带编程装置

需要，还有两个好处：一是通过将编程设备连接到任何一个 LAN 插头上，就能够对整个系统的任何一个 PLC 进行调试，这对整个系统的联调是一个极大的便利；二是当要去掉一个结点时，只需要把连接该结点的 LAN 插头拔下即可，其他的结点能够正常工作，不受任何影响。

b　FROFIBUS 总线连接器

FROFIBUS 总线的安装非常简单，使用一般的 9 针 D 形头即可，但为了保证网络的安全性，一般使用西门子提供的连接器。FROFIBUS 总线连接器如图 5-13 所示。连接器的 A 相与 A 相短接，B 相与 B 相短接，左相为进线，右相为出线。这样的目的是保证当该站脱离总线时，只需拔下接头即可，总线上的其他设备不会受影响。

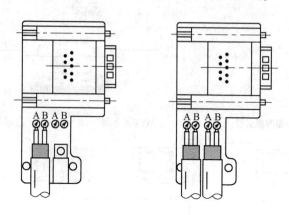

图 5-13　FROFIBUS 总线连接器

c　电缆设计和敷设

一般来说，工业现场的环境都比较恶劣。例如现场的各种动力线会通过电磁耦合产生干扰；电焊机、火焰切割机和电动机会产生高频火花电流造成干扰；高速电子开关的接通和关断将产生高次谐波，从而形成高频干扰；大功率机械设备的启停、负载的变化将引起电网电压的波动，产生低频干扰。这些干扰都会通过与现场设备相连的电缆引入可编程序控制器组成的控制系统中，影响系统的安全可靠工作。所以合理地设计、选择、敷设电缆在可编程序控制器的系统设计中尤为重要。下面就与此有关的一些问题进行简单介绍。

电缆的选择：对于可编程序控制器组成的控制系统而言，既包括供电系统的动力线，又包括各种开关量、模拟量、高速脉冲、网络通信等信号用的信号线。对于各种不同用途的信号线和动力线要选择不同的电缆。

开关量信号（如连接按钮、限位开关，接近开关等电缆）可编程序控制器根据"0"、"1"信号来作出判断，信号的容许范围较大，一般情况下对信号电缆无特殊要求，可选用一般电缆；当信号传输较远时，可选用屏蔽电缆。

模拟量信号属于小信号，极易受外界干扰影响，同时模拟量是连续变化的信号，其大小由信号的幅度决定，信号的容差小。为了保证控制系统的控制精度，模拟量信号应选用双层屏蔽电缆。

高速脉冲信号（如脉冲传感器、计数码盘等），一般频率都高于 100Hz，应选择屏蔽电缆，其作用是既防止外来信号的干扰，也防止高速脉冲信号本身对低电平信号的干扰。

通信信号频率高，有一些特殊要求，一般应选用可编程序控制器厂家提供的专用电缆；在要求不很严格的情况下，也可选用带屏蔽的双绞线电缆。

电源供电系统一般可按通常的供电系统相同地选择电源电缆。

在系统中还将有一些特殊要求的设备，此时所要电缆一般由设备厂家直接提供，如需自行设计，则要根据相应的技术要求选择所需电缆，以保证实现正确的连接和安全可靠地工作。

电缆的敷设施工：传输线之间的相互干扰是数字调节系统中较难解决的问题。这些干扰主要来自传输导线间分布电容、电感引起的电磁耦合。防止这种干扰的有效方法，是使信号线远离动力线或电网；将动力线、控制线和信号线严格分开，分别布线。所以电缆的敷设施工是一项重要的工作。电缆的敷设施工包括两部分，一部分是可编程序控制器本身控制柜内的电缆接线；一部分是控制柜与现场设备之间的电缆连接。

在可编程序控制器控制柜内的接线应注意以下几点：

（1）控制柜内导线，可编程序控制器模板端子到控制柜内端子板之间的连线应选择软线，以便于柜内连接和布线。

（2）模拟信号线与开关量信号线最好在不同的线槽内走线。若必须在一个线槽走线，模拟信号线要采用屏蔽线。

（3）直流信号线、模拟信号线不能与交流电压信号线在同一线槽内走线。

（4）系统供电电源线不能与信号线在同一线槽内走线。

（5）控制柜内引出的屏蔽电缆必须接地。

（6）控制柜内接线端子应按开关量信号线、模拟量信号线、通信线和电源线分开设计。若必须采用一个接线端子板时，则要用备用点或接地端子将它们相互隔开。

在控制柜与现场设备的电缆连接应注意以下几点：

（1）电源电缆、动力电缆和信号电缆进入控制室后，最好分开成对角线的两个通道进入控制柜内，从而保证两种电缆保持一定距离，又避免了平行敷设。

（2）直流信号线、交流信号线和模拟信号线不能共用一根电缆。

（3）信号电缆和电源电缆应避免平行敷设，必须平行敷设时要保持一定距离。最小距离应保持 30cm。

（4）不同的信号电缆不要用一个插接件转接。如必须用一个插接件时，要用备用端子和地线端子把它们隔开，以减少相互干扰。

电缆屏蔽处理：在传输电缆两端的接线处，屏蔽层应尽量多地覆盖电缆芯线。同时电缆接地应单独接地。为施工方便，可在控制室集中电缆屏蔽接地，另一端不接地，把屏蔽层切断包在电缆头内。

D　现场总线技术简介

现场总线是应用在生产现场的测量控制设备与主控站之间实现双向串行多结点数字通信的信息通道，也被称为开放的、数字化的、多点通信的底层控制网络。

现场总线的出现导致了新型的网络集成全分布控制系统——现场总线控制系统 FCS 的出现。

传统的模拟控制系统采用一对一的设备连线，按控制回路分别进行连接。位于现场的测量变送器与位于控制室的控制器之间，控制器与现场的执行器，开关，电机之间均采用一对一的物理连接。

现场总线控制系统由于采用了智能控制设备，能够把原来 DCS 系统中处于控制室的控制模块，各输入输出模块置入控制现场，加上现场设备具有的通信能力，现场的测量变送仪表可以与阀门等执行机构直接传送信号。因而控制系统的功能能够不依赖控制室的计算机或控制仪表，直接在现场完成，实现彻底的分散控制。

a　现场总线技术的特点和优点

现场总线技术特点包括：

（1）系统的开放性。开放是指对相关标准的一致性、公开性，强调对标准的共识与遵从。现场总线致力于建立统一的、开放的工厂底层网络。用户可以按照自己的需要和考虑，把来自不同供应商的产品组成大小随意的系统。通过现场总线构建自动化领域的开放互联系统。

（2）互可操作性和互用性。互可操作性指实现互联设备间、系统间的信息传送与沟通；互用性则意味着不同生产厂家的性能类似的设备可实现相互替换。

（3）现场设备的智能化与功能自治性。现场智能设备将传感测量、补偿计算、工程处理与控制的功能分散到现场设备中完成，仅靠现场设备即可完成自动控制的基本功能，并可以随时诊断设备的运行状态。

（4）系统结构的高度分散性。现场总线已经构成了一种彻底分散的控制系统体系结构，简化了系统的结构，提高了可靠性。

（5）对现场环境的适应性。专门为工业现场设计的系统，具有较强的抗干扰能力。通过两线制实现供电与通信，可满足本质安全防爆的要求。

现场总线的优越性能为监控系统的设计实现带来了巨大的便利，提高了系统的质量和性能。它的优点主要表现在以下几个方面：

（1）现场布线更加方便，现场布线是控制系统中的重点问题，它决定着系统实现的进度和运行的质量，采用现场总线的方式使线路的连接变得简便可靠，在很大程度上避免由于现场接线错误产生的问题。

（2）系统划分更加明确。现场总线的使用使得各个 PLC 可以集中完成各自模块的功能，基本处于独立的工作状态。PLC 之间的通信与其控制之间明确分开，对远距离的数据的处理与处理自身采集的数据完全相同。这使系统的功能划分清晰明确，可以实现独立进行。

（3）数据传输更加可靠。采用数字信号的网络传输方式在可靠性上要远远高于模拟信号的回路传输方式，特别是当传输距离很远时，这种优势更为明显。相对于模拟信号来讲，数字信号在同样的干扰下所受的影响更小，数据保真度更高。

（4）系统功能更加完备。现场总线是专注于工业控制的现场网络，它的使用使多个工业控制系统成为一个有机的共同体，数据交互，信息共享。

（5）系统维护更加方便。现场总线的简便的连接方式并没有给系统的维护带来麻烦。相反，它使系统功能的维护和完善更加方便。网络上传输的数据可以任意改变，预留的编程接口使程序的维护和调试可以随时随地进行。

b　现场总线的网络与通信基础

现场总线的网络模型：工业生产现场存在大量的传感器、控制器、执行器等，通常都相当零散地分布在一个很大的范围之内。对于由它们组成的工业控制底层网络来说，单个结点面向控制的信息量不大，信息传输任务简单，但实时性要求较高。因此，现场总线的通信模型一般以 ISO/OSI 模型为基础，为现场的检测、控制进行适当的简化和发展。

一般都采用 OSI 模型的典型层：物理层、数据链路层和应用层，如图 5－14 所示。它具有结构简单、执行协议直观、价格低廉等优点，也满足工业现场应用的性能要求。

ISO/OSI 模型		现场总线协议	PROFIBUS – DP	PROFIBUS – FMS
应用层	7	应用层	用户接口	应用层接口
表达层	6			应用层信息规范底层接口
会话层	5			
传输层	4	总线访问子层	隐去第三至第七层	隐去第三至第六层
网络层	3			
数据链路层	2	数据链路层	数据链路层	数据链路层
物理层	1	物理层	物理层	物理层

图 5 – 14　现场总线的网络模型

现场总线的网络拓扑、传送介质和介质访问控制：网络拓扑指网络中结点的互联形式。现场总线的网络拓扑结构一般采用总线型、树型。传送介质采用双绞线、屏蔽双绞线、同轴电缆、光纤以及少量的无线通信。介质访问控制方式采用 CSMA/CD 方式或令牌方式。作为工业控制系统中的底层网络，可靠性的要求要比数据带宽更重要，所以令牌方式使用得更为广泛。

c　SIEMENS 数据通信技术

PROFIBUS 现场总线概述：PROFIBUS 根据应用特点分为 PROFIBUS – DP，PROFIBUS – FMS，PROFIBUS – PA 三个兼容版本。其中 PROFIBUS – DP 是一种经过优化的高速通信连接，专为自动控制系统和设备分散 I/O 之间通信设计，用于分布式控制系统的高速数据传输，其传输速率可达 12Mbit/s，一般构成单主站系统；PROFIBUS – FMS 主要解决车间级通用性通信任务，提供大量的通信服务，完成中等速度的循环和非循环通信任务，用于纺织工业、楼宇自动化，电气传动、传感器和执行器、可编程逻辑控制器、低压开关设备等一般自动化控制；PROFIBUS – PA 专为过程自动化设计，提供标准的本质安全传输技术，用于对安全性要求较高的场合及有总线供电的站点。FMS 和 DP 一般可混合使用。

PROFIBUS 基本特点：PROFIBUS 可使分散式数字化现场设备从现场底层到车间级网络化，该系统中站点分为主站和从站。

主站决定总线的数据通信，当主站得到总线控制权（令牌）时，没有外界请求时可以向其他站主动发送数据，也可以主动发送请求。在 PROFIBUS 协议中，主站也称为主动站（Active Stations）。典型主站为 PLC、PC 等。

从站是外围简单设备，典型的从站包括：传感器、阀门、变送器等。它们没有总线访问权，仅对接收到的信息给予确认或当主站请求时向主站发送信息。从站也称为被动站（Passive Stations）。由于从站只需总线协议的一小部分，所以实施起来比主站简单得多。

PROFIBUS 传输技术：由于单一的现场总线传输技术不可能满足所有的要求，因此 PROFIBUS 提供以下三种类型：DP 和 FMS 的 RS485 传输；PA 的 IEC1158 – 2 传输；光纤（FO）传输。

（1）DP 和 FMS 的 RS485 传输。RS485 采用屏蔽双绞铜线电缆，共用一根导线对。适用于需要高速传输和设施简单而又便宜的各个领域。在不使用中继器时，每段最多有 32

个站；使用中继器时最多可到 127 个站。传输速度可选用 9.6Kbps ~ 12Mbps，一旦设备投入运行，全部设备均须选用同一传输速度。

（2）PA 的 IEC1158 - 2 传输技术。IEC1158 - 2 传输技术能满足化工和石化工业的要求，可保证本质安全性并使现场设备通过总线供电。这是一种位同步协议，可进行无电流的连续传输。在不使用中继器时，每段最多有 32 个站；使用中继器时最多可到 126 个站。传输速度为 31.25Kbps。

（3）光纤传输。在电磁干扰很大的场合，可使用光纤导体以增长高速传输的最大距离。一种专用的总线插头可将 RS485 信号转换成光纤信号或光纤信号转换成 RS485 信号，这使得在同一系统中可同时使用 RS485 和光纤传输技术。

PROFIBUS 总线访问协议：PROFIBUS 的 DP、FMS、PA 采用单一的总线访问协议。在 PROFIBUS 中，该协议由第 2 层现场总线数据链路（FDL）实现。介质访问控制（MAC）规定了站点数据传输的方法，它必须确保在任何时刻只能有一个站点被允许发送数据。

PROFIBUS - DP：PROFIBUS - DP 用于设备级的高速数据传送。中央控制器（例如 PLC、PC）等通过串行总线和分散的现场设备（如 I/O、驱动器、阀门等）进行通信。多数数据通信采用周期方式。除周期通信方式外，智能现场设备也配置非周期通信方式，以进行配置、诊断和报警处理。由于本系统采用了 PROFIBUS - DP，下面对 PROFIBUS - DP 进行简要介绍。

PROFIBUS - DP 的基本功能：中央控制器周期地读取从站的输入信息并周期地向从站中写入输出信息。总线循环时间必须比中央控制器的程序循环时间短，以保证中央控制器可及时得到令牌。除了周期性用户数据传输外，PROFIBUS - DP 还提供了诊断和配置功能。数据通信可以由主站和从站进行监视。

PROFIBUS - DP 的基本特点及功能如下：

（1）传输技术：用 RS - 485 双绞线、双线电缆或光缆；波特率为 9.6Kbps ~ 12Mbps。

（2）总线访问方式：主站间采用令牌方式，主站和从站间用主 - 从方式；支持单主站或多主站系统；总线上主从设备站点数最大为 126 个。

（3）通信方式：点对点（用于用户数据传送）和多播（用于控制指令发布）；支持循环主从用户数据传送和非循环主 - 主数据传送。

（4）设备类型：分为三类。一类 DP 主站（DPM1）是中央可编程控制器（如 PLC、PC 等），DPM1 在制定的信息循环中和分散的站点（从站）交换信息；二类 DP 主站（DPM2）是可编程、可组态、可诊断的设备，DPM2 用于组态或操作、监视 DP 系统；DP 从站是带二进制或模拟输入输出的驱动器、阀门等外围设备。

（5）PROFIBUS - DP 的主要可实现功能为：DP 主站和 DP 从站间的循环数据传送；各 DP 从站的动态激活和停止；检查 DP 从站的组态；强有力的诊断功能，3 级诊断信息；输入/输出的同步；通过总线给 DP 从站赋予地址；通过总线组态 DP 主站（DPM1）；每个从站的最大输入、输出数据为 244 字节。

（6）运行模式：DP 的运行模式是由 PROFIBUS - DP 规范中对系统行为的详细描述来定义的，这种描述是为了保证设备的互换性。系统行为主要取决于 DPM1 的操作状态，这些状态可在本地或通过总线由组态设备控制，主要有以下三种状态：

1）运行：此时输入和输出数据循环传送。

2）清除：此时 DPM1 读取从站的输入信息，输出信息保持为故障 – 安全状态。

3）停止：此时只有主站间可以进行数据传送。DPM1 设备在预先设定的时间间隔内以多播方式将其状态发送给其所有的从站。对 DPM1 设备数据传输阶段的错误反应（如 DP 从站出错）决定于一个被称为"自动清除"的参数。如果该参数设置为真，一旦 DP 从站不再传输用户数据，DPM1 设备就处在清除状态。如果该参数为假，即使出现故障，DPM1 设备也保持运行状态，由操作者决定系统对故障的反映。

（7）同步：控制指令允许输入和输出的同步。输出同步是同步模式，输入同步是锁定模式。

（8）安全和保护机制：DP 中所有信息的传输具有海明距离 HD = 4；每个从站带有看门狗定时器；DP 从站的输入、输出带有访问保护；主站类型设备有可变监视定时器，可监视用户数据的传输。

（9）诊断功能：诊断功能使得 PROFIBUS – DP 能够快速定位出错位置。诊断信息在总线上传送并由主站收集。诊断信息被分为三类：站诊断，该类信息指示站的整体操作状态；模块诊断，该类信息指示在一个站的特定 I/O 模块出现故障；通道诊断，该类信息具体指示某一个模块的一个单独的通道（可为位或字节）出现故障，故障原因可同时指明，如温度过高，上限超越等。

（10）系统配置：PROFIBUS – DP 允许构成单主站和多主站系统，这为系统配置、组态提供了高度的灵活性。系统配置信息包括站数、站地址与标识和 I/O 口地址的分配、I/O 数据格式、诊断信息格式以及总线参数等。在单主站系统中，总线上只有一个站点作为活动主站。单主站系统可以获得最短总线循环时间。在多站系统中，几个主站可以同时连接到总线上。每个主站既可以和其指定的从站组成独立的子系统，也可以作为附加的组态和诊断设备。任何一个主站均可读取 DP 从站的输入和输出映像，但只有一个主站可对 DP 从站写入输出数据。多主站系统的总线循环时间比单主站长。

（11）DPM1 和 DP 从站之间的循环数据传输：DPM1 和其 DP 从站间的数据传输由 DPM1 按照定义的顺序自动执行。当系统组态时，操作者向 DPM1 指定 DP 从站，这些从站将被包括在用户数据循环传输中。DPM1 和 DP 从站间数据传输分为三个阶段：参数设置、组态、数据传输。

（12）DPM1 和组态设备之间的数据传输：PROFIBUS – DP 的主 – 主通信功能，该功能用于 DPM1 和编程或组态设备（DPM2）之间的通信。这些功能使用户可以通过总线组态 DPM1 设备。

除了上载、下载功能外，主 – 主通信功能允许动态使能和禁止 DPM1 和某个 DP 从站之间的用户数据传输。DPM1 的运行状态也可被改变。

PROFIBUS – DP 的扩展功能：DP 扩展功能允许非循环读写功能和并行于循环数据传输的中断确认。另外，诊断和操作控制站（DPM2）可以用此功能非循环访问从站的参数和测量数据。使用这些功能，PROFIBUS – DP 能够满足运行期间经常需要设置参数的复杂设备的要求，例如过程自动化的现场设备、智能操作控制设备、监视设备、变频器等。这些设备的参数和循环性测量数据相比很少改变。因此，和高速循环用户数据相比，这些参数的传输具有低优先级。

DP 的扩展功能可选，与 DP 基本功能相兼容。DP 扩展通常采用软件方法进行更新。以下分两个方面简介 DP 扩展功能：

（1）DPM1 和从站之间的扩展数据通信。DPM1 和 DP 从站之间的非循环通信功能是通过补充服务访问点 51 执行的。在该服务过程中，DPM1 与从站建立称为 MSAC_C1 的连接。连接的建立与 DPM1 和从站间的循环数据传输紧密地联系在一起。当连接成功建立后，DPM1 可以分别通过 MSCY_C1 和 MSAC_C1 连接执行循环数据传输和非循环数据传输。

1）DDLM 的非循环读写功能。这些功能用来读写从站中任何期望的数据块。第 2 层的 SRD 服务被使用。在 DDLM 读写请求被传送之后，主站用 SRD 报文探询从站，直到 DDLM 读写响应出现。

数据块的寻址假设 DP 从站的物理设计是模块式的或被内部结构化为逻辑功能单元（模块）的形式。此模型用于循环数据传送的 DP 基本功能，其中每个模块输入和输出字节数是常量，并在用户数据报文中按固定位置来传送。寻址基于标识符（即输入或输出，数据类型等），从站的所有标识报文组成从站的配置，并在启动时由 DPM1 进行检查。

该模型也用作新的非循环读写服务的基础。一切能进行读或写的数据块被认为是属于某个模块的。数据块通过槽号和索引进行寻址。每个数据块可以包括多达 256 个字节的数据。

涉及模块时，模块的槽号是指定的，模块槽号从 1 开始顺序递增分配，槽号 0 留给设备本身。

利用读写请求中的长度信息，可以读写数据块的一部分。如果数据块访问成功，DP 从站返回肯定的读写响应；否则 DP 从站给出否定的响应，并指出问题的准确类型。

2）报警确认。PROFIBUS – DP 的基本功能允许 DP 从站通过诊断信息自发地向主站传送事件。当诊断数据变化很快时，有必要将传送频率调整到 PLC 的速度。

（2）DPM2 与从站间的扩展数据传送。DP 扩展允许一个或几个 DPM2 对 DP 从站的任何数据块进行非循环读写服务。这种通信是面向连接的，称为 MSAC_C2。新的 MSAC_C2 用于在数据开始传输之前建立连接。从站用确认响应确认连接成功。

连接成功后，通过 DDLM_Read 和 LM_Write 服务，该连接就可以用于用户数据传输了，在用户数据传输之间，可以有任何长度的间歇。需要的话，在间歇期间，主站可以自动插入监视报文 Idle_PDUs。这样，MSAC_C2 连接具有连接的时间自动监视功能。从站上的服务访问点 40 ~ 48 和 DPM2 上的服务访问点 50 为 MSAC C2 连接保留。

5.2.4　智能化恒压供水控制的（软件设计）理论模型及实现

5.2.4.1　智能化恒压供水工作原理

以总出水管网水压作为控制目标，在工艺要求上，实际的供水压力不得超过设定压力 ±0.1kg 的范围。控制的基本思想是：先用变频器带动一台机组运行，如果在变频器频率输出的范围内，通过调节变频器的输出频率，能够达到供水的压力并实现恒压控制，则只需要一台机组在变频状态下运行即可。如果需水量增大，在变频器的最高输出频率下，一台机组已经无法达到供水的要求，则将这台机组切换到工频状态下运行，即直接用工业电网供电，工作频率为 50Hz，水泵机组在额定工作状态下运行。然后再用变频器启动另一台机组运行。这样操作直到能够满足供水需要的压力为止。相反的情况，如果需水量减少，变频器在最低输出频率下运行时实际供水压力仍高于设定压力，就需要把当前在工频状态下运行的一台机组停掉，而通过变频器输出频率的调节来满足供水的需要。

机组工作状态的转换是通过对机组接触器的开闭控制来实现的。每一个机组都有两个接触器：变频接触器、工频接触器，按照名称的意义，哪一个接触器闭合机组就在哪一种状态下工作。每一个机组都有两种控制方式：手动和自动控制方式。操作方式整体上有三种控制方式：手动和自动控制方式以及网络控制方式。为保证系统的安全性和对突发事件的及时处理，现场的手动控制方式优先级最高。

5.2.4.2　智能化恒压供水控制中的启动过程

A　自动控制方式中系统启动过程

自动控制方式下的启动过程如图 5 – 15 所示。就是当条件具备时，即有水泵机组可以在自动控制状态下运行时，用变频器启动一台机组运行，当一台机组无法满足供水需要时，就需要通过机组切换，增加机组数量。

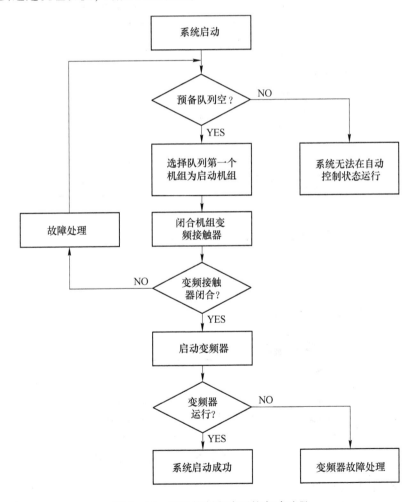

图 5 – 15　自动控制方式下的启动过程

B 机组切换过程

a 变频状态切换到工频状态

在机组切换的过程中，最重要也是控制上要求最严格的就是机组从变频运行状态下切换到工频运行状态的控制过程，这种切换是由 PLC 对机组变频接触器、工频接触器和变频器的控制来完成的。在这个过程中，每一个操作的先后顺序是不允许相互交换的，每一个判断条件的成立都必须是要严格保证的。否则有可能发生系统的短路故障，使整个系统产生毁灭性的故障。机组切换过程如图 5 - 16 所示。

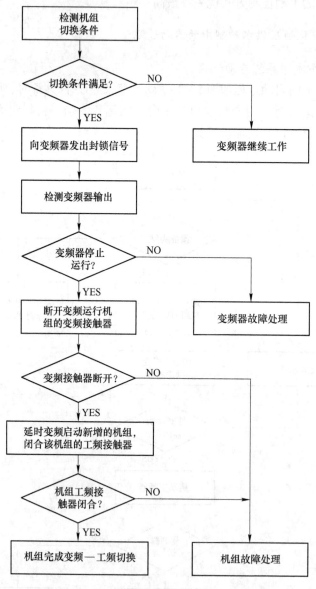

图 5 - 16 变频状态到工频状态的机组切换过程

b 工频状态到变频状态

在系统实际控制过程中，当需减少机组时，不采用将一台正处于变频状态运行的机组停掉，然后再将一台处于工频状态运行的机组切换为变频状态，而是直接停掉一台处于工频状态运行的机组，原处于变频状态运行的机组不停，也不切换。

5.2.4.3　智能化恒压供水控制的理论分析

A　变频器输出频率和供水压力的关系

在恒压控制中，供水压力是通过对变频器输出频率的控制来实现的。确定供水压力和变频器输出频率的关系是设计控制环节控制策略的基础，是确定控制算法的依据。

本系统所采用的水泵是离心泵，它是通过装有叶片的叶轮高速旋转来完成对水流的输送，也就是通过叶轮高速旋转带动水流高速旋转，靠水流产生的离心力将水流甩出去。把水泵配上管路以及一切附件后的系统称为"装置"，如图 5 - 17 所示。在控制系统的设计中，真正对系统的分析和设计有价值的是"装置"，而不是单个的水泵，本系统以"装置"作为分析的对象。

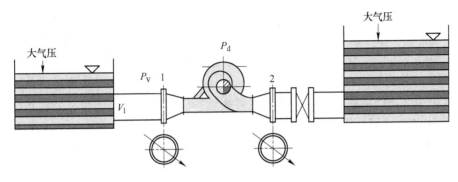

图 5 - 17　离心泵装置

当变频器的输出频率一定的情况下，当用户用水量增大，从而流量增大时，压力表的读数将会变小，即管网供水压力将会降低，为保持供水压力，就必须增大变频器的输出频率以提高水泵机组的转速；当用户的用水量减少时，流量减小，在变频器输出频率不变的情况下，管网的供水压力将会增大，为了减少供水压力，就必须降低变频器的输出频率以降低水泵机组的转速。由于用水量是始终在变化的，虽然在时段上具有一定的统计规律，但对精度要求很高的恒压控制来讲，在每一个时刻它都是一个随机变化的值，这就要求变频器的输出频率也要在一个动态的变化之中，依靠对频率的调节来动态地控制管网的供水压力。

B　智能化恒压控制的理论模型

智能化恒压控制在理论上是简单的跟随控制，以出口总管网水压为控制目标，在控制上实现出口总管网的实际供水压力跟随设定的供水压力。压力设定可任意给定，设定的供水压力是一个时间分段函数，在每一个时段内是一个常数。所以，在一个时段内，恒压控制的目标就是使出口总管网的实际供水压力维持为设定的供水压力。恒压控制原理如图 5 - 18 所示。

从恒压控制的原理图可看出，在系统运行过程中，如果实际供水压力低于设定压力，控制系统将得到正的压力差，这个差值经过计算和转换，计算出变频器输出频

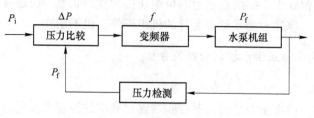

图 5-18　恒压控制原理图

率的增加值，将这个增量和变频器当前的输出值相加，得到变频器当前应该输出的频率，就是为了减小实际供水压力与设定压力的差值，使机组转速增大，实际供水压力提高，直到实际供水压力和设定压力相等为止。如果实际供水压力高于设定压力，情况刚好相反。

C　调节器的应用

单独的积分控制能够消除静差，但在控制的快速性上，积分控制却不如比例控制。为了既能够使控制的稳态精度提高，又能够动态响应快，把积分控制和比例控制结合起来，采用比例积分（PI）控制。由于系统的控制是通过 PLC 来实现的，所以并不需要系统再增加专门的 PI 控制器。

PI 算法中，比例项系数和积分项系数需要选择。同时，还要选择一个计算周期，即确定 PI 算法多长时间计算一次。参数的确定是要满足供水压力的精度，误差不超过 ±0.1kg 的要求。在实际应用中，参数主要是通过经验值和现场的调试来确定的。计算周期主要由恒压控制时，变频器输出频率升速时间来决定，并且考虑到正常工作时水压变化规律，在现场把它确定为 1s。之后根据经验，确定比例项和积分项系数的初始值，比值一般为 10：1，根据变频器输出频率在正常工作时的饱和情况和实际水压的波动情况，对它们慢慢调节，直到满意为止。

D　有限幅的恒压控制

工业现场的设备运行条件不可能满足理论推导，因为变频器输出频率的调节范围是有限的，不可能无限地增大和减小。水泵机组在运行过程中需要进行工作方式的切换，当正在变频状态下运行的机组切换到工频状态下运行时，只能在 50Hz 时进行。由于电网的限制以及变频器和电机工作频率的限制，50Hz 成为频率调节的上限频率。当变频器的输出频率已经到达 50Hz 时，即使实际供水压力仍然低于设定压力，也不能够再增加变频器的输出频率了。要增加实际供水压力，只能够通过水泵机组切换，增加运行机组数量来实现。另外，变频器输出频率不能够为负值，最低只能是 0Hz。在实际应用中，变频器输出频率是不可能通过恒压控制的算法使它降低到 0 的。当水泵机组运行，电机带动水泵向管网供水时，由于管网中的水压会反推水泵，给带动水泵运行的机组一个反向的力矩，同时这个水压也在一定程度上阻止水池中的水进入管网，因此，当电机运行频率下降到一个值时，水泵就已经抽不出水了，实际的供水压力也不会随着电机频率的下降而下降。这个频率在实际应用中就是电机运行的下限频率。这个频率远大于 0Hz。由于在变频运行状态下，水泵机组中电机的运行频率由变频器的输出频率决定，这个下限频率也就成为变频器频率调节的下限频率。因此，实际用于现场的是有限幅的恒压控制。控制系统中需要确定下限频率，PI 调节器传送给变频器的输出频率，必须在频率的上下限之间。在系统中，当设定压力大幅度变化或由于用水量的突然变化引起供水压力差大幅度变化时，都会引起压力差的大幅度变化，这种变化经过 PI 算法中积分项的累积后，会要求变频器输出的频率值超过上下限频率，而变频器输出的频率值不能超过上下限频率，不能直接输出计算出的控制值，从而影响到控制效果。这种情况主要是由积分项的存在引起的，它使 PI 运算"饱和"，称为"积分饱和"。"积分饱和"增加了系统的调整时间和超调量，成为"饱和效应"，对控制不利。系统中上下限频率的存在与遇限削弱积分防止积分饱和的判断条件完全吻合，故可采用遇限削弱积分法：遇限削弱积分法的基本思想是：当控制量进入饱和区后，只执行削弱积分项的累加。也就是在计算输出频率值时，先判断变频器当前的输出频率是否超过了限制范围，若已经等于上限频率；则只累计负偏差；若已经等于下限频率，则只累计正偏差。这种方法可以避免输出频率长时间停留在极限值上。

E 机组切换时机的选择和回滞环的应用

a 机组切换时机分析

从上面的分析可知，当变频器的输出频率已经到达上限频率，而实际供水压力仍然低于设定压力时，PI 调节器实际上已经停止计算。存在的压力差已经不能使输出频率增大，实际供水压力也不会提高。当变频器的输出频率已经下降到下限频率，而实际供水压力仍然高于设定压力时，PI 调节器实际上已经停止计算。存在的压力差已经不能使输出频率降低。所以，选择这两个时刻作为水泵机组切换的时机是合理的，但应考虑下述问题。在讨论前，先将上述判断条件简写如下：

（1）$f = f_{UP}$，$P_s > P_f$。

（2）$f = f_{LOW}$，$P_s < P_f$。

其中，f_{UP} 为上限频率；f_{LOW} 为下限频率；P_s 为实际供水压力；P_f 为设定供水压力。

对于第一个判断条件，可能出现这种情况：输出频率达到上限频率时，实际供水压力在设定供水压力上下波动。在这种情况下，如果按照上面的判断条件，只要条件一满足就进行机组切换，很可能由于新增加了一台机组运行，供水压力一下就超过了设定压力。并且使新投入运行的机组几乎在变频器输出频率的下限运行，对供水作用很小。在极端的情况下，运行机组增加后，实际供水压力超过设定供水压力，而新增加的机组在变频器输出频率的下限运行，此时又满足了机组切换的停机条件，需要将一个在工频状态下运行的机组停掉。假设这一段时间内用水状况保持不变，那么按照要求停掉了一个工频状态下运行的机组后，机组的整体运行情况与增加运行机组之前完全相同。可以预见，如果用水状况不变，供水泵站中的所有能够自动投切的机组将一直这样"投入→切出→再投入→再切出"循环下去。这增加了机组切换的次数，使系统一直处于不稳定的状态之中。同时，在切换过程和变频器从启动到稳定的过程中，系统的供水情况是不稳定的，实际供水压力也会在很大的压力范围内震荡。这样的工作状态既无法提供稳定可靠的供水压力，也使得机组由于相互切换频繁而增大磨损，减少运行寿命。

对于第二个判断条件，通过相同的讨论方法也能够得到类似的结论。

所以，在实际应用中，应当在确实需要机组进行切换的时候才进行机组的切换。对上述两个判断条件进行适当修改，增加回滞环的应用和判断条件的延时。

b　回滞环的应用

回滞环又称滞回比较器，即 Shmilt 触发器，如图 5-19 所示，是在模拟电路中为了提高比较器的抗干扰性能而出现的。如图所示为回滞环的电压传输特性，若 U_i 由很负的值（比下门限 U_{LT} 还要小）逐渐增大，U_0 开始为 $+U_z$，所以在同相端的门限应为 U_{HT}，当 U_i 增大到 U_{HT} 时，就从 U_z 跳变到 $-U_z$，此时，门限也随之变为 U_{LT}；若 U_i 再往回减小，则当 U_i 减小到 U_{LT} 时，U_0 就又从 $-U_z$ 跳回到 U_z。上下门限之差 U_H 称为滞后。

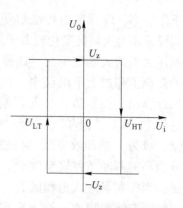

图 5-19　回滞环

在恒压供水中，机组的切换分为机组增加与机组减少两种情况，这两种情况由于变频器输出频率与供水压力的不同逻辑关系相对应。所以，在采用回滞环进行判别时，需要将上述的回滞环进行修改。考虑到只有当变频器输出频率在上下限频率时才可能发生切换，并且上限频率时不可能减泵，下限频率时不可能增泵，所以，可将采用了回滞环思想进行判别的条件如图 5-20 所示。

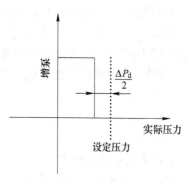

上限频率的情况

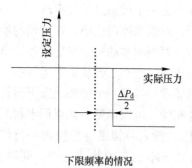

下限频率的情况

图 5-20　修改后的回滞环

c　确定机组切换时机

回滞环的应用提供了这样一个保障，即如果切换的判断条件满足，那就说明此时实际供水压力在当前机组的运行状况下满足不了设定的要求。但这个判断条件的满足也不能够完全证明当前确实需要进行机组切换，因此有两种情况可能使判断条件的成立有问题：

（1）实际供水压力超调的影响。

（2）现场的干扰使实际供水压力的测量值有尖峰。

这两种情况都可能使机组切换的判断条件在一个比较短的时间内满足，造成判断上的失误，引起机组切换的误操作。这两种情况有一个共同的特点，即它们维持的时间短，只能够使机组切换的判断条件在一个瞬间满足。根据这个特点，在判断条件中加入延时的判断就显得十分重要。

所谓延时判断，是指仅满足频率和压力的判断条件是不够的，如果真的要进行机组切换，切换所要求的频率和压力的判断条件必须成立并且能够维持一段时间，比如 2~3min，如果在这段延时的时间内切换条件一直成立，则进行实际的机组切换操作；如果切换条件不能够维持延时时间的要求，说明判断条件的满足只是暂时的，如果进行机组切换将可能引起一系列多余的切换操作。因此，将实际的机组切换定为：

增泵条件：$f=f_{UP}$，　$P_f < P_s - (\Delta P_d/2)$ 并且延时判断成立。

减泵条件：$f=f_{LOW}$，$P_f > P_s + (\Delta P_d/2)$ 并且延时判断成立。

其中，f_{UP} 为上限频率；f_{LOW} 为下限频率；P_f 为实际供水压力；P_s 为设定供水压力；$\Delta P_d/2$ 为延时时间。

说明：如果变频器的输出为上限频率，则只有当实际的供水压力低于比设定压力小 $(\Delta P_d)/2$ 的时候才允许进行机组增加；如果变频器的输出为下限频率，则只有当实际的供水压力高于比设定压力大 $(\Delta P_d)/2$ 的时候才允许进行机组减少。

F　智能化控制算法的实现

在控制系统中，智能化控制算法要由软件实现。在连续时间域内，智能化控制算法为：

$$\Delta f = K_p \Delta P + K_i \int \Delta P_{dt}$$

在软件实现时，将其改写为数字表达式：

$$\Delta f(n) = K_p \Delta P(n) + K_i \sum_{j=0}^{n} \Delta P(j)$$

程序实现算法如图 5 – 21 所示。

G　机组的增减选择

机组的增减选择是指：需要增加机组时应该启动哪一个机组投入运行，需要减少机组时应该停止哪一个机组。为了使 5 台水泵机组在整个工作过程中能够磨损均匀，在机组的选择上应采用一个比较科学的选择方法。

在供水过程中，考虑到供水量和供水压力是有一定规律的，有高峰期和低谷期，在系统的实现中，采用有周期性规律的先入先出的选择方式。即先投入运行的机组先停机，后投入运行的后停机。这样形成一个循环的次序。可能从一天，或特定的某一个时段来看，机组的运行并不平均，但从长期运行的统计来看，该方法能够使机组运行时间基本相当。

先入先出的算法是指：元素入列时将其放在队列当前最后一个元素之后，元素出列时从队列当前的头元素开始。这样的处理就使得先入列的元素先出列，后入列的元素后出列。下面是根据实际情况和实际的要求作适当变通的处理方法。

将机组排列次序依次编号为 1、2、3、4、5。需要建立的队列中最多只有 5 个不同的元素，在具体实现时，需要建立两个队列，一个队列用来记录可以在增加机组时立即投入运行的机组，称为预备队列；另一个队列用来记录在减少机组时可以停机的队列，称为运行队列。由于整个系统对同时运行的机组有数量上的限制，所以在队列中增加一个统计元素，用来动态记录当前队列中有效元素的个数。即；对预备队列来说，它的统计元素记录可以投入自动运行的机组个数，当前这些机组都处于停止状态；对运行队列来说，它的统计元素用来记录当前在需要减少运行机组时可以立刻停机的机组个数，当前这些机组都处于自动控制方式，在工频状态下运行。具体形式见表 5 – 2。

表 5 – 2　运行队列

1 号运行机组	2 号运行机组	3 号运行机组	4 号运行机组	5 号运行机组	运行机组数
预备队列					
1 号预备机组	2 号预备机组	3 号预备机组	4 号预备机组	5 号预备机组	预备机组数

注：当需要减少机组时，是把工频运行的机组停掉，而不是把变频运行的机组停掉。

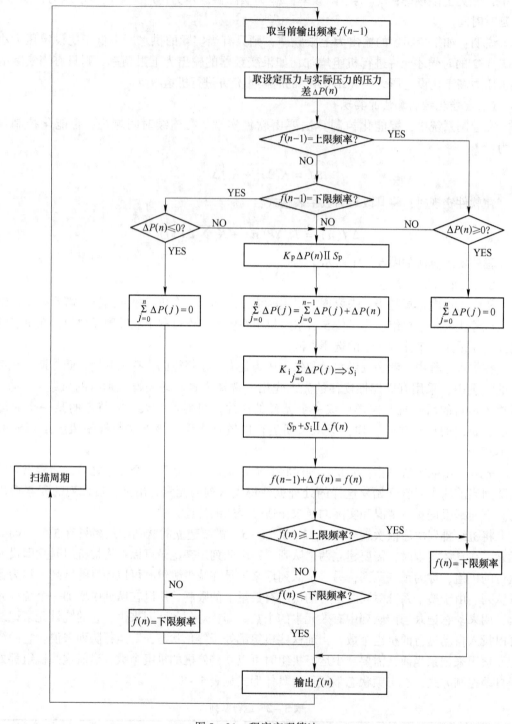

图 5 - 21　程序实现算法

注：为什么在运行队列中只包括工频运行的机组，而不包括变频状态下运行的机组。由于系统要满足恒压供水的需要，所以在系统自动运行的正常情况下，总是要有机组运

行。如果当前既有机组变频运行，又有机组工频运行，按照切换的原则，需要减少机组时要把工频运行的机组停掉，而不是把变频运行的机组停掉。当工频运行的机组已经全部停掉，只有一台机组在变频状态下运行时，如果此时还会产生减少机组运行的条件，那只能说明是供水的设定压力出了问题，或者是压力变送器出了问题。从前面机组切换的时机可以知道，当需要减少机组运行时，变频器的输出频率是下限频率，在这种情况下，机组的供水十分有限，供水压力很低，这样的供水压力是不可能满足供水的要求的。所以也就没有必要把变频运行的机组放入运行队列中。

队列的处理包括队列元素的增加和减少，对于每一个队列都对应着两个处理函数，一个用于队列元素的增加，一个用于队列元素的减少。这两个函数只进行队列操作的处理，而不对操作的元素进行判断。对元素进行判断的任务，是通过对这些函数有条件的调用来实现的。在调用条件中，包含了对队列元素进行筛选的功能。

队列处理的算法如下：

（1）运行队列增加。流程图如图 5 – 22 所示。

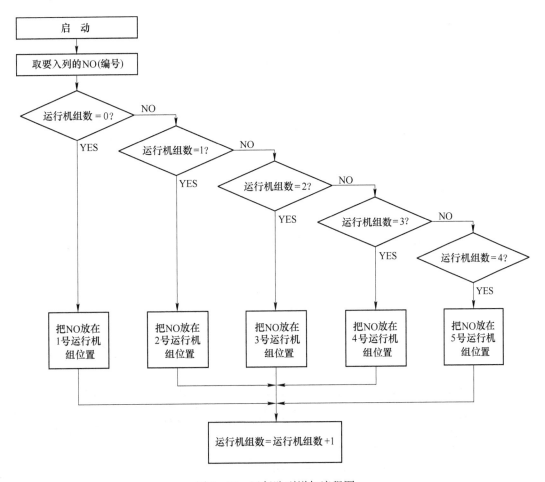

图 5 – 22　运行队列增加流程图

（2）运行队列减少。流程图如图 5 – 23 所示。

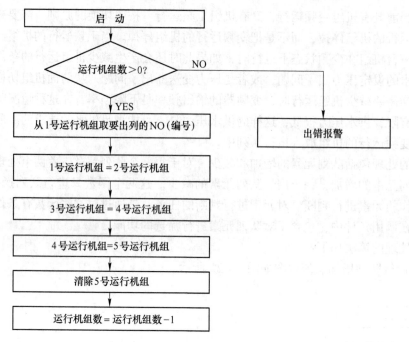

图 5 - 23　运行队列减少

（3）预备队列增加。流程图如图 5 - 24 所示。

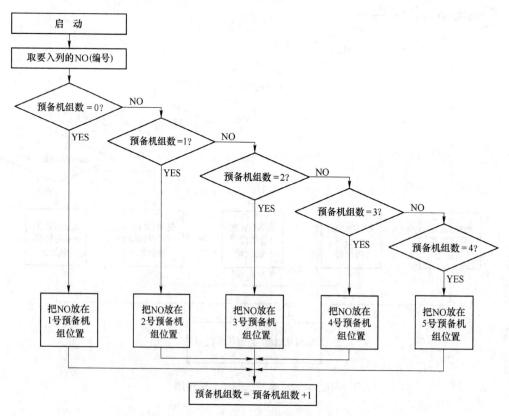

图 5 - 24　预备队列增加流程图

（4）预备队列减少。流程图如图 5 - 25 所示。

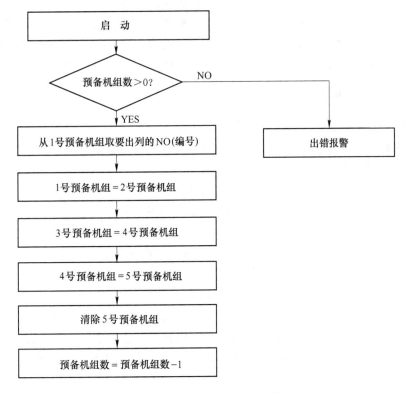

图 5 - 25　预备机组减少流程图

（5）运行机组数量的限制。

两个因素需要考虑：供水时，多少个机组运行就能够满足正常供水的需要；变压器容量允许多少个机组同时运行。必须按照机组同时运行台数的要求对切换的算法进行严格限制。这个限制条件的实现包括两个方面；一是对设定供水压力的限制，二是对当前所有机组运行状态的判断，在这个判断的基础上对机组的增减判断条件进行限制。下面分别说明：

限制供水压力的设定：

设定的供水压力是恒压供水系统供水的目标压力。如果压力设定得太高，机组满负荷运行都实现不了，就会产生增泵的要求，产生错误。避免这种情况的最好办法就是限制设定压力的调节范围，使它只能在正常的压力范围内变化。从而大大减少人为的压力设定产生的错误。

限制机组增减判断条件：

仅仅对设定压力进行限制是不够的，因为系统在运行过程中什么故障都有可能发生。假设压力变送器发生了故障，采集的压力数据比实际的供水压力要低得多，还是会产生上面提到的要增加机组，供水压力又超出实际需要的矛盾情况。所以，还要有一种更有保障的限制方式，索性就以运行台数作为限制的目标，限制机组运行的总台数，如已达限制台数，无论如何都不允许再增加另一台机组。

时刻检测所有机组的运行状况。机组运行的状态分为手动控制方式下软启动运行、工频运行和自动控制方式下变频运行、工频运行四种状态；机组的非运行状态分为手动控制方式下的停止状态、故障状态和自动控制方式下的停止状态、故障状态。用于状态判别的算法在每一个扫描周期内都对机组的这些状态进行监视，记录已经运行的机组台数，用来决定当满足压力判别的结果，是否可以再增加一台机组。

5.2.4.4　系统信息安全

A　信息安全的范围

本网络系统在进行信息安全设计时，其信息安全范围主要考虑以下 5 个方面：

（1）实体安全：包括主服务器、现场工作站。

（2）软件安全：包括访问安全控制、病毒的防范、软件开发的安全考虑。

（3）人员安全：包括进出机房人员的管制、使用或操控人员的安全训练与道德教育，离职人员的控管。

（4）系统安全：包括系统嵌入程序的安全设计、系统资源的备份、系统遭受意外的恢复、系统的访问记录，攻击的识别与避免。

（5）网络安全：包括防火墙策略、身份验证。

B　网络安全技术

在任何一个网络中，计算机系统、网络和数据处理设备都是至关重要的资源，但是对一个公司来说也可能会带来潜在的安全隐患。现在许多公司采用了一种跨越不同地点（有时可能位于不同的洲）的开放互联网工作系统。由于全球网络结构的分散性，事实上任何人都可以对其进行访问，这样对数据传输的安全性、保密性和完整性的要求变得日益严格。数据的安全问题包含下面几个方面的内容：

（1）信息的保密性和完整性，例如第三方决不能访问和操纵数据。

（2）此外，必须保证通信信息是经过认定和授权过的信息，必须准确无误地对访问者的身份进行认定。

（3）在任何时刻信息的获取和系统功能都必须得到认可。

单一的安全措施不足以应付所遇到的安全隐患。一个全面的安全问题解决方案应结合各种不同的保护措施来防止未被授权用户对机密数据的访问。可以采用下面安全产品和软件，例如防火墙系统，安全扫描器和入侵检测系统，或者各种加密软件和相对安全的通信协议。

a　防火墙

防火墙是一种访问控制技术，其原理是在局域网和外部公共网络之间设立一道隔离墙，对用户提出的服务请求进行审查，其目标是使私有网络用户（Intranet）尽可能容易的访问公用网络（Internet），同时又可以防止用户自己的数据被未授权的外来者非法获取。防火墙通常由多个硬件和软件组成，它们可以由内部用户进行功能设定，并且可以按照用户需要的功能来进行安全认证。防火墙可以防止未经过授权或未通过认证的用户对本地网进行访问，也可以控制对分发数据和网络资源的访问。并能对所有访问活动进行记录。实现防火墙的主要技术如下：

（1）数据包过滤防火墙。包过滤（Packet Filter）技术是在 OSI 架构的网络层与传输层中对数据包实施有选择的通过。依据系统内事先设定的过滤逻辑，检查数据流中每个数据包后，根据数据包的源地址、目的地址、所有的端口号及数据包头中的各种标志位等因素来确定是否允许数据包通过，其核心是安全策略即过滤算法的设计。数据包过滤防火墙逻辑简单，价格便宜，易于安装和使用，网络性能和透明性好，它通常安装在路由器上。

（2）应用网关防火墙。应用网关防火墙又称为代理服务防火墙，应用网关（Application Gateway）技术建立在 OSI 架构的应用层上的协议过滤，他在要保护的网络系统与外界访问之间建立一个虚拟连接，功能类似于一个数据转发器，用户对网络系统的访问通过应用网关进行检查，即使连接建立，其通信工作也是由应用网关为代理者转送数据，它针对特别的网络应用服务协议即数据过滤协议，并且能够对数据包分析，登记和统计并形成相关的报告。内部网络只接受代理提出的服务请求，拒绝外部网络其他接点的直接请求，从而达到隔离防火墙内外计算机系统的作用。其优点是把内外网络系统隔离开来，对外起保护内部结构的作用，从而增强了网络的安全性。实际中的应用网关通常安装在专用工作站系统上。

（3）综合防火墙。为了使安全性达到更高的要求，常把基于包过滤的方法技术与基于应用代理技术的方法结合起来，形成复合型防火墙。

　b　安全扫描器

安全扫描器的目标是检测低质量软件产品，管理员和用户操作所引起的安全隐患。它起到事先防范的作用（指事故发生前对用户进行报警），对相应安全隐患评估定量为：这个安全隐患是否已经超过各个站点规定的安全警戒线，需要系统管理员采取相应措施来挽救这个站点。在正常的情况下，安全扫描的结果把所有薄弱环节详细报告，使系统管理员采取相应措施来更新防火墙，操作系统或配置软件。

　c　入侵检测系统

入侵检测系统是网络安全系统的一个重要组成部分，这些旧系统可以监测对系统的侵入，比如它可以运用特殊的签名模式来监控对网络和系统可疑或恶意的行为。

由于有了安全扫描器，基于网络和基于主机的监测系统功能存在一定的差异，网络 ID 系统可以在防火墙之前和之后立即发现网络的阻塞，因此它可以及时阻止网络入侵并提供进一步的防范措施。依靠上述的解决方案，可采取多种防范措施，如通过电子邮件、寻呼机或 SNMP 给系统管理员发出警告；利用 TCP 的复位功能或防火墙的动态重配置可以迅速地阻止非善意行为的访问。

　d　加密

数据可以使用加密技术进行加密并通过特殊形式进行传输，没有解码的人是无法得到解密的数据。这意味着需保密的数据可以在不安全的网络中传输或在存储媒质上无法任意读取。

　e　虚拟专用网络（VPN）

对于那些在多处办公或其职员具有高流动性的公司来说，如果租用专线或使用长途呼叫设备进行联系，那么公司的通信成本会不断激增。这就是为什么越来越多的公司建立 VPN 系统，因为此系统采用隧道技术和其他多种安全措施，可以保证机密数据如通过因特网在公共 IP 网络上安全地传输。

隧道是指将一个协议嵌入到另一个协议中，一般适用于以下情况：当两个网络同时使用一个不兼容的暂时网络或者它们由一个第三方的网络控制，隧道技术可以在 IP 的环境中传输任何协议。众所周知的隧道传输协议有 PPTP（点对点隧道传输协议）和 L2TP（第二层隧道传输协议）。

C　系统信息安全设计

a　组成

本系统构建了一个基于防火端的网络安全体制，采用包过滤和应用网关两种技术，如图 5 - 26 所示为防火墙系统。

图 5 - 26　防火墙系统

该防火墙系统由一个代理服务器和一个包过滤主机组成。代理服务器上实现网络访问服务的代理功能，它本身具有的用户身份认证模块和监控记录模块分别对用户合法性进行认证，并对所有数据流进行监控记录，依据目的 IP、源 IP 地址和身份验证控制内外网络访问权限。包过滤主机连接代理服务器和外部网络，实现 IP 包过滤规则。

系统中的代理服务器由应用软件 WinGate 完成，WinGate 是一个优秀的代理服务器软件，它不仅具有强大的代理功能，而且防火墙功能也非常出众。在安装好代理服务器后，再设计一个代理服务器配置文件，代理服务器根据该配置文件的源 IP 地址、目的 IP 地址和身份验证控制内外网络的访问权限，利用监控记录模块实现对所有数据流的监控，以提供网管所需的各种数据；系统中的包过滤主机由路由器硬件实现，通过设置路由器的过滤规则，对 IP 包进行审查，实现对 IP 包的过滤，其核心就是过滤规则的制定，包括过滤算法执行的顺序、IP 地址筛选规则、ACK 位的设置及协议类型等。

本防火墙系统中由过滤主机提供第一级保护，再由代理服务器提供更高级的安全防护机制；一个工作在网络层的安全过滤防护，一个是工作在应用层的代理网关服务，提供比包过滤路由器更严格的安全策略。从而实现了一个安全可靠的防火墙系统。

b　路由器的设置

在完成了计算机网卡设定后，进入路由器设定阶段。打开桌面上的"INTERNET Explorer"图标。

在地址栏输入"192. 168. 1. 1"，并击回车键，当出现有"文件名"，"密码"的提示窗口时，在用户名处输入"admin"，在密码处输入"admin"（出厂默认值），并点击确定。在图片中按"上网向导"选择您的外网类型和设置。

在"网络参数"菜单下面，共有"LAN 口设置""MAC 地址克隆"和"PPPOE"设置三个子项。单击某个子项，即可进行相应的功能设置。

c　WEB 的发布

WEB 的发布分以下几步：

（1）首先设好本机 IP 地址。例如：

IP 地址：　　　　61. 157. 174. 85

子网掩码：　　　255. 255. 255. 248

网关：　　　　　61. 157. 174. 81

DNS：　　　　　61. 139. 2. 69

（2）建立 WEB 站点。打开 WinCC 资源管理器，右键点击 WEB 浏览器，选择 WEB 组态器，按提示操作，选择上面设定的 IP 地址作为 WEB 站点的地址。

（3）设置用户。在 WinCC 资源管理器，右键点击 WEB 浏览器，选择 WEB 管理器，添加用户和密码，并设置用户权限。

（4）发布页面。在 WinCC 资源管理器，右键点击 WEB 浏览器，选择 WEB 页面发布器，按提示操作，将要发布的页面转化成网页。

（5）运行 WinCC，则在其他计算机上可通过浏览器监控系统。

d　WinCC 中设置不同人员的不同权限

通过 Windows 管理可限制对工作文件夹的访问权限：

（1）关闭 WinCC 和所有的 WinCC 组件。

（2）打开 Windows 下的工作站管理。

（3）在浏览窗口中选择条目"共享文件夹" > "共享"。数据窗口将显示所有未锁定的文件夹。"SCRIPTFCT"文件夹以及具有名称"WinCC60_ Project_ Projek tname"的文件夹均属于 WinCC。

（4）使用未锁定 WinCC 文件夹的弹出菜单打开"属性"对话框。

（5）将本地 WinCC 组添加给未锁定的授权标签，并定义所需要的授权。

（6）如果有必要，可删除用户组"每个用户"或限制该组的授权。为此，可删除授权"完全控制"和"可修改"。

（7）如果需要，可定义未锁定文件夹中其他用户的授权。

5.2.4.5　系统程序实现

系统程序的实现包括 PLC 程序的实现和 WinCC 上位机组态软件的实现两个部分，下面将依次对这两个部分的实现进行具体介绍。

A　PLC 程序的实现

本系统采用了西门子公司生产的 S7 - 300 PLC，S7 - 300 是中型的 PLC，它的各个功能模块是独立的，根据设计的需要购买，并通过导轨，底板总线，必要的时候用扩展模块将它们连接在一起。其程序设计采用 STEP 7。S7 - 300 PLC 主要技术指标：

CPU 315 - 2DP。

开关量：1024 个输出/1024 个输入。

模拟量：128 个通道模拟量（12 ~ 16 位）。

语句：64k。

指令处理时间：0. 6bps ~ 12Mbps。

通信：PROFIBUS - DP 1. 5Mbps 以太网 CP1613。

a　STEP 7 编程软件简介

主要任务包括：

（1）硬件的组态与参数设置。

（2）通信的定义。

（3）编写用户程序。

（4）测试、启动与维护。

（5）文件建档。

为生成用户程序 STEP 7 提供了下列三种标准化编程语言：语句表（STL）、梯形图（LAD）、功能方框图（FBD），用户可选择最适于工作任务和自身条件的语言编程。

特点分为以下几点：

（1）软件为用户提供了全面而综合的帮助功能，使用户能在较短的时间内快速了解全部系统。STEP 7 编程语言提供了非常丰富的指令集，它使复杂功能的编程变得简单快捷。

（2）提供了结构化的程序设计方法：STEP 7 以模块形式管理用户编写的程序和数据，可以通过调用语句将它们组成结构化的用户程序，增加了程序的可读性和易维护性。

（3）系统为用户提供了大量预先编制的功能块，用户可直接使用这些功能块，从而大大缩短了编程时间。

（4）数据采取集中存贮方式，仅需输入一次所有的软件单元即可得到。

（5）符号由一个统一的符号表进行管理。

（6）编写用户程序可在 PC 机上进行，编程语言可采用梯形图方式。既可使用 MPI 口或 Profibus 网在线编程也可离线进行。程序调试完毕后用锁保护钥匙进行程序锁存保护，并把调试好的程序下装到 FLASH 卡后插入 CPU 中作为程序后备。

（7）STEP 7 软件具备硬件组态、梯形图编程、语句表编程、SCL 高级语言编程、CFC 功能块等多种编程方式。其中，SCL 高级语言编程功能可实现复杂算法的编制及"KnowHow" 保护措施等实用技术。WinCC 本身未提供声音报警功能，但其内嵌的 C 编译器可调用动态链接库函数，通过调用在 winmm. dll 库中的 sndPlaySoundA 函数实现了多媒体声音报警功能。

STEP 7 的程序模块分为：

（1）OB（Organization Blocks）组织块，操作系统和用户程序的接口，由系统事件通过中断来驱动。其中 OB1 是 PLC 程序的主循环模块，操作系统通过循环调用 OB1 模块来循环执行用户程序。

（2）FC（Function）功能用来设计用户程序，它没有自己的存储空间，在调用时必须指定实际的参数。

（3）FB（Function Blocks）功能块用来设计用户程序，它有自己的存储空间。

（4）DB（Data Blocks）数据块不包含程序指令，只是用来保存用户数据，一般情况下它作为 FB 模块的数据区，用来存储 FB 模块的运行参数。

（5）SFC（System Functions）系统功能与 FC 相似，只不过是由系统提供的一些常用基本功能。

（6）SFB（System Function Blocks）系统功能块功能与 FB 相似，是由系统提供的。

PLC 编程步骤如下：

（1）PLC 系统组态：配置 PLC 的 CPU、I/O 类型和地址、配置扩展机架。

（2）DP 系统组态：配置集成 DP 的网络、网络地址和分布式 I/O 类型和地址、DP 总线设备。

（3）PLC 程序：编写 PLC 的各种程序、模块（OB、FB、FC 等）。

主站硬件组态：

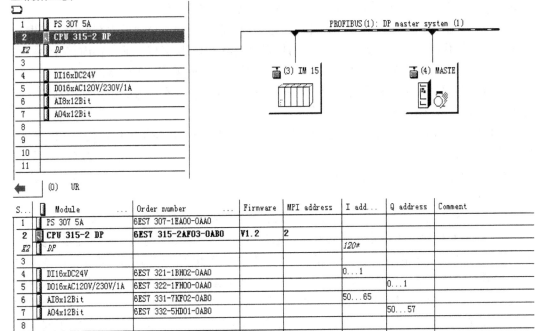

S...		Module	...	Order number	...	Firmware	MPI address	I add...	Q address	Comment
1		PS 307 5A		6ES7 307-1EA00-0AA0						
2		CPU 315-2 DP		6ES7 315-2AF03-0AB0		V1.2	2			
X2		DP						120*		
3										
4		DI16xDC24V		6ES7 321-1BH02-0AA0				0...1		
5		DO16xAC120V/230V/1A		6ES7 322-1FH00-0AA0					0...1	
6		AI8x12Bit		6ES7 331-7KF02-0AB0				50...65		
7		AO4x12Bit		6ES7 332-5HD01-0AB0					50...57	
8										
9										
10										
11										

从站硬件组态：

(3)　IM 153-1

S...		Module	...	Order Number	I Add...	Q Address	Comment
4		DI16xDC24V		6ES7 321-1BH02-0AA0	2...3		
5		DI16xDC24V		6ES7 321-1BH02-0AA0	4...5		
6		DO16xAC120V/230V/1A	6ES7 322-1FH00-0AA0		2...3	
7		DO16xAC120V/230V/1A	6ES7 322-1FH00-0AA0		4...5	
8		DI16xDC24V		6ES7 321-1BH00-0AA0	6...7		
9							
10							
11							

变频器硬件组态：

(4)　MASTERDRIVES CBPx

S...		Module	...	Order number	...	I Add...	Q Address	Comment
0		0		PPO 4: 0 PKW | 6 PZD				
1		6AE		--> PPO 4: 0 PKW | 6 PZD	80...91	80...91	
2								
3								

　　b　采用面向对象的程序设计方法

PLC 的程序设计同其他的程序设计一样，整个过程可以分为需求分析、功能设置、程序实现、调试运行和系统维护及功能扩展这些阶段。所不同的是 PLC 通用的程序设计语言是梯形图，并且偏重于逻辑设计，PLC 程序设计中由于每个人设计的习惯不同，个人特色的印记很浓，使得程序的可读性差，这为以后的系统维护和功能扩展带来很大麻烦。所以，本系统在程序实现时借鉴了已成功应用于其他程序设计语言的面向对象的方法，以提高 PLC 程序的质量，为大型 PLC 程序的集体开发提供可靠保障。

可行性分析：面向对象的程序设计是通过为数据和代码建立分块的内存区域来提供对程序进行模块化的一种程序方法。对象是计算机内存中的一块区域，通过将内存分块，每个模块及对象在功能上相互之间保持相对独立，对象之间只能通过函数调用相互通信。一个对象可以调用另一个对象中的函数，这样，对象之间的相互作用方式是仔细控制的，外部于一个对象的代码就没有机会通过直接修改对象的内存区域妨碍对象发挥其功能。

STEP 7 的功能模块在前面已经介绍过了，其中，FB 和 DB 模块的使用使在 PLC 程序中采用面向对象的程序设计方法成为可能。由于 STEP 7 并不是面向对象的程序设计语言，所以在借鉴面向对象的方法时要根据 STEP 7 的特点做相应的取舍或变通，使两者的结合发挥最大的性能。

FB 和 DB 模块总是相互依赖的，FB 模块在运行时必须为其指定 DB 模块。

在设计 FB 模块时可以指定输入变量，输出变量，STATIC 类变量和暂时变量，其中，输入变量，输出变量和 STATIC 类变量在为 FB 模块指定相应的 DB 块时会在 DB 模块中自动生成类型和名称完全相同的变量，在程序运行的过程中，需要的 DB 模块会被调入内存并且不同的 DB 模块在内存中对应不同的存储区域。这样，即使对应于同一个 FB 模块的 DB 模块，在运行时也不会相互干扰，换句话说，由于相同的 FB 代码在内存的不同数据区域（即调入内存的不同的 DB 模块所建立的数据区）上运行，它的初始条件、中间状态及运行结果都不相同，这些不同的数据由于对应不同的数据区域而相互独立，并不会因为具有相同的运行代码而相互干扰。对应于面向对象的设计方法，FB 模块就相当于一个类，它的输入变量、输出变量和 STATIC 类变量就是类中封装的数据，它用于功能实现的代码就是类的代码，而 DB 模块就是对应于类 FB 模块的对象，它其中包含与各个对象自身相关的数据。对应于同一个 FB 模块的不同的 DB 模块就相应于同一个类的不同对象，它们共用相同的代码但保存不同的运行结果。

在对象之间进行通信时，根据 PLC 程序偏重于逻辑设计的特点和 STEP 7 的限制，并不采用类方法调用的方式对需要通信的数据进行读取，而是建立一个系统的全局数据区域。这个区域用于存放各个对象的输入输出数据，用于对象间或系统与对象间的信息交换，这相当于把对象通信的函数浓缩成变量的方式集中存放，由于存放于全局数据区域的数据是由对象严格规范的，这使得对象之间进行通信时不需要知道这些数据在对象内部是如何处理的，从而使对象之间相互独立。

面向对象程序设计方法的实现应注意以下几项：

（1）类的抽象。根据具体设备控制的要求，由于系统中同一类设备的控制方法、信号反馈、故障检测等操作相同或相似，所以，在设计中很自然地把同一类设备如水泵机组作为同一个类。对于其中功能和操作不同的地方，采用输入参数判别的方法加以区分。即在输入参数中设计一个类型判别的参数，当控制存在差别时，用来在 FB 模块内选择不同的实现方法，对于功能相同的部分则不需要这种判断，同一类的设备可以共用相同的代码，这样，实现的 FB 模块就是这类设备的实现代码，功能上的差别通过我们在流程中调用 FB 模块时赋上不同的判别参数来实现。而对于流程的设计，只需要在流程的模块程序中调用它所包含的所有设备的对象即可，设备之间的相互制约关系由各个类通过输入输出参数之间的通信来实现。这样，流程的实现只是设备模块调用的简单罗列而已。如果对每一个设备都编写一个模块，那么当设备的功能需要修改时，同一类的设备要修改很多模块，这是最容易产生混淆的地方。而采用了类抽象的方法，同一类的设备只有一个模块，功能的修改只要进行一次，修改起来非常容易，这为系统的开发和调试带来了极大的方便。

（2）封装的实现。由于在设计 FB 模块时可以指定相关参数，而 FB 模块的程序通过对参数的使用来实现其控制功能，所以可以用指定参数的方式建立起类的数据结构，这个数据结构与抽象成类的 FB 模块相对应。应该把这个数据结构看成是类中的内部数据。因为 STEP 7 毕竟不是面向对象的程序设计语言，它允许对 DB 模块中的数据直接读写，所以应尽量避免对这些数据的直接读写，而把需要在模块间相互通信的数据放在设计的全局的通信区域内（比如 M1.0－M19.7）。这个区域内的数据存放集中，易于管理，并且不会受到因为要修改 FB 模块的参数数据结构而要重新生成 DB 模块引起的数据地址错误带来的影响，它另外的好处是：由于相互通信的数据大都是标志位、状态位或反映设备状态的典型变量，这些数据的集中存放会给上位机组态和监控程序的编写带来极大的方便。由于在 STEP 7 中一般采用符号地址，但在程序运行时采用的是实际地址，这两者之间的不统一所带来的错误可能有时很严重，并且很难发现，所以应尽量避免这类错误的产生。而直接对 DB 模块的数据进行读取，在 DB 模块重新生成后极易产生这类错误。数据封装后的结果是这样的：输入参数和输出参数对应于程序设计的全局通信区域，STATIC 类参数保存设备的中间运行状态，当一个设备与另一个设备通信时，它只能读取那个设备输出到全局通信区域中的数据，这就限制了它对另外设备的干涉，需要对输入数据进行处理的程序封装在 FB 模块内部，中间结果保存在 STATIC 类型变量中，这样可以使设备使用安全的数据，防止由于干扰或数据的严重错误对设备产生破坏性的影响。

从工程设计的实际来考虑，经过对设备的抽象和封装建立起来的对应于类的 FB 模块和对应于设备对象的 DB 模块大大简化了整个系统 PLC 程序的结构，全局数据区域的建立同样使得对象模块之间的通信简单安全，并且为上位机组态软件的开发提供了方便。

（3）采用面向对象的方法进行 PLC 程序设计的重点。

1）对类恰当的抽象。类是通用模块，代表同一类的所有设备操作和功能的实现。所以，类要能实现同一类设备的所有的控制方法和功能，并对特殊部分区别对待。

2）对数据有裕量的封装。封装数据时要明确输入变量、输出变量和中间变量。输入变量不能读取多余的数据，又要保证自身代码的正常运行；输出变量要在保证其他模块的正常运行的前提下，提供自身的最少信息，对中间变量的限制要宽松一些，但越简单越好。所谓有裕量是指最精简的参数结构定义好之后，要为各种参数类型增加一些空的变量。在调用 FB 时，这些变量不用赋值，这样做是为了预防封装的数据不够，不能满足后续开发的需要，如果定义的参数不够，必须将所有相应的 DB 重新生成，并且在程序中重新赋值，工作量很大。

3）全局数据的处理。系统中有些信号是全局的，不同类型的设备都要对它响应，如启动信号，手动信号、急停信号等。这类信号在处理时可以采用两种方法：一种是把它放到全局通信区域，在每一个 FB 加一些输入参数对它进行读取，但这需要在每一次调用 FB 时对它赋值；另一种是在 FB 的实现代码中直接赋值，在调用 FB 时就不需要再赋值了，相对而言，后一种方法更简便可取。

（4）采用面向对象的方法设计的优点。具体如下：

1）程序开发容易。当系统中相同或相似的设备很多时，这显得尤为突出。只要把同一类的设备编一个模块调试通过，就能保证所有设备可靠运行。

2）程序调试简单。系统调试可能会遇到各种问题，也可能要在现场临时改变一些功能或流程，这时只要在通用模块中改变一次即可，节省调试的时间。

3）系统维护方便。对象的存在使程序的可读性大大增强。由于数据的封装，对系统进行维护和功能扩展时，不需要知道设备的具体实现，只要知道设备的输入输出接口即可。

（5）系统基本模块组成。PLC 的程序均集成在数个功能模块中，这些模块可能分别对应某些系统功能，不论在功能上还是在编程逻辑组合上都有一定的相对独立性，有的甚至可以供其他系统使用，但是由于控制系统的需要，彼此之间又有很多联系，需要进行数据交换。系统包含了三个基本模块：初始化、水泵机组、变频器。这三个模块在功能上是相互独立的，在如图 5-27 所示。题头是模块的名称，相当于类名；中间部分为模块的参数，相当于类的属性；下面部分是功能代码，相当于类方法。图中列出的参数和方法是经过归类后的基本集合，程序代码见附录。

初始化	水泵机组
控制状态	机组自身状态
控制状态处理	相关机组状态
队列预处理	故障信号
变频器	中间信号
恒压控制参数	状态标志
变频器输出频率	变频启动
中间控制状态	变频停机
状态标志	封锁信号输出
变频器运行	工频启动
变频器PI控制	工频停机
变频器急停	运行队列处理
变频器故障处理	预备队列处理
系统增泵处理	故障处理
系统减泵处理	

图 5-27　系统基本模块

B WinCC 上位机组态软件的实现

a WinCC 简介

概述：对于工厂现场监控系统来说，现场总线技术提供了更便捷、快速、准确的数据流，但如何合理的应用这些数据为最终的用户提供他们所要求的服务也同样是至关重要的，所以系统的组态为整个系统的完整功能实现起了重要的作用。

本系统的上位机系统平台是用德国西门子公司生产的 WinCC（Windows Control Center，视窗控制中心）软件编制而成。WinCC 软件是德国西门子公司专门为工业控制定制的基于 Windows 2000/XP 操作系统的工控软件，具有开放型全图形化人机操作界面，组态方便，操作简单。WinCC 操作界面如图 5-28 所示。

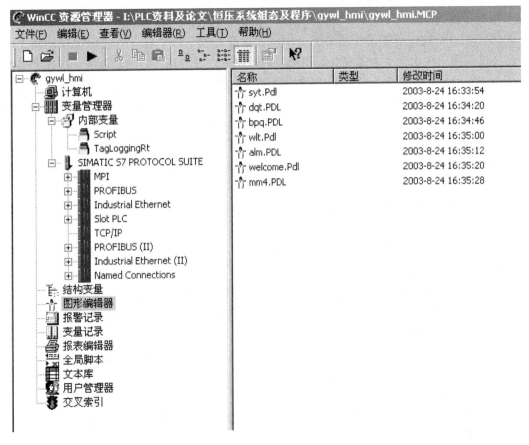

图 5-28 WinCC 操作界面

特点分为以下几点：

（1）拥有完备的工业图形库，如阀门、反应罐、模拟传统显示仪表、管道等，方便了工程师设计系统的过程画面。

（2）人机界面具有良好的开放性，支持以太网、PROFIBUS、RS232、RS42～485 等通信方式；支持 TCP/IP、网络 DDE、ODBC、OPC、SQL、INTERNET 等标准通信协议；可通过 DLL（动态链接库）直接外接 Windows API 函数；支持多种传感器、PLC、智能仪表等现场设备。

（3）内嵌 C 和 VB 语言及其主要函数，使用户编程更加灵活，系统功能更为强大。操作员界面为全汉化界面，并且具有动态语言切换功能，有利于出口项目的开发和调试。

（4）WinCC 是一个通用的系统。WinCC 可用于自动化领域中所有的操作员控制和监控任务。WinCC 可将过程或生产过程中的状态以图像、文字、棒图、曲线或报警形式清楚地表达出来。它同时能够将所发生的事件、过程数据记录下来，供历史数据查询使用。可很方便地组态产生报表格式，按时间或事件触发打印。

（5）WinCC 是一个全面开放的系统。WinCC 在 Windows 环境下，通过 OLE 和 ODBC 很容易将其他控件集成到应用软件中。也可通过 DDE 方式与其他应用程序进行通信。在 WinCC 中，嵌套一个标准 C 语言，在工程中可随意地发挥人们的聪明才智来完成任务。同时可访问 WinCC 的 API 编程接口来达到某些特殊功能。WinCC 具有开放通信协议，支持多种 PLC 系统。

（6）WinCC 功能可随任务而增加。WinCC 本身提供了一个强有力的标准功能库，用户可通过调用这些功能块来实现控制功能。同时用户也可将开发好的功能块写进库中供他人使用。Simatic 公司，开发许多特殊的功能包，考虑到应用的投资利益，在通常情况下，用户只需购买标准软件包便可，在工程中，确实需要某些特殊功能时可单独购买特殊功能包来满足需要（如：冗余软件包、服务器软件包、过程控制软件包等）。

（7）保证系统的安全性，系统管理采用最新的分级权限管理。WinCC 可将操作权限分为一般人员、操作员、维修工、工艺员、车间主管及系统工程师等不同级别，以保证系统的安全性。

（8）数据管理利用内部数据库，安全快捷。WinCC 数据库系统采用 SQL WinCC 数据库，并支持 ODBC 存取方法。

（9）WinCC 是一个国际通用软件。在 WinCC 中提供了五种在线翻译功能。用户可根据需要，做出多种语言界面的应用程序。

（10）在 WinCC 中，其数字点为一个点一个标签，对量模拟量，在 WinCC 中，可以以 8 位，16 位，32 位为一个标签，从最大限度地节约标签数来说，对数字量点来说，可以以一模板为一个标签点计算，但最好使用 8 位为一个标签，计算机处理更方便。

（11）WinCC 对于过程数据的记录，数据采集周期太长，其最小时间周期为 500ms。

（12）在 WinCC 中，当需要在一个操作站中控制多个同样的设备时，需要作许多重复工作，因为它不允许标签点同名或者是使用逻辑名。

（13）使用 WinCC IODK 的函数，应用程序能够直接从 DATA MANAGER 中访问数据，在程序中进行访问同一数据的协调，与 WinCC 进行数据交换，读写实时和历史值。

（14）采用 WinCC OPC 通道，并使用 C 脚本，可将两台 WinCC 的相应数据从当前主机上传送到备机上。数据备份按 C 脚本的触发周期进行。这样，可将故障 SERVER 上的中间计算数据实时地进行备份。

（15）WinCC 和面向对象的编程软件一样，以项目文件为管理单位。每次新建一个项目后，中心界面共分为 4 个大部分进行编程和设置；

1）计算机设置：设置计算机名，选择项目运行所附带的运行数据库，选择随项目运行时同时启动的外部应用程序，选择项目运行语言、屏蔽键、起始画面等项目通用属性。

2）标识管理：分为外部标识管理和内部标识管理。标识即相当于变量。外部标识是取自外部设备的，内部标识由编程人员自定义，相当于中间变量。

3）数据类型：可查看各个数据类型下的标识表，并可自定制结构类型中各元素的数据类型。

4）编辑器：分为画面编辑器，报警记录，标识记录，报表定制，全局脚本、函数编辑器，多语言对照编辑器和用户权限管理编辑器。在画面编辑器和全局脚本、函数编辑器里，用户可应用类 C 语言进行编程。

（16）客户机/服务器模式。WinCC 为 1 个服务器连接了多达 63 个客户机。要使用 WinCC 的客户机/服务器模式。WinCC 必须安装在所有的客户机和服务器上。

b　工业组态软件设计的原则

工业组态软件的设计秉承了工业控制系统设计的特点，但在以下几个方面又有更明确的要求：

（1）功能完备。在自动控制的情况下，工业组态软件就取代了工业现场控制柜的控制面板，是工程师主要面对的监控平台，作为西门子的产品，它与 SIMATIC 系列的其他产品之间的通信方便快捷，在实时性和准确性上毫无问题。这样构成的上位机监控系统既能够满足工程师对系统整体监控的需要，又能够为各级主管部门提供各种运行信息，为系统科学运行提供可靠的科学依据。

（2）直观方便。在正常情况下，恒压供水系统的设备一直在自动状态下运行，负责控制的工程师并不是一直与控制柜的操作面板打交道，而是绝大部分时间注意着工控机上组态软件的运行画面。直观逼真的现场模拟画面将给人现场实际操作的真实感觉，并且能够如实的反映现场设备的各种运行状态和各种运行参数。还能够用图形的方式显示出运行数据的变化趋势和直观的表格形式的报警信息。不仅如此，还可以把现场的控制情况抽象成原理图，并以动画的形式动态反映出各种设备在运行过程中状态变化的情况，这既能够在系统运行时提供清晰的控制思路，又能够在运行出现故障时醒目地显示出问题所在。从而提高人机交互时的工作效率，降低系统故障可能带来的损失。

c　软件结构和功能

WinCC 的组态画面结构如图 5－29 所示。

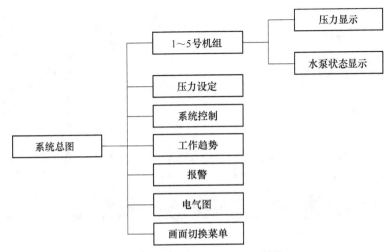

图 5－29　WinCC 的组态画面结构

d　WinCC 组态程序画面简介

如图 5 - 30 所示是控制系统的欢迎画面。

图 5 - 30　控制系统的欢迎画面

点击欢迎画面, 进入系统总图画面。系统总图画面模拟了整个供水系统, 在这里可以看到系统压力, 流量, 水流方向等, 还可以显示出系统元件的状态: 如电磁阀的开闭以及电机的运行状态。如图 5 - 31 所示。此画面上部和右部为公共区, 公共区可分为以下几个部分:

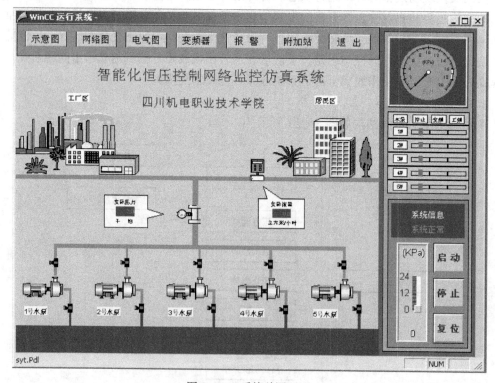

图 5 - 31　系统总图画面

（1）画面切换菜单。画面切换菜单如图 5 - 32 所示。点击不同的按钮，可以切换到相应的画面，点击"退出"按钮退出 WinCC 运行系统。

图 5 - 32　画面切换菜单

（2）压力显示。右上角的压力表显示当前系统压力，如图 5 - 33 所示。

图 5 - 33　压力显示

（3）系统控制。右下角为系统控制面板，如图 5 - 34 所示。当系统工作在自动模式下，通过这里设定系统压力、启动停止系统和故障复位。面板上部显示系统信息。

（4）水泵状态显示。压力表的下面显示的是水泵状态，可以清楚地看到水泵电机是否启动，是工频运行还是变频运行。如图 5 - 35 所示。

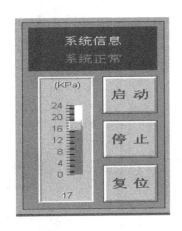　

图 5 - 34　系统控制　　　　　图 5 - 35　水泵状态显示

网络图画面显示了系统的网络拓扑结构简图，包括现场总线 PROFIBUS DP，工业以太网和 Internet。如图 5 - 36 所示。

电气图画面显示了整个系统的电气结构，从这里可以清楚地看到元器件状态和电流流向。如图 5 - 37 所示。

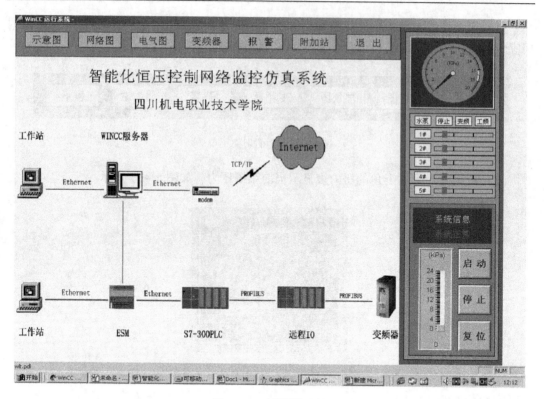

图 5 - 36　网络图画面

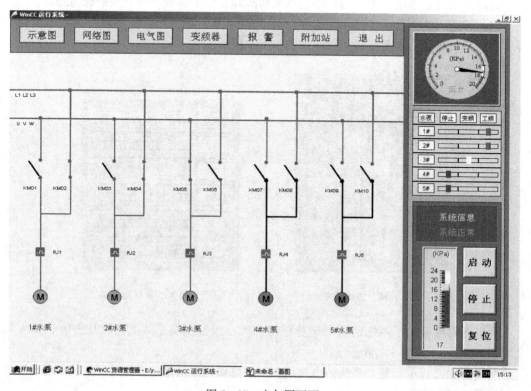

图 5 - 37　电气图画面

变频器画面显示了变频器频率、电压、电流及压力曲线，更直观的反映了整个变频器状态以及频率与压力的关系。如图 5 – 38 所示。

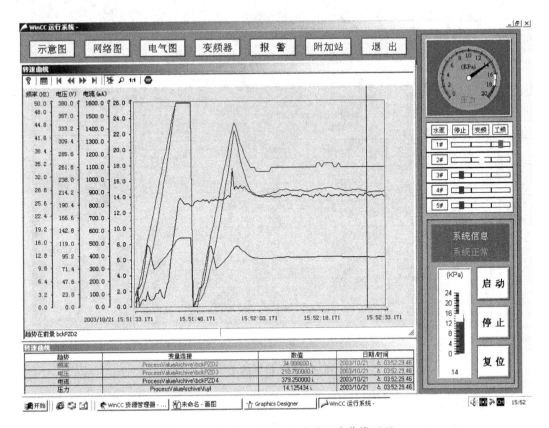

图 5 – 38　频率、电压、电流及压力曲线画面

报警画面显示了当前系统报警信息和历史报警信息，通过报警说明信息可以快速排除故障。如图 5 – 39 所示。

通过附加画面可以控制 6 套数字调速系统的变频器。可以将变频器启动或停止，改变频率等，还可将变频器的状态如电流电压等采集回来。

5.2.5　系统安装调试和维护

5.2.5.1　系统调试步骤

（1）检查设备的安装和线路的连接。

（2）检测具体设备的工作情况，在不加载程序的情况下，观察设备在电气作用下的工作是否正常。

（3）分步骤调试手动控制程序，根据现场的要求修改或增加程序的功能，手动控制部分的程序完成的控制功能相对简单，在调试时相互关联的设备和信号较少，调试时思路比较明确，操作相对简单。手动控制调试既能够在很大程度上检查出测试和执行设备的工作状况，使后面自动控制调试的注意力能够更加集中到流程的控制和实现上，使调试中对

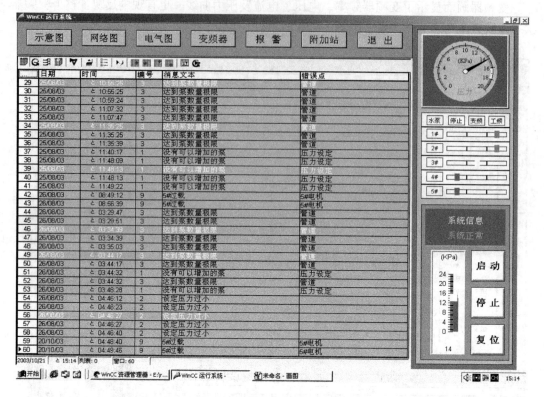

图 5-39　报警画面

问题的纠错方向更加明确。

（4）分步骤调试自动控制程序，按照从简单到复杂，从单机组到多机组，从不带负载到带负载逐步进行。在这个过程中要按照调试的要求修改系统的工作参数，并设置控制算法的参数。

（5）总体联调，按照实际的工作情况，进行调试，并根据实际要求和现场情况对相关的一些功能或流程作适当的修改，使系统能够按照实际的工作情况正常运行。

（6）建立其整个控制系统的网络通信，对整个系统进行调试。检查各个功能模块之间的配合情况，PLC 与上位机之间通信的情况。

（7）检测系统的安全性和可靠性。

5.2.5.2　系统调试中的主要问题和调试方法

A　设备的安装和线路连接

在设备安装过程中，有一些用量大，外形相似的设备容易出错，如继电器，安装时很容易把直流低压的接到交流高压位置，如不能及时检查出来，系统通电后低压继电器会发生爆炸，引起整个系统停机，严重时可能引起短路，烧掉许多线路上相关的设备，造成严重损失。此外，线路连接也容易出现问题。应注意两个方面：一是线路的正确性，检查方法为：耐心认真地按照设计图纸和线标一一对应；另一个是线路连接的质量，检查的重点是：线头是否松动，对每一个线头用手拽一拽，没有接好的就地重接。

B　运行前准备工作

在试运行之前，首先检查环境条件是否满足要求，然后对已完成配线的系统认真仔细检查，检查项目见表 5 - 3。

表 5 - 3　系统试运行检查项目表

序　号	检查项目	检　查　内　容
1	电源，输入输出线的连接	配线是否正确； 端子螺钉是否有松动； 压接端子是否短路； 端子板连接器的装配是否有松动； 单元的装配是否牢靠
2	连接电缆	各装置间的 I/O 连接电缆是否连接正确，锁紧； 各单元的连接电缆是否连接正确并锁紧
3	存储器单元	写保护开关是否设定在可写入侧（ON）； 存储器单元（RAM/EEPROM 单元）安装是否正确

C　PROFIBUS - DP 系统检查与测试

a　总线电缆和总线插头连接器

PROFIBUS 电缆和总线插头连接器是 DP 系统的很重要的部件。在总线电缆的安装敷设和连接中产生的出错可能会大大影响总线站之间的数据通信，由于各种出错（如数据线接反、导线断开或短路等）都可导致数据通信不能正常进行，为此，在 PROFIBUS - DP 系统第一次接通运行前，应该检查总线电缆和插头连接器的安装，并正确接相应总线终端电阻。

b　总线终端

有源总线终端由终端电阻的组合组成，在数据传输时它防止反射，并且当总线上无站活动时，它确保在数据线上有一个确定的空闲状态电位。在 RS485 - 总线段的两端必须有一个有源总线终端。在数据传输期间，如果没有总线终端，则会产生干扰。由于每一个总线终端代表一个电负载，因此太多的终端电阻组合也会产生问题，并且对于数据传输不再能保证在高信号噪声比所需的传输电平。总线终端的太多或太少也可能引起偶尔的传输干扰。当总线段在电功率极限情况下运行时这种情况会产生，即指总线段上的总线站最多、总线段长度和能选的传输速率最大时的情况。有源终端所需的电源电压通常从连接总线站的插头连接器直接取得，如果在设计系统开始时就清楚地知道，有源总线终端系统运行时所需的电源电压不能得到保证，则应该采取适当的措施。典型的事件是，对总线终端电阻供电的总线站常常与电源分离或从总线断开了。在此情况下，对受影响的总线站的总线终端可使用带有外部电源的总线终端或中继器。

c　ET200M 测试

测试项目如下：

（1）测试布线。为了测试一个总线段的布线，可以测试 BT200，测试设备与测试插头连接器之间的导线。在安装阶段可以做到即插即测。总是把测试的插头连接器插在总线段一端。这种布线测试还可以检查测试路径外的短路。注意，仅仅在总线段的两端安装终端电阻。

（2）测试站（RS485）。此测试设备检查 RS485 驱动器、电源电压和 RTS 信号。

（3）测试分支。可以用 BT200 测试设备检查连接到 PROFIBUS 网络的所有从站的有效性。也允许寻址同时检验它的总线地址设置的各个从站，也可能跨越中继器/光纤导体延伸分支测试。

（4）距离测试。使用距离测量来测定已安装的 PROFIBUS 电缆的长度。用此方法可以检查总线段的长度不超过最大允许的长度。

（5）DP 输入和输出的信号测试。调试一个 DP 系统也应该包括与 DP 从站连接的传感器和执行器的信号路径的布线测试。为了测试 DP 输入和输出的信号，用 STEP 7 功能 Monitor/Modify Variables。为了执行信号测试，CPU 必须处在 STOP 状态。为了停止 CPU 的运行模式开关或 SIMATIC Manager 在线视图中的 STEP 功能 PLC→ORERATING STATE。用 MPI 电缆把 PG 可编程装置或 PC 与 CPU 相连接。在快捷菜单中选择 ACCESSIBIE NODES 和 MPI＝"Address"，出现 PLC→MONITOR/MODIFY VARIABIES 视图。登入要测试的 DP 输入/输出字节。对输入使用直接 I/O 地址 PIB/PIW/PID，而对输出使用 PQB/PQW/PQD。为启用输出，选择 VARIABLE→ENABLE PERIPHERAL OUTPUT，打开此对话框。回答 YES 去激活"enable peripheral output"模式，这就禁止 CPU 的 OD 信号（Output – disable）。当 CPU 在 STOP 状态下，此信号禁止输出模块以防发送值。现在对要测试的输出登入所需的"modify value"。用 ACTIVATE MODIFY VALUES 将指定的"modify value"与已确定的输出地址连接，ACTIVATE MODIFY VALUES 功能不是循环的。因此，对每个新指定的将连接到输出的"modify value"必须再启动它。为了检查输入状态，使用功能 UPDATE MONITOR VALUES。

D　系统的安全性和可靠性测试

在系统投入运行前，通过人为方式进行了如下测试：

（1）在系统正常工作时人为的误操作、突然停电、将一些输入参数调到极限。

（2）在系统的一些瞬间操作时故意进行人为的误操作。如在机组切换的瞬间故意按下相关的控制按钮、改变控制方式等。

5.2.5.3　系统试运行

系统调试完后经过了一段时间的试运行，试运行过程中修改和调整了部分功能和参数，证明可靠后，系统投入正式运行。得出如下结论：

（1）通过对攀钢目前工业控制系统及技术改造后攀钢工业控制系统新的需求的认真调查、分析后，确立了以恒压供水作为仿真控制目标。通过对恒压供水的工艺流程、技术要求、设备使用的具体分析，提出了监控系统功能模块的划分和通信模式的设定。

（2）采用了回滞环和相关的限制方法来确定机组切换的时机，使系统对水压的变化反应准确迅速，有效减少机组的盲目切换，提高系统恒压控制的水平。

（3）采用队列处理的方法在机组切换时对机组进行选择，以及机组定时轮换休眠等方法，使机组切换科学合理，从而使所有机组在工作过程中磨损均匀。

（4）针对 STEP 7 PLC 程序设计软件的特点，采用了面向对象的程序设计方法进行 PLC 程序设计，明显降低了程序设计的工作量，使程序的结构和功能更加明确，调试方便灵活。

（5）在系统的网络设计和实现中，采用了 PROFIBUS 现场总线技术和工业以太网，简化了系统数据通信的实现方式，提高了系统通信的可靠性和准确性。

（6）采用 WinCC 编制了方便逼真的上位机监控界面，从而使系统的监控清晰明确，准确掌握系统当前的各种运行状况，提高了系统监控的能力，简化了系统监控的操作。

（7）将监控系统接入 Internet 网，并使用 WinCC 的 WEB 发布功能，将系统的监控信息发布到 Internet 网，实现了 Internet 的远程控制。

（8）采用该系统，供水压力稳定，避免用水高峰期高层用户断水，用水低谷期管压高，出现渗漏和水管爆裂现象，提高了供水质量。

（9）该系统采用了循环休眠备用，防止设备使用不均衡，锈蚀发生，保证了设备均衡使用，即使有一台设备损坏，也能保证正常供水，使系统的可靠性比原来供水系统明显提高。

任务 5.3　亚龙自动化设备控制系统集成

PLC 控制的机械手的电机编程是基于定位工序的编程方式，适合于机械手、组合机床、自动生产线等复杂工序项目的 PLC 编程，是较浅的入门案例。

5.3.1　项目一：机械手旋转过程的 PLC 控制

【任务描述与分析】应用 PLC 技术，位置传感器等实现电机定位正、反转控制。

【完成任务器材】TVT - 99D 机械手全套。

【相关知识】

（1）应知：PLC 基本位逻辑指令，位置传感器工作基本原理，I/O 控制表，梯形图，接线图。

（2）应会：正反控制的电气接线，程序录入，操作调试。

【任务训练】

5.3.1.1　项目导入——PLC 控制的应用

在现实生活中有许多地方需要电机的正、反转，如电梯上、下；运输物料皮带左右运动等。它们不仅需要电机正、反转，而且到了指定位置必须停止或者反转。因此通过实验模型和各种传感器对机械手的电机控制，来完成对该类问题的了解、操作、安装、调试、维修。

5.3.1.2　项目分析—机械手旋转过程的控制要求

本实验实训课题是 S7 - 200 中最基本的一个课题，是一个入门训练题，它要求学生掌握各种位逻辑应用，结合传感器，自行设计程序并进行安装调试。在本实训中旋转机械手完成如图 5 - 40 所示的过程控制。

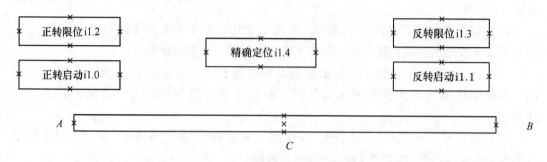

图 5 - 40　机械手旋转过程位置图

将电机旋转分解成一条直线简述如下：

（1）假设 1：手爪在 A 点（即正转方向）按下 i1.0→q0.0 得电→q0.0 自锁→手爪正转→正转到精确定位点 i1.4→手爪停止。

（2）假设 2：手爪在 B 点（即反转方向）按下 i1.1→q0.1 得电→q0.1 自锁→手爪反转→反转到精确定位点 i1.4→手爪停止。

（3）精确定位点 i1.4 损坏，手爪连续正反转，则 q0.2 报警，处理好后复位 i1.6 则设备恢复运行。

5.3.1.3　项目实施——机械手旋转过程的 PLC 控制

A　实践任务

使用实验设备，完成对机械手旋转过程的 PLC 控制项目的方案探讨、程序设计、电气接线、操作调试等任务。

B　主要实践步骤

（1）完成实践工序方案探讨，把实践任务下发给学生，分组讨论、总结，老师引导评讲，得出实现方案（可以是多种）。

（2）程序设计，录入。

（3）电气接线。

（4）调试，故障排除。

C　填写报告

填写实验报告。

5.3.1.4　参考知识

（1）实验实训课题的 S7 - 200 介绍。

（2）直流电机控制器介绍。

（3）电感传感器介绍。

（4）S7 - 200 与程序编辑器连接，通信介绍。

（5）机械手旋转过程的 PLC 控制接线图，如图 5-41 所示。

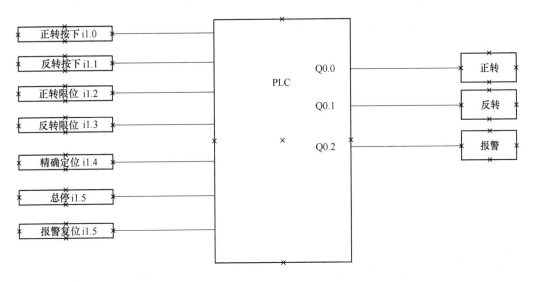

图 5-41　机械手的直流手电机正、反转控制接线图

（6）机械手旋转过程的 PLC 控制参考程序如图 5-42 所示。

【问题思考】

如果手电机限位不起作用是什么原因？怎么办？

【提醒】

参看限位原理。

5.3.2　项目二：步进电机限位正反转

【任务描述与分析】应用 PLC-200 的位控制向导指令软件和步进电机驱动器硬件等实现步进电机精确定位及电机正、反转控制。

【完成任务器材】TVT-99D 机械手全套。

【相关知识】

（1）应知：PLC 位控向导指令及应用，步进电机驱动器基本工作原理，步进电机精确定位脉冲数的计算。

（2）应会：正反控制的电气接线，程序录入，操作调试。

【任务训练】

5.3.2.1　项目导入——步进电机控制的应用

步进电机控制在微电机控制中占很重要的比例，它主要实现微自动控制，像在医疗设备中，数控设备等许多地方需要步进电机控制的正、反转，并且到了指定位置必须精确停止或者反转。因此通过实验模型和各种传感器对机械手的步进电机控制，来完成对该类问题的了解、操作、安装、调试、维修。

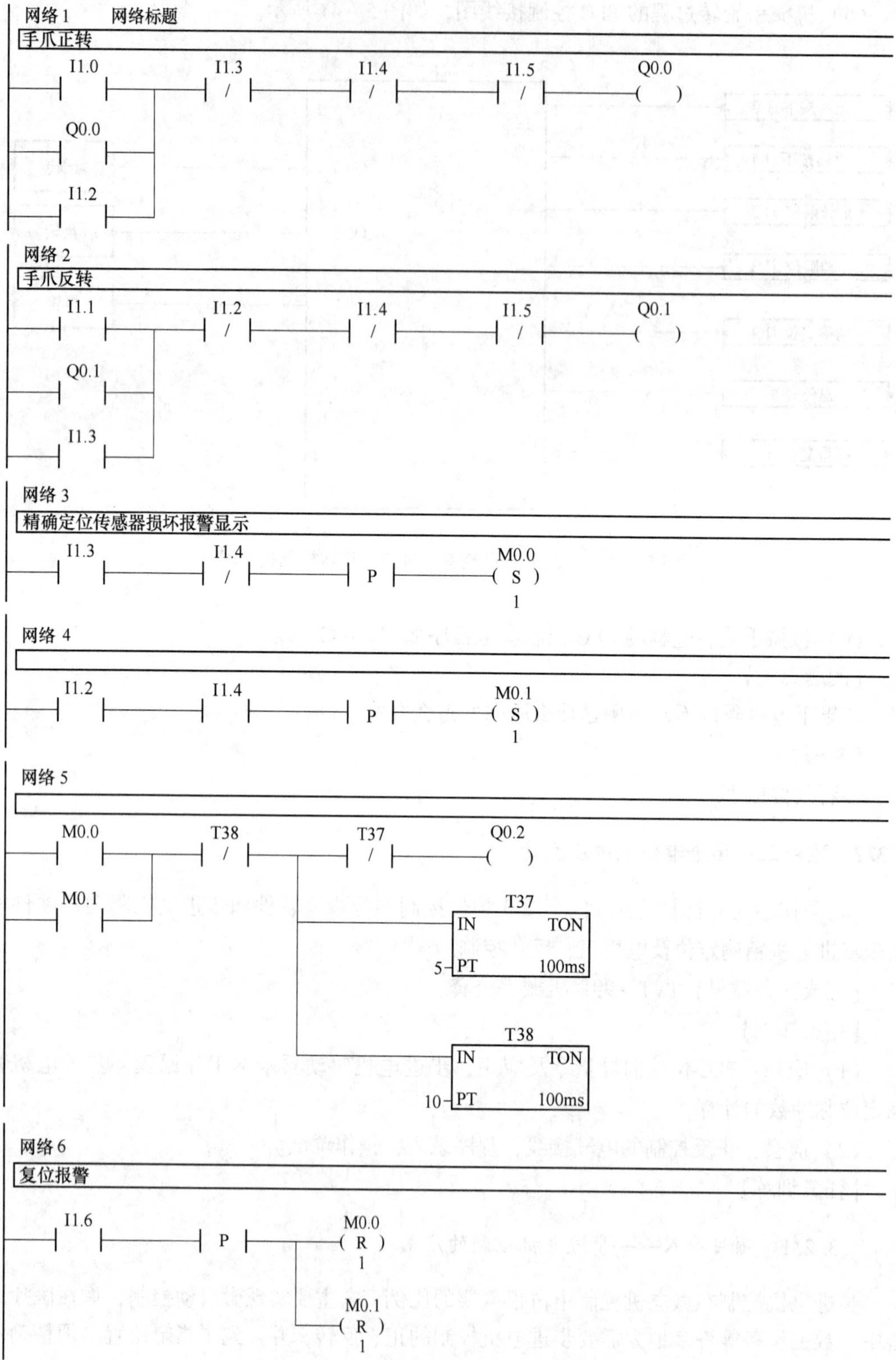

网络1　　　网络标题

手爪正转

```
    I1.0      I1.3      I1.4      I1.5           Q0.0
├──┤ ├──┬──┤/├─────┤/├─────┤/├──────────( )──
│          │
│   Q0.0   │
├──┤ ├─────┤
│          │
│   I1.2   │
├──┤ ├─────┘
```

网络2

手爪反转

```
    I1.1      I1.2      I1.4      I1.5           Q0.1
├──┤ ├──┬──┤/├─────┤/├─────┤/├──────────( )──
│          │
│   Q0.1   │
├──┤ ├─────┤
│          │
│   I1.3   │
├──┤ ├─────┘
```

网络3

精确定位传感器损坏报警显示

```
    I1.3      I1.4                        M0.0
├──┤ ├─────┤/├──────────┤P├──────────( S )──
                                         1
```

网络4

```
    I1.2      I1.4                        M0.1
├──┤ ├─────┤ ├──────────┤P├──────────( S )──
                                         1
```

网络5

```
    M0.0      T38       T37             Q0.2
├──┤ ├──┬──┤/├─────┤/├──────────( )──
│          │
│   M0.1   │
├──┤ ├─────┤
           │                    T37
           │              ┌──────────────┐
           ├──────────────┤IN        TON │
           │          5──┤PT      100ms │
           │              └──────────────┘
           │                    T38
           │              ┌──────────────┐
           └──────────────┤IN        TON │
                     10──┤PT      100ms │
                          └──────────────┘
```

网络6

复位报警

```
    I1.6                        M0.0
├──┤ ├──────────┤P├────────┬──( R )──
                           │      1
                           │    M0.1
                           └──( R )──
                                  1
```

图5-42　机械手的直流手电机正、反转控制程序图

5.3.2.2　项目分析——步进电机的过程控制

本实验实训课题是 S7 - 200 中最基本的一个课题，也是一个较难的训练题，它要求学生会对 PLC 位置控制向导指令应用，结合传感器，自行设计程序并进行安装调试。本实训中步进电机要完成如图 5 - 43 所示过程控制。

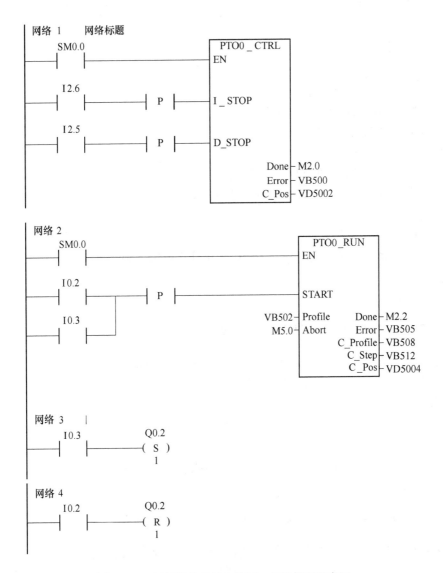

图 5 - 43　机械手的步进电机正、反转控制程序图

5.3.2.3　项目实施——步进电机运转过程的 PLC 控制

A　实践任务

使用实验设备，完成对步进电机运转过程的 PLC 控制项目的方案探讨、程序设计、电气接线、操作调试等任务。

B 主要实践步骤

（1）完成实践工序方案探讨，把实践任务下发给学生，分组讨论、总结，老师引导评讲，得出实现方案（可以是多种）。

（2）程序设计，录入。

（3）电气接线。

（4）调试，故障排除。

C 填写报告

填写实验报告。

5.3.2.4 参考知识

（1）实验实训课题的 S7 – 200 介绍。

（2）步进电机控制器介绍。

（3）接近开关的介绍。

（4）步进电机运转过程的 PLC 控制原理。

（5）步进电机运转过程的 PLC 控制参考程序如图 5 – 43 所示。

【问题思考】

（1）PTO – CTRL 为什么只能用一次？

（2）如果步进电机越过限位开关还在运转是什么原因？怎么处理？

【提醒】

参看限位原理。

5.3.3 项目三：机械手取物过程的 PLC 控制

【任务描述与分析】应用 PLC 技术，气动学等实现手抓取物控制。

【完成任务器材】TVT – 99D 机械手全套。

【相关知识】

（1）应知：PLC 基本位逻辑指令，气动电磁阀基本工作原理，I/O 控制表，梯形图，接线图。

（2）应会：气动电磁阀的电气接线，程序录入，操作调试。

【任务训练】

5.3.3.1 项目导入—PLC 控制的应用

在现实生活中有许多地方需要动力，如机床上的推杆等，它们都需要气动。因此通过实验模型和各种气动电磁阀对手抓取物的控制，来完成对该类问题的了解、操作、安装、调试、维修。

5.3.3.2 项目分析—机械手取物过程的控制要求

本实验实训课题是 S7 – 200 中较难的一个课题，它要求学生会对 PLC 位置控制向导指令应用，结合气动电磁阀，自行设计程序并进行安装调试。本实训中要完成气动电磁阀的接线及维护。

5.3.3.3　项目实施——机械手旋转过程的 PLC 控制

A　实践任务

使用实验设备，完成对机械手取物过程的 PLC 控制项目的方案探讨、程序设计、电气接线、操作调试等任务。

B　主要实践步骤

（1）完成实践工序方案探讨，把实践任务下发给学生，分组讨论、总结，老师引导评讲，得出实现方案（可以是多种）。

（2）程序设计，录入。

（3）电气接线。

（4）调试，故障排除。

C　填写报告

填写实验报告。

5.3.3.4　参考知识

（1）气动电磁阀的介绍。

（2）空压机的介绍。

（3）机械手取物的控制程序如图 5-44 所示。

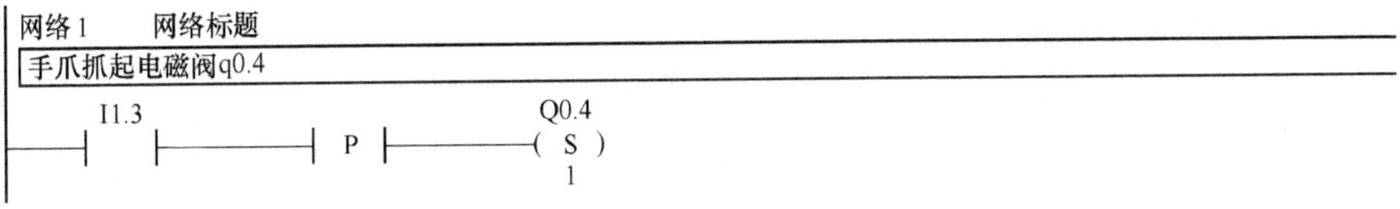

图 5-44　机械手的电磁阀控制程序图

【问题思考】

如果手爪不能动作是什么原因？怎么办？

【提醒】

参看气动原理。

5.3.4　项目四：机械手系统整体控制

PLC 控制的机械手的整体控制是基于定位工序、气动原理、传感器、直流电机、限位开关、空压机及其软件的综合运用，其具体用于适合于单一机床、组合机床、自动生产线等复杂工序项目的 PLC 编程，是较深入门例子。

【任务描述与分析】应用 PLC 技术，气动学、机械学、电气学、检测、定位等实现综合控制项目。

【完成任务器材】TVT-99D 机械手全套。

【相关知识】

（1）应知：PLC 基本位逻辑指令，深入了解巩固气动学、机械学、电气学、检测、定位的工作原理。

（2）应会：深入了解巩固气动学、机械学、电气学、检测、定位的工作原理，熟练进行综合程序的编写和调试。

【任务训练】

5.3.4.1　项目导入—机械手整体控制的应用

在现实生活中有许多地方需要复杂的程序，如机床上的推杆等物料的精确抓取住，它们都需要综合考虑其相互连接性。因此通过实验模型和各种气动电磁阀、步进电机等进行复杂控制，来完成综合性机械的安装、调试、维修。

5.3.4.2　项目分析—机械手整体控制要求

本实验实训课题是 S7 - 200 中较难的一个课题，它要求学生会对 PLC 位置控制向导指令应用，结合气动电磁阀，机械，电气等自行设计程序并进行安装调试。本实训中要完成整体的程序编写及程序调试。

5.3.4.3　项目实施—机械手整体 PLC 控制

A　实践任务

使用实验设备，完成对机械手整体 PLC 控制项目的方案探讨、程序设计、电气接线、操作调试等任务。

B　主要实践步骤

（1）完成实践工序方案探讨，把实践任务下发给学生，分组讨论、总结，老师引导评讲，得出实现方案（可以是多种）。

（2）程序设计，录入。

（3）电气接线。

（4）调试，故障排除。

C　填写报告

填写实验报告。

5.3.4.4　参考知识

（1）整体控制原理的介绍。

（2）接线的规范性。

（3）机械手整体控制的程序参考。

横轴到达指定位置如图 5 - 45 所示。

【问题思考】

如果程序执行到中间突然中断是什么原因？怎么办？

【提醒】

检查中间连接信号。

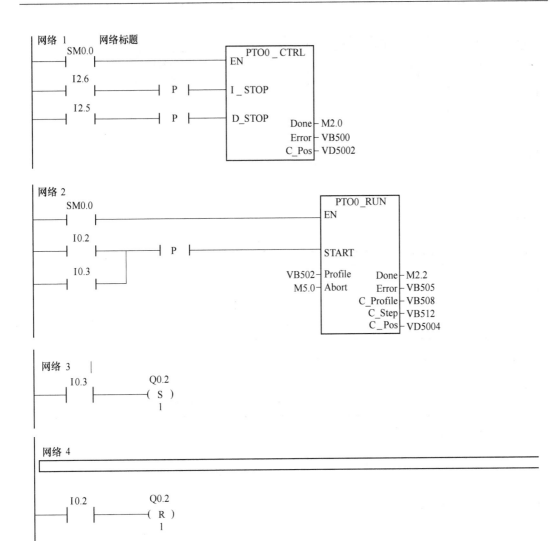

网络 1　　网络标题
网络 2
网络 3
网络 4

手爪到达指定位置：

m2.2为横轴运动结束送出的一个信号 i1.0为手动信号

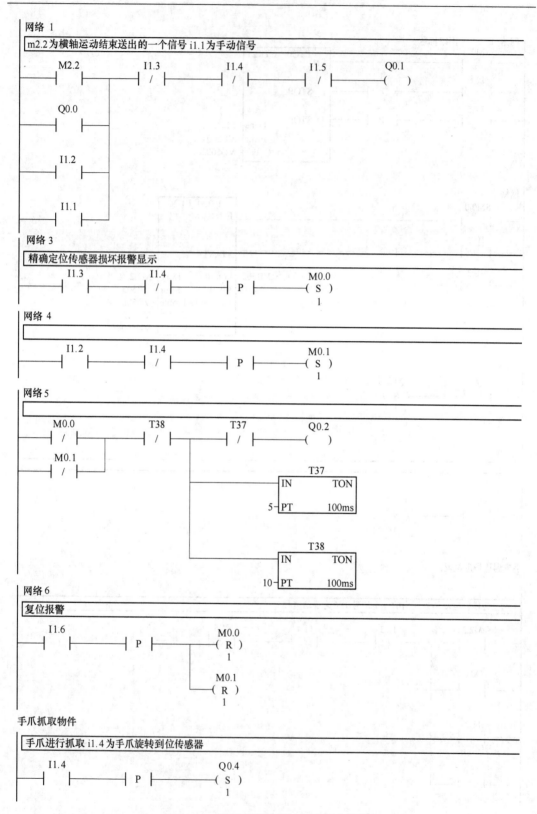

图 5-45 机械手的整体控制程序参考图

5.3.5　项目五：供料单元的 PLC 控制

亚龙 YL–335A 型自动化生产线是基于定位工序、传感器、电气、机械、变频器、气动学通信学等的综合实训，适合于组合机床、自动生产线等复杂工序项目的 PLC 编程，是较深的巩固案例。

【任务描述与分析】应用 PLC 技术，传感器等实现物料送出的控制。

【完成任务器材】亚龙 YL–335A 型机械手全套。

【相关知识】

（1）应知：PLC 基本位逻辑指令，位置传感器工作基本原理，I/O 控制表，梯形图，接线图。

（2）应会：物料送出的电气接线，程序录入，安装调试。

【任务训练】

5.3.5.1　项目导入——PLC 控制的应用

在现实生活中有许多地方需要气动来带动推杆的动作；如工厂里面的气动电磁阀来控制管路的接通、断开等，它们都需要气动电磁阀。因此通过实验模型和各种传感器对物料送出控制，来完成对该类问题的了解、操作、安装、调试、维修。

5.3.5.2　项目分析——供料单元控制要求

本实验实训课题是 S7–200 中较深入的一个课题，是一个巩固训练题，它要求学生掌握各种位逻辑应用，结合传感器，自行设计程序并进行安装调试。在本实训中用推杆的相互配合来完成物料的正常供给。其动作的顺序当传感器检测到物料台有物料时，则顶料电磁阀和推料电磁阀都处于复位状态，当物料台没有检测到物料时候，则顶料和推料电磁阀都置位，编写程序时应注意电磁阀什么先置位，什么后复位。当物料不够时应进行物料不够报警显示。供料单元实物模型如图 5–46 所示。

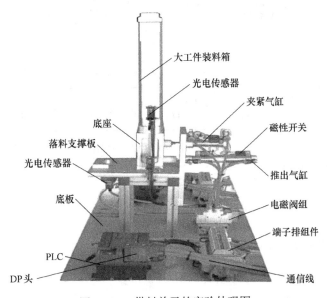

图 5–46　供料单元的实验外观图

5.3.5.3　项目实施——供料单元过程的 PLC 控制

A　实践任务

使用实验设备，完成对供料单元过程的 PLC 控制项目的方案探讨、程序设计、电气接线、操作安装调试等任务。

B　主要实践步骤

（1）完成实践工序方案探讨，把实践任务下发给学生，分组讨论、总结，老师引导评讲，得出实现方案（可以是多种）。

（2）程序设计，录入。

（3）电气接线如图 5 -47 所示。

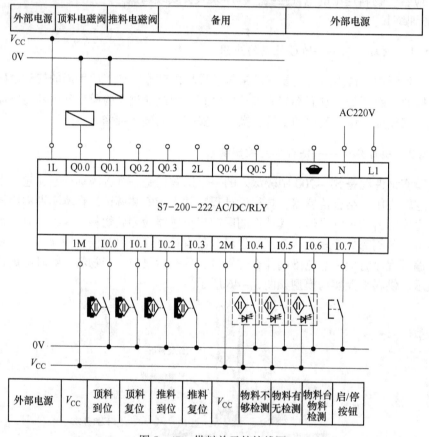

图 5 -47　供料单元的接线图

（4）调试，故障排除。

C　填写报告

填写实验报告。

5.3.5.4　参考知识

（1）实验实训课题的 S7 -200 介绍。

（2）磁性开关介绍。

（3）光电传感器介绍。

（4）S7 - 200 与程序编辑器连接，通信介绍。

（5）供料单元的 PLC 控制参考程序如图 5 - 48 所示。

【问题思考】

物料供应站物料不够怎样把信号传给 4 号装配站进行报警显示？

【提醒】

上面三个程序是 1 号站物料不够向 4 号站送的报警信号，当 1 号供料站的物料不够时，I0.0 常闭会闭合，这时 24 会被传送至 vb24，4 号站会有一个比较信号 $\vdash\begin{smallmatrix}VB24\\==B\\24\end{smallmatrix}\vdash$，如果

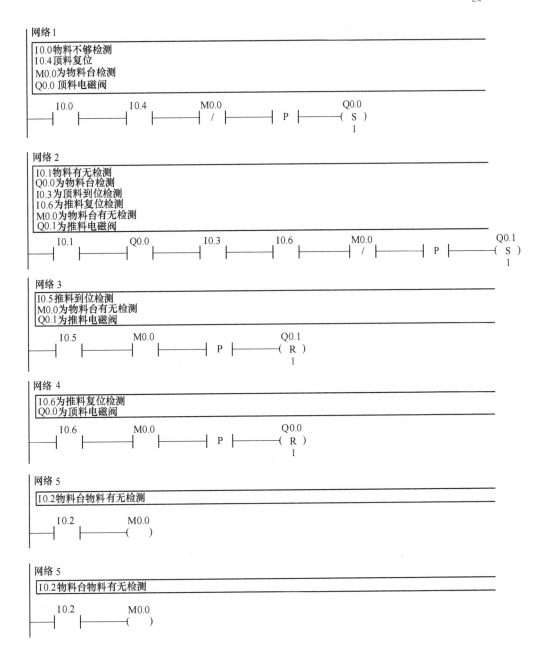

向 4 号站送去的物料不够报警信号:

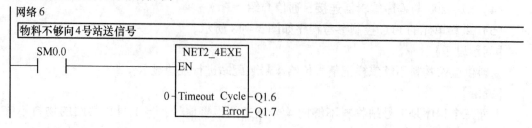

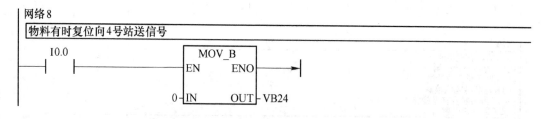

图 5 - 48　物料供应站参考程序参考图

等于 24, 就会有一个信号接通报警程序进行报警显示。如果 1 号供料站的物料充足时 I0.0 的常开闭合, 这时就会将 0 送入 vb24, 4 号站的比较信号就会被复位, 报警信号将停止报警。

5.3.6　项目六: 加工单元的 PLC 控制

【任务描述与分析】应用 PLC 技术, 传感器等实现物料加工的控制。

【完成任务器材】亚龙 YL - 335A 型机械手全套。

【相关知识】

(1) 应知: PLC 基本位逻辑指令, 位置传感器工作基本原理, I/O 控制表, 梯形图, 接线图。

(2) 应会: 加工单元的电气接线, 程序录入, 安装调试。

【任务训练】

5.3.6.1　项目导入——PLC 控制的应用

在现实生活中有许多地方需要将原材料进行加工; 如啤酒工厂里面要先将原材料进行加工然后再进行装配, 下面通过实验模型和各种传感器对物料加工控制进行简单的说明来完成对该类问题的了解、操作、安装、调试、维修。

5.3.6.2　项目分析——加工单元控制要求

本实验实训课题是一个巩固训练题，它要求学生掌握各种位逻辑应用，结合传感器，自行设计程序并进行安装调试。掌握加工单元的功能、料台及滑动机构的原理、加工冲压机构的原理、电磁阀组的原理、气动控制回路的原理。在本实训中加工推杆的相互配合来完成物料的正常加工。其动作的顺序当传感器检测到有物料时，则气动手指电磁阀将其夹紧，滑块将其划到底部，冲压头将其冲压出标准形状后送给装配单元。加工单元如图 5-49 所示。

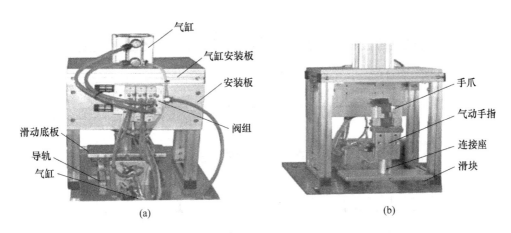

图 5-49　加工单元的实验外观图
(a) 背视图；(b) 前视图

5.3.6.3　项目实施——加工单元过程的 PLC 控制

A　实践任务

使用实验设备，完成对加工单元过程的 PLC 控制项目的方案探讨、程序设计、电气接线、操作安装调试等任务。

B　主要实践步骤

(1) 完成实践工序方案探讨，把实践任务下发给学生，分组讨论、总结，老师引导评讲，得出实现方案 (可以是多种)。

(2) 程序设计，录入。

(3) 电气接线如图 5-50 所示。

(4) 调试，故障排除。

C　填写报告

填写实验报告。

5.3.6.4　参考知识

(1) 实验实训课题的 S7-200 介绍。

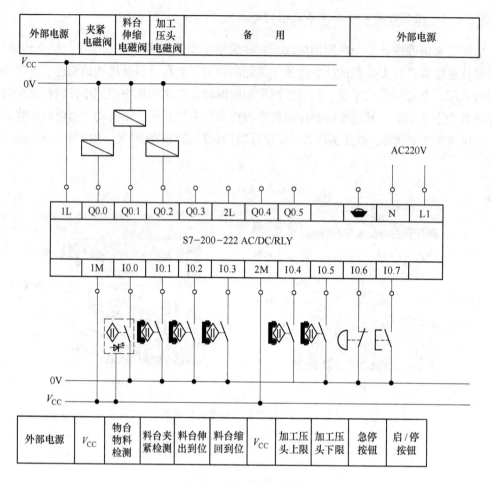

图 5 - 50   加工单元接线图

（2）料台及滑动机构的原理、加工冲压机构的原理、电磁阀组的原理、气动控制回路的原理。

（3）加工单元的 PLC 控制参考程序如图 5 - 51 所示。

【问题思考】

如果滑块连续动作是什么原因？怎么办？

【提醒】

参看机械和电气动作原理。

5.3.7   项目七：装配单元的 PLC 控制

【任务描述与分析】应用 PLC 技术，传感器等实现物料装配的控制。

【完成任务器材】亚龙 YL - 335A 型机械手全套。

【相关知识】

（1）应知：PLC 基本位逻辑指令，位置传感器工作基本原理，I/O 控制表，梯形图，接线图机械手的动作顺序以及动作之间的协调性。

（2）应会：装配单元的电气接线，程序录入，安装调试。

【任务训练】

网络1

接收到1号站送来13的信号

```
    VB13                              M0.1
  ┤==B├────────┤ P ├──────────────( S )
     13                               1
```

网络2

T37延时1×100ms启动夹紧程序
T38延时2×100ms复位M0.1

```
    M0.1                        T37
  ┤  ├──────┬────────┤IN    TON│
            │                   │
            │        1─┤PT  100ms│
            │
            │                T38
            └────────┤IN    TON│
                     2─┤PT  100ms│
```

网络3

复位1号站来的信号

```
    T38                              M0.1
  ┤  ├────────────┤ P ├──────────────( R )
                                      1
```

网络4   网络标题

I0.0 物料物台检测
Q0.0 夹紧电磁阀

```
    I0.0                             Q0.0
  ┤  ├────────────┤ P ├──────────────( S )
                                      1
```

网络5

I0.1 物料夹紧检测
I0.2 伸出复位检测
Q0.1料台伸缩电磁阀

```
    I0.1          I0.2                      Q0.1
  ┤  ├──────────┤  ├────────┤ P ├──────────( S )
                                            1
```

网络6

I0.3 物料伸出到位检测
I0.4 加工压头上限检测
Q0.2加工压头电磁阀

```
    I0.3        Q0.1          I0.4                    Q0.2
  ┤  ├────────┤  ├──────────┤  ├────────┤ P ├────────( S )
                                                      1
```

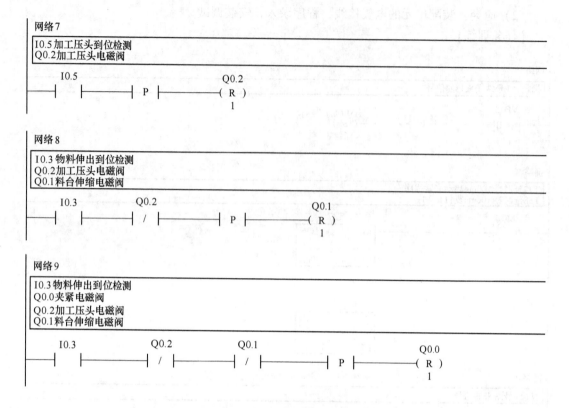

图 5 - 51　加工单元 PLC 控制参考程序参考图

（图中的三个程序是 1 号站向 3 号站的发送信号，当步进电机运动到物料加工站时，步进电机将会停止、同时将物料送入加工站进行加工，当步进电机运动到此执行一些动作时，将会把 13 这个信号送到 vb13 里面存储，这时 3 号站将有一个接收程序 **VB13**，如果这个程序接收到的信号等于 13，3 号站的程序将会自动运行进行加工。T38 延时 2 * 100ms 将会复位接收到 1 号站来的信号，避免产生误动作。）

5.3.7.1　项目导入——PLC 控制的应用

在现实生活中有许多地方需要将原材料进行加工后再进行装配；如电子工厂里面先将原材料进行加工然后再进行装配，下面通过实验模型和各种传感器对物料装配控制进行简单地说明来完成对该类问题的了解、操作、安装、调试、维修。

5.3.7.2　项目分析——装配单元控制要求

本实验实训课题是一个巩固提高训练题，它要求学生掌握各种位逻辑应用，结合传感器，机械、电气自行设计程序并进行安装调试。掌握装配单元的功能、旋转物料台的原理、气动摆台的原理及动作规律、磁性开关调整的方法、导杆气缸的原理定位机构的原理等来完成物料的正常装配。其动作的顺序当料台传感器检测到有物料时，供料单元的动作和摆台相互配合动作，当摆台运动到指定位置时，机械手将启动进行物料的抓取和装配。最终完成整个装配系统的工作。装配单元如图 5 - 52 所示。

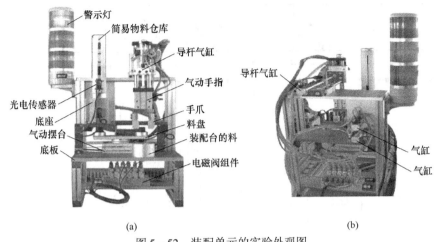

图 5-52 装配单元的实验外观图

(a) 前视图；(b) 背视图

5.3.7.3 项目实施——装配单元过程的 PLC 控制

A 实践任务

使用实验设备，完成对供料单元过程的 PLC 控制项目的方案探讨、程序设计、电气接线、操作安装调试等任务。

B 主要实践步骤

(1) 完成实践工序方案探讨，把实践任务下发给学生，分组讨论、总结，老师引导评讲，得出实现方案（可以是多种）。

(2) 程序设计，录入。

(3) 电气接线如图 5-53 所示。

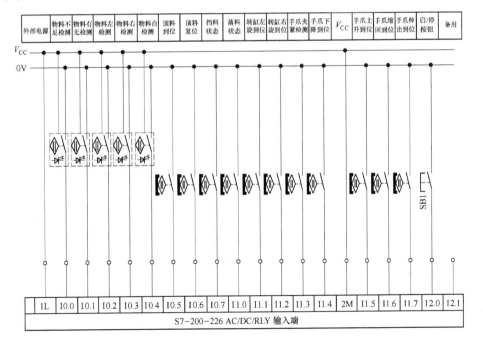

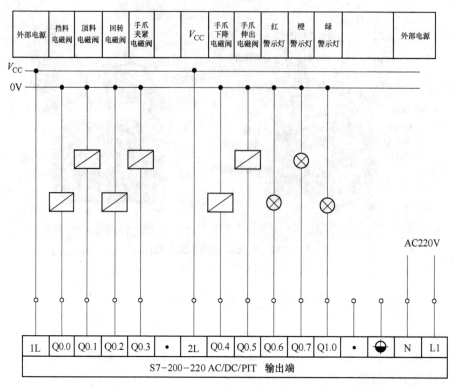

图 5 - 53　加工单元接线图

（4）调试，故障排除。

C　填写报告

填写实验报告。

5.3.7.4　参考知识

（1）实验实训课题的 S7 - 200 双 DP 头的介绍。

（2）旋转物料台的原理、气动摆台的原理及动作规律、磁性开关调整的方法、导杆气缸的原理。

（3）装配单元的 PLC 控制参考程序，如图 5 - 54 所示。

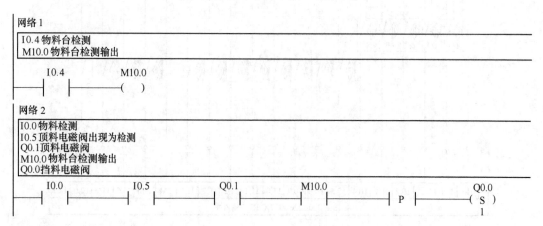

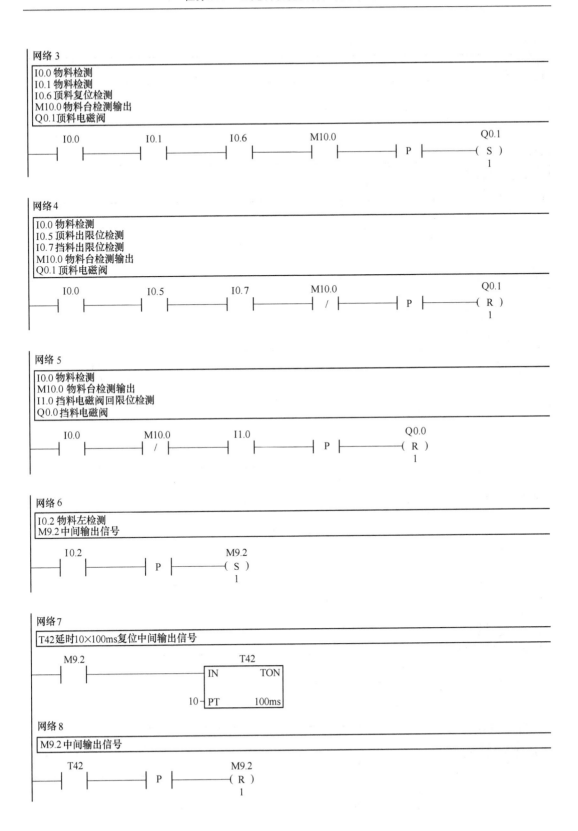

网络 3

I0.0 物料检测
I0.1 物料检测
I0.6 顶料复位检测
M10.0 物料台检测输出
Q0.1 顶料电磁阀

网络 4

I0.0 物料检测
I0.5 顶料出限位检测
I0.7 挡料出限位检测
M10.0 物料台检测输出
Q0.1 顶料电磁阀

网络 5

I0.0 物料检测
M10.0 物料台检测输出
I1.0 挡料电磁阀回限位检测
Q0.0 挡料电磁阀

网络 6

I0.2 物料左检测
M9.2 中间输出信号

网络 7

T42 延时 10×100ms 复位中间输出信号

网络 8

M9.2 中间输出信号

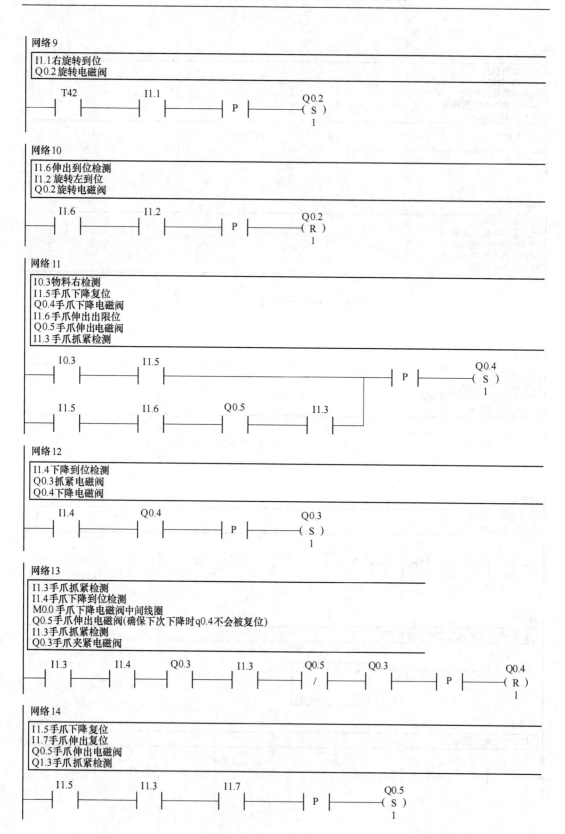

网络9

I1.1 右旋转到位
Q0.2 旋转电磁阀

```
    T42          I1.1
──┤├────────────┤├──────────┤P├───────( S )
                                        Q0.2
                                         1
```

网络10

I1.6 伸出到位检测
I1.2 旋转左到位
Q0.2 旋转电磁阀

```
    I1.6         I1.2
──┤├────────────┤├──────────┤P├───────( R )
                                        Q0.2
                                         1
```

网络11

I0.3 物料右检测
I1.5 手爪下降复位
Q0.4 手爪下降电磁阀
I1.6 手爪伸出出限位
Q0.5 手爪伸出电磁阀
I1.3 手爪抓紧检测

```
    I0.3         I1.5
──┤├────────────┤├───────────────────────────┤P├──────( S )
                                                        Q0.4
    I1.5         I1.6         Q0.5         I1.3          1
──┤├────────────┤├──────────┤├───────────┤├──┘
```

网络12

I1.4 下降到位检测
Q0.3 抓紧电磁阀
Q0.4 下降电磁阀

```
    I1.4         Q0.4
──┤├────────────┤├──────────┤P├───────( S )
                                        Q0.3
                                         1
```

网络13

I1.3 手爪抓紧检测
I1.4 手爪下降到位检测
M0.0 手爪下降电磁阀中间线圈
Q0.5 手爪伸出电磁阀(确保下次下降时q0.4不会被复位)
I1.3 手爪抓紧检测
Q0.3 手爪夹紧电磁阀

```
    I1.3     I1.4     Q0.3     I1.3     Q0.5     Q0.3
──┤├──────┤├──────┤├──────┤├──────┤/├──────┤├────┤P├───( R )
                                                         Q0.4
                                                          1
```

网络14

I1.5 手爪下降复位
I1.7 手爪伸出复位
Q0.5 手爪伸出电磁阀
Q1.3 手爪抓紧检测

```
    I1.5         I1.3         I1.7
──┤├────────────┤├──────────┤├──────────┤P├───────( S )
                                                    Q0.5
                                                     1
```

网络 15

I1.4 手爪下降到位检测
Q0.4 手爪下降电磁阀
Q0.5 手爪伸出电磁阀
M9.0 中间输出信号

```
   I1.4        Q0.4        Q0.5                         M9.0
───┤├──────────┤├──────────┤├───────────┤P├───────────( S )
                                                        1
```

网络 16

T37 延时 13×100ms 复位下段程序

```
   M9.0                         T37
───┤├──────────────────────┤IN      TON├
                                        
                        13─┤PT    100ms├
```

网络 17

Q0.3 手爪放松电磁阀
M9.0 中间线圈复位

```
   T37                          Q0.3
───┤├───────────┤P├───────────( R )
                              │  1
                              │
                              │  M9.0
                              └─( R )
                                 1
```

网络 18

I1.3 夹紧检测
I1.6 手爪伸出出限位
Q0.4 手爪下降电磁阀
Q0.5 手爪伸出电磁阀
M9.1 中间输出线圈

```
   I1.3        I1.6        Q0.4                         Q0.5
───┤/├──────────┤├──────────┤├───────────┤P├───────────( R )
                                                      │  1
                                                      │
                                                      │  M9.1
                                                      └─( S )
                                                         1
```

网络 19

I1.7 手爪伸出复位检测
Q0.5 手爪伸出电磁阀
I1.4 手爪下降到位检测
Q0.4 手爪下降电磁阀
Q0.5 手爪伸出电磁阀

```
   I1.7        I1.3        Q0.5        I1.4                Q0.4
───┤├──────────┤/├──────────┤/├──────────┤├────┤P├────────( R )
                                                            1
```

图 5-54　加工单元 PLC 控制参考程序参考图

【问题思考】

如果装配站的运动状态乱动作是什么原因？怎么办？

【提醒】

检查程序编写的完整性。

5.3.8　项目八：分拣单元的 PLC 控制

【任务描述与分析】应用 PLC 技术，传感器、变频器参数的设定等实现物料分拣的控制。

【完成任务器材】亚龙 YL - 335A 型机械手全套。

【相关知识】

（1）应知：PLC 基本位逻辑指令，位置传感器工作基本原理，I/O 控制表，梯形图，接线图、变频器的原理和参数的设定。

（2）应会：装配单元的电气接线，程序录入，变频器的原理和参数的设定、安装调试。

【任务训练】

5.3.8.1　项目导入——PLC 控制的应用

在现实生活中有许多地方需要将物料进行分拣，如矿山将不同种类的矿产进分拣，下面简单地说明来完成对该类问题的了解、操作、安装、调试、维修。

5.3.8.2　项目分析——分拣单元控制要求

本实验实训课题是一个巩固提高训练题，它要求学生掌握各种位逻辑应用，结合传感器，机械、电气自行设计程序并进行安装调试。掌握分拣单元的功能、光纤传感器的原理及用法、变频器的用法、变频器的参数设置，其工作原理是：当传感器接收到送来的已经装配好的物件时便启动变频器进行物料分拣。分拣单元如图 5 -55 所示。

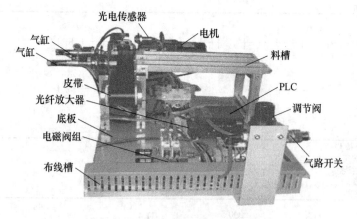

图 5 -55　分拣单元的实验外观图

5.3.8.3　项目实施——分拣单元过程的 PLC 控制

A　实践任务

使用实验设备，完成对分拣单元过程的 PLC 控制项目的方案探讨、程序设计、电气接线、操作安装调试、变频器参数的设置等任务。

　　B　主要实践步骤

　　（1）完成实践工序方案探讨，把实践任务下发给学生，分组讨论、总结，老师引导评讲，得出实现方案（可以是多种）。

　　（2）程序设计，录入。

　　（3）电气接线如图 5 - 56 所示。

　　（4）调试，故障排除。

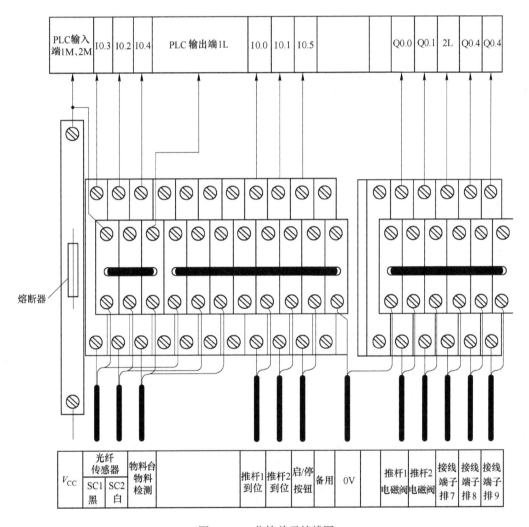

图 5 - 56　分拣单元接线图

　　C　填写报告

　　填写实验报告。

5.3.8.4　参考知识

　　（1）变频器参数设置的介绍。

（2）光纤传感器的原理及用法、变频器的用法、变频器的参数设置。

（3）分拣单元的 PLC 控制参考程序如图 5–57 所示。

网络1

I0.0物料检测
M0.0物料检测输出

```
    I0.0          T38            M0.0
 ──┤ ├──┬──────┤ ├──────────( )──
         │
    M0.0 │
 ──┤ ├──┘
```

网络2

在 100×100ms 的时间内如果没有检测到有物料送运过来则停止变频器

```
    I0.0                      T38
 ──┤ ├──────────────┌──────────────┐
                    │IN        TOF │
                    │              │
              100 ──┤PT      100ms │
                    └──────────────┘
```

网络3

0.4输出启动变频器
Q0.5输出启动变频器

```
    M0.0          Q0.4
 ──┤ ├──┬────────( )──
         │
         │        Q0.5
         └────────( )──
```

网络4

I0.1白色推杆检测
Q0.0白色推杆电磁阀

```
    I0.1                       Q0.0
 ──┤ ├──────────┤P├──────────( S )──
                                1
```

网络 5

I0.4白色推杆出限位
Q0.0白色推杆电磁阀

```
    I0.4                       Q0.0
 ──┤ ├──────────┤P├──────────( R )──
                                1
```

网络 6

I0.2黑色推杆检测
Q0.1黑色推杆电磁阀

```
    I0.2                       Q0.1
 ──┤ ├──────────┤P├──────────( S )──
                                1
```

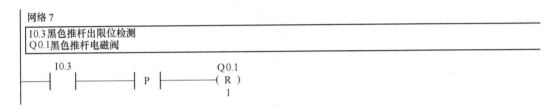

图 5-57 分拣单元 PLC 控制参考程序参考图

【问题思考】

如果当分拣的物料经过检测传感器却没有被分拣出来是什么原因？怎么办？

【提醒】

检查传感器是否是完好的。

5.3.9 项目九：输送单元的 PLC 控制

【任务描述与分析】应用 PLC 技术，传感器、步进电机等实现物料输送的控制。

【完成任务器材】亚龙 YL-335A 型机械手全套。

【相关知识】

（1）应知：PLC 基本位逻辑指令，位置传感器工作基本原理，I/O 控制表，梯形图，接线图、步进电机原理的设定。

（2）应会：装配单元的电气接线，程序录入，变频器的原理和参数的设定、安装调试。

【任务训练】

5.3.9.1 项目导入——PLC 控制的应用

在现实生活中有许多地方需要将物料进行分拣，如矿山将不同种类的矿产进分拣，下面简单地说明来完成对该类问题了解、操作、安装、调试、维修。

5.3.9.2 项目分析——输送单元控制要求

本实验实训课题是一个巩固提高训练题，它要求学生掌握各种位逻辑应用，结合传感器，机械、电气自行设计程序并进行安装调试。掌握运输单元的功能、抓取机械手装置的原理、步进电机的原理以及输送单元的控制要求。其工作原理是：该系统是最重要同时也是承担任务最重的单元，该单元主要是完成驱动它的抓取机械手装置精确到指定的单元。在物料台上抓取工件时，同时放回指定的单元。该单元在 PPI 网络系统中还担任主站的功能，接收主令信号、读取从站的网络信号，加以综合后向各个从站发出信号，协调整个系统的工作。运输单元如图 5-58 所示。

5.3.9.3 项目实施——输送单元过程的 PLC 控制

A 实践任务

使用实验设备，完成对输送单元过程的 PLC 控制项目的方案探讨、程序设计、电气接线、操作安装调试、步进电机设置等任务。

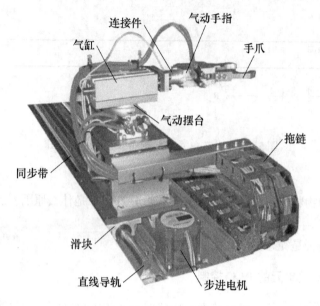

图 5 – 58　运输单元的实验外观图

B　主要实践步骤

（1）完成实践工序方案探讨，把实践任务下发给学生，分组讨论、总结，老师引导评讲，得出实现方案（可以是多种）。

（2）程序设计，录入。

（3）电气接线如图 5 – 59 所示。

（4）调试，故障排除。

C　填写报告

填写实验报告。

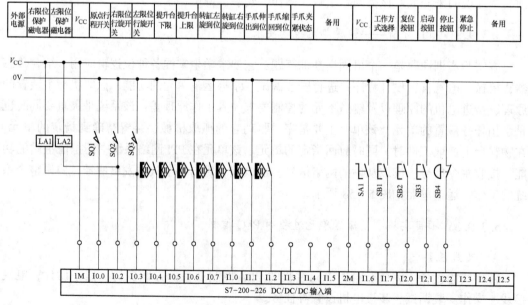

外部电源	右限位保护磁电器	左限位保护磁电器	V_{CC}	原点行程开关	右限位行程开关	左限位行程开关	提升台下限	提升台上限	转缸左旋到位	转缸右旋到位	手爪伸出到位	手爪缩回到位	手爪夹紧状态	备用	V_{CC}	工作方式选择	复位按钮	启动按钮	停止按钮	紧急停止	备用

S7-200-226 DC/DC/DC 输入端

1M	I0.0	I0.2	I0.3	I0.4	I0.5	I0.6	I0.7	I1.0	I1.1	I1.2	I1.3	I1.4	I1.5	2M	I1.6	I1.7	I2.0	I2.1	I2.2	I2.3	I2.4	I2.5

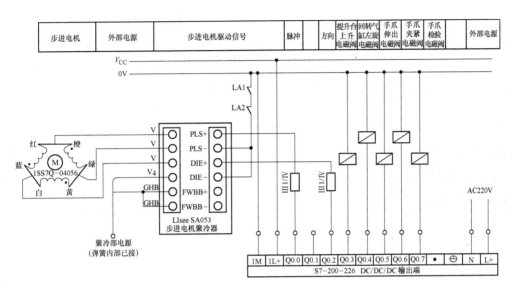

图5-59　变频器模块

5.3.9.4　参考知识

（1）步进电机的介绍。

（2）抓取机械手装置的原理。

（3）运输单元的PLC控制参考程序如图5-60所示。

【问题思考】

如果当机械手的手爪电磁阀得电，但是其手爪不夹紧是什么原因？怎么办？

【提醒】

检查上一段程序手爪抓紧放松电磁阀是否一直处于置位。

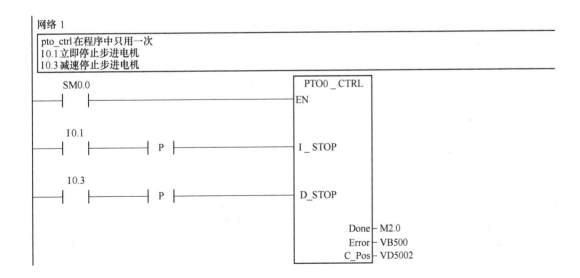

网络 2

当执行下段程序时，S0.0不被执行
当 S0.0、 S0.1、 S0.2、 S0.3任意一个断开时则可以判断哪段程序在被执行

```
  SM0.0        S0.1        S0.2        S0.3        S0.0
───┤ ├─────────┤/├─────────┤/├─────────┤/├────────( S )
                                                     1
```

网络 3

当执行下段程序时，S0.0被复位
S0.1下段程序的反馈信号
M44下段程序的反馈信号
M2.4下段程序的反馈信号
M2.6下段程序的反馈信号

```
  S0.1                                    S0.0
───┤ ├──────────────┤P├────────────────( R )
  │                                        1
  T44
───┤ ├──────┤
  │
  M2.4
───┤ ├──────┤
  │
  M2.6
───┤ ├──────┤
```

网络 4

S0.0 段程序

```
  S0.0
─┤ ┌──────────┐
  │ SCR      │
  └──────────┘
```

网络 5　　　网络标题

I2.5 启动步进电机
I2.6 启动步进电机
T111启动步进电机
m0.0原点、停止步进电机

```
  SM0.0                          ┌─────────────┐
───┤ ├─────────────────────────┤EN  PTO0_RUN │
                                 │             │
  I2.5                           │             │
───┤ ├───────────┤P├───────────┤START        │
  │                             │             │
  I2.6                       0─┤Profile      │
───┤ ├──────┤              M0.0─┤Abort   Done├─M2.2
  │                             │       Error├─VB505
  T111                          │   C_Profile├─VB508
───┤ ├──────┤                  │     C_Step├─VB512
                                │      C_Pos├─VD5004
                                └─────────────┘
```

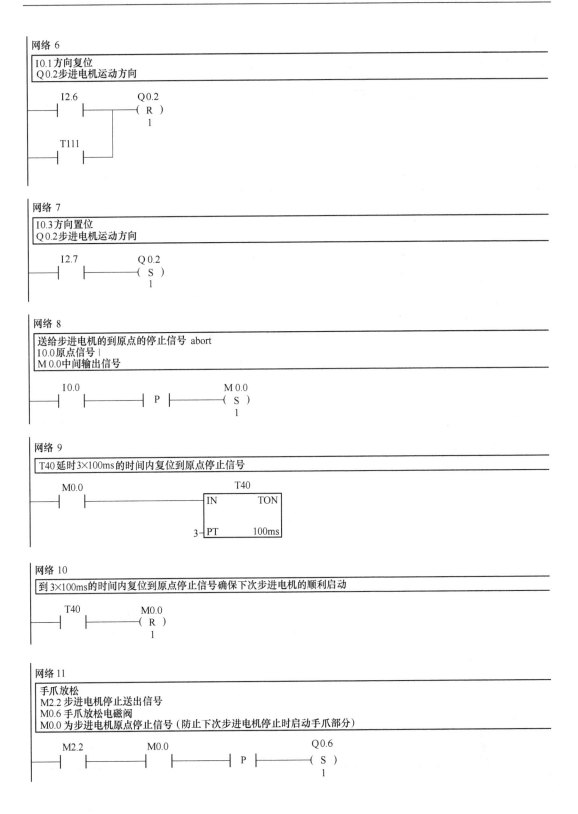

网络 6

I0.1方向复位
Q0.2步进电机运动方向

网络 7

I0.3方向置位
Q0.2步进电机运动方向

网络 8

送给步进电机的到原点的停止信号 abort
I0.0原点信号 |
M0.0中间输出信号

网络 9

T40延时3×100ms的时间内复位到原点停止信号

网络 10

到3×100ms的时间内复位到原点停止信号确保下次步进电机的顺利启动

网络 11

手爪放松
M2.2步进电机停止送出信号
M0.6手爪放松电磁阀
M0.0为步进电机原点停止信号（防止下次步进电机停止时启动手爪部分）

网络 12

T41延时2×100ms手爪放松

```
  Q0.6                           T41
──┤ ├────────────────────────┤IN    TON│
                              │         │
                          2 ─┤PT   100ms│
```

网络 13

Q0.6手爪放松电磁阀

```
  T41          Q0.6
──┤ ├──────────( R )
                 1
```

网络 14

M 2.2防误动作
Q0.6 放松电磁阀
I1.2 手爪伸出复位
I1.0 手爪抓紧指示(防止手爪再次启动)
Q0.5手爪伸出电磁阀

```
  M 2.2      I1.2      I1.0      Q0.6            Q 0.5
──┤ ├────────┤ ├───────┤/├───────┤/├──── P ├────( S )
                                                  1
```

网络 15

I1.1 手爪伸出到位
M6.6 防止误动作
Q 0.5手爪伸出电磁阀
Q 0.7手爪抓紧电磁阀
Q 0.6手爪放松电磁阀
M 2.2防止下段程序放松的误启动

```
  M 2.2      I1.1      Q0.6      Q0.5            Q 0.7
──┤ ├────────┤ ├───────┤/├───────┤ ├──── P ├────( S )
                                                  1
```

网络 16

I1.0 手爪抓紧指示
I1.1 手爪伸出到位
I0.4 上升电磁阀的复位检测
Q0.3手爪上升电磁阀

```
  I1.1       I1.0      I0.4            Q 0.3
──┤ ├────────┤ ├───────┤ ├──── P ├────( S )
                                        1
```

网络 17

I0.5 上升出限位
Q0.3上升电磁阀
Q0.5伸出电磁阀

```
  I0.5       Q0.3            Q0.5
──┤ ├────────┤ ├──── P ├────( R )
                             1
```

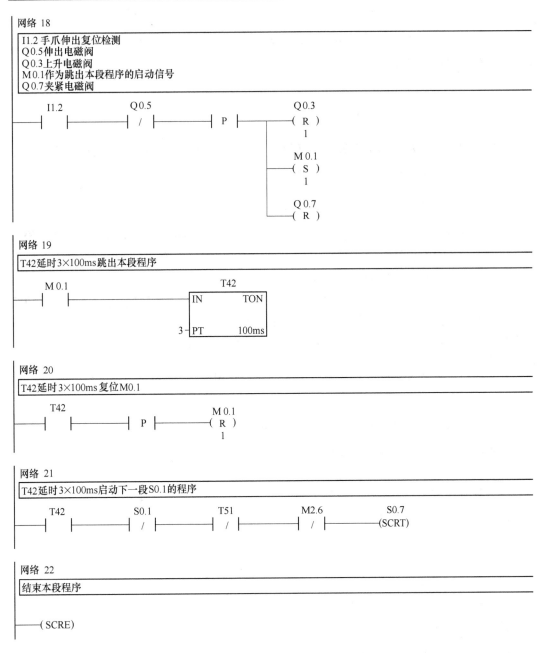

图 5 - 60　运输单元 PLC 控制参考程序参考图

5.3.10　项目十：YL - 335A 型系统整体控制

【任务描述与分析】应用 PLC 技术，传感器、变频器、气动学、机械学、电气学、精确定位学等实现系统整体控制。

【完成任务器材】亚龙 YL - 335A 型机械手全套。

【相关知识】

（1）应知：传感器、变频器、气动学、机械学、电气学、精确定位学等的工作原理和使用方法。

（2）应会：整体系统单元的电气接线，程序录入、传感器、变频器、气动学、机械学、电气学、精确定位学等的工作原理和使用方法。

【任务训练】

5.3.10.1　项目导入——PLC控制的应用

在沿海很多地方都采用了系统的自动控制像啤酒公司电子厂等，下面简单的说明来完成对该类问题的了解、操作、安装、调试、维修。

5.3.10.2　项目分析——整体单元控制要求

本实验实训课题是一个巩固提高训练题，它要求学生掌握各种位逻辑应用，结合传感器，机械、电气自行设计程序并进行安装调试。深入理解传感器、变频器、气动学、机械学、电气学、精确定位学等的工作原理和使用方法。

其工作原理是：当主站接收到供料站来的信号时，步进电机将快速返回进行物料的抓取然后送至加工站，这时，等待加工站加工完的信号再次将其带入到装配站，待装配完成时将其送至分拣单元完成最后的整个系统的工作，最后快速返回供料站。

5.3.10.3　项目实施——整体单元过程的PLC控制

A　实践任务

使用实验设备，完成对整个单元过程的 PLC 控制项目的方案探讨、程序设计、电气接线、操作安装调试、整机设置等任务。

B　主要实践步骤

（1）完成实践工序方案探讨，把实践任务下发给学生，分组讨论、总结，老师引导评讲，得出实现方案（可以是多种）。

（2）程序设计，录入。

（3）电气接线。

（4）调试，故障排除。

C　填写报告

填写实验报告。

5.3.10.4　参考知识

（1）PLC 技术，传感器、变频器、气动学、机械学、电气学、精确定位学等实现系统整体控制。

（2）整体控制的原理。

（3）整体控制单元的 PLC 控制参考程序如下：

步进电机在任意一点回原点程序，回到原点进行抓取物料。

【问题思考】

如果中途出现乱动作是什么原因？怎么办？

【提醒】

检查程序之间的协调性。

任务 5.4　电镀生产线 PLC 控制

5.4.1　任务描述与分析

随着电子技术、计算机技术和数字控制技术的迅速发展，可编程逻辑控制器从开关量逻辑控制扩展到计算机数字控制等领域，更多地具有了计算机的功能，不仅用于逻辑控制场合，而且还可以用于运动控制、过程控制、PID 控制等所有自动化控制领域。

在生产过程中，企业经常会采用自动化生产线。如今，PLC 已大量应用在各行各业，也涌现出大批企事业单位应用 PLC 改造旧设备的成果，它的应用几乎覆盖了所有的工矿企业，PLC 技术已成为当今世界的潮流，成为工业自动化的三大支柱（PLC 技术、机器人、计算机辅助设计与制造）之一。电镀生产线的控制流程自动运行，就是运用 PLC 控制行车电机左右行走，行车吊钩上下运行。

5.4.1.1　任务描述

某生产厂家电镀生产线采用专用行车控制，行车架装有可升降的吊钩；行车和吊钩各有一台三相异步电机拖动；行车进退和吊钩升降由极限（限位）开关控制，SQ1～SQ4 为行车进退限位开关，SQ5、SQ6 为吊钩上、下限位开关。

电镀生产线设置为三个工作槽，是第一槽为电镀槽，第二槽回收液槽，第三槽清洗液槽。工艺如图 5-61 所示。

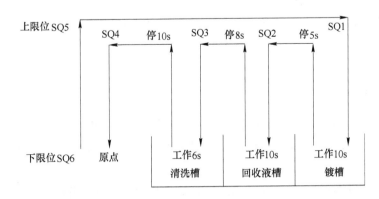

图 5-61　电镀槽示意图

5.4.1.2　任务分析

A　硬件设计

（1）根据电镀生产线采用专用行车系统控制要求，画出电气控制主电路图。

（2）根据系统控制要求，画出 PLC 的 I/O 分配表，试设计其电镀生产线采用专用行车状态运行转移图。

B 软件设计

根据电镀生产线采用专用行车系统控制要求，设计其 PLC 程序。

C 系统调试

（1）输入程序。按前面介绍的程序输入方法，运用编程器（或计算机）正确进行程序。

（2）静态调试。按设计的系统接线图正确连接好输入设备，进行 PLC 的模拟静态调试，观察 PLC 的输出指示灯是否按要求指示，否则，检查并修改程序，直至指示正确。

（3）动态调试。按设计的系统接线图，正确连接输出继电器，进行系统的动态调试，观察电镀生产线能否按控制要求动作，否则，检查线路或修改程序，直至能按控制要求动作。

（4）其他查测调试。

（5）实训过程中做到安全生产、文明施工等。

D 任务完成所需器材

（1）硬件：计算机一台，PLC 主机模块一套。电源块为 PS307，2A；CPU 为 CPU314C-2DP；根据 I/O 地址分配表输入点共有 30 点，所以选输入模块为 SM321（DI 8 ×120V/230V 共计 1 块）；输出点为 20 点，故选择输出模块为 SM322（DO 16×DC24V/ 0.5A 共计 1 块）。

（2）电工工具一套。

（3）电工配电盘一块。

（4）DP 总线，导线若干。

（5）远程模块 SIMATIC ET200 一套。

（6）软件：STEP 7 V5.3 或 V5.4，V5.5，WinCC6.0。

5.4.2 相关知识

5.4.2.1 需求分析

目前，可编程控制器已广泛应用于钢铁、石油、化工、电力、建材、机械制造、汽车、纺织、交通运输、环保等各行各业。随着其性价比的不断提高，其应用范围越来越广泛。

PLC 经过不断的发展，实现了从无到有，从一开始的简单逻辑控制到现在的运动控制、过程控制、数据处理和联网通信，随着科学技术的进步，PLC 还将有更大的发展，主要表现在以下几个方面：

（1）从技术上看，随着计算机技术的新成果更多的应用到 PLC 的设计和制造上，PLC 会向运算速度更快、储存容量更大、功能更广、性能更稳定、性价比更高的方向发展。

（2）从规模上看，随着 PLC 应用领域的不断扩大，为适应市场的需求，PLC 会进一步向超小型和超大型两个方向发展。

（3）从配套性上看，随着 PLC 功能的不断扩大，PLC 产品会向品种更丰富、规格更齐备的方向发展。

（4）从标准上看，随着国际化标准的诞生，各厂家 PLC 或同一厂家不同型号的 PLC 互不兼容的格局将被打破，将是 PLC 的通用信息、设备特性、编程语言等向国际标准的方向发展。

（5）从网络通信的角度看，随着 PLC 和其他工业控制计算机组网构成大型控制系统以及现场总线的发展，PLC 将向网络化和通信的简便化方向发展。

5.4.2.2　设计理念

PLC 经过 40 多年的发展，形成了几大流派，上百种产品，每个品种又有多种系列。各种品牌的 PLC 尽管在整体结构、工作原理上相差不是太大，但其指令的功能、用法、编程的思路等却有些区别。因此，了解了某个品牌的 PLC 就可以去应用另一品牌的 PLC 是不太现实的，例如，不能说熟悉了西门子的 S7－300 系列就可以去应用日本 OMRON 的 C200 系列。但是，同一流派的也有些 PLC 却十分接近，例如，德国西门子公司的 S 系列与日本的 OMRON 系列，尽管存在某些指令形式的不同，内部软件的表示方式不同，但其编程的思路比较接近。

因此，使用 PLC 时，首先要了解其结构、工作原理，在此基础上选取一种逻辑关系清楚的作为学习的主要机型；接着了解其内部软元件，掌握其指令的意义和编程方法；然后进行大量的编程练习，积累编程经验、掌握编程技巧；之后再学习其他品牌的 PLC。为此，本书选取了西门子公司的 S7 系列 PLC 作为学习用机，前面着重介绍了其内部软元件、编程工具、基本逻辑指令、进步顺控指令、常用功能指令及特殊功能模块等内容，并安排了大量的编程训练。希望读者通过这样的实例练习，能够掌握一种 PLC 的基本应用，以便在今后的工作中发扬光大，提高自身技术水平。

（1）在准确了解电镀生产线控制要求后，合理地为控制系统中的信号分配 I/O 接口，并画出 I/O 分配图。

（2）对于电镀生产线控制要求比较简单的输出信号，可直接写出它们的控制条件，然后根据吊车启动、上升、下降；前进、后退和热保护、停止电路的编程方法完成相应输出信号的编程；对于控制条件较复杂的输出信号，例如极限开关，可借助辅助继电器或计数器来编程。

（3）对于极限开关的控制，要正确分析控制要求，确定各输出的信号的关键控制点。在以时间为主的控制中，关键点为引起输出信号状态改变的时间点（即时间原则）；在以空间位置为主的控制中，关键点为引起输出信号状态改变的位置点（即空间原则）。

（4）确定了关键点后，用起保停电路的编程方法或常用电路的梯形图，画出各输出信号的梯形图。

（5）在完成电镀生产线关键点梯形图的基础上，针对系统的控制要求，画出其他输出信号的梯形图。

（6）在此基础上，检查所设计的梯形图，更正错误，补充遗漏的功能，进行最后的优化。

5.4.3　工艺流程

5.4.3.1　控制要求

（1）设计具有手动和自动控制功能，手动时，各动作能分别操作。自动时，按下启动按钮后，从原点开始按图运行一周后回到原点。工作循环为：工件放入渡槽—电镀 10s 后提起停放 5s—放入回收液槽浸泡 10s 提起后停 8s—放入清水槽清洗 6s 提起后停 10s—行车返回原点。

（2）设计符合电气设计规范，具有必要的保护功能，有必要的电气保护和联锁。

（3）自动循环时应按电镀生产线的控制流程自动运行，但该自动循环达到 5 次，给出提示信号。

（4）按下停止按钮、设备停止工作。行车运行以 1Hz 进行闪烁指示，吊钩运行以 2Hz（占空比为 50%）闪烁指示。

（5）具备必要保护、联锁、故障、运行状态显示功能。

（6）在信号显示屏上显示所有电机的工作状态指示。

（7）行车和吊钩电机接触器控制或者采用 ET200 远程机架控制，完成远程机架组态，使用接触器控制电机线路接线。远程机架与 PLC 之间采用 DP 总线方式。

5.4.3.2　任务内容

（1）根据题意设计出 PLC 控制接线图（包括主电路和继电器控制电路）。

（2）按控制要求完成硬件组态，并下载到 CPU 中去。

（3）通过计算机将指令输入到 PLC 中（转换成梯形图形式）。

（4）按照前面讲的 PLC 与 WinCC 相连接。

（5）将 PLC 置于 RUN 运行模式。

（6）分别将 PLC 的输入信号按钮或开关置于 ON 或 OFF，观察 WinCC 画面运行情况和 PLC 的输出结果。

（7）完成 PLC 与接触器的正确接线，根据要求能实现电镀生产线所有的控制功能。

（8）反复调试，直到完全符合题意。

5.4.4　系统接线图

5.4.4.1　电镀生产线行车主电路

其电路如图 5 - 62 所示。

5.4.4.2　PLC I/O 接线图

PLC I/O 接线如图 5 - 63 所示。

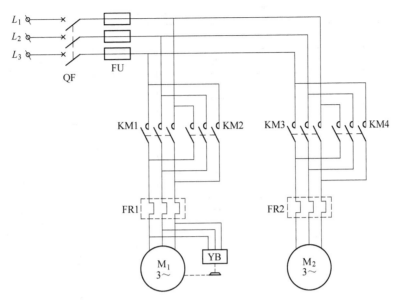

图 5 – 62　行车主电路

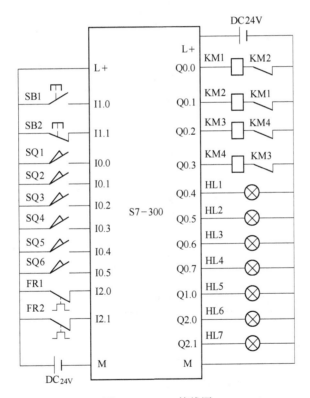

图 5 – 63　I/O 接线图

5.4.4.3　PLC I/O 分配表

PLC I/O 分配见表 5 – 4。

表 5 – 4　PLC I/O 分配表

序　号	符　号	地　址	注　释
1	FR1	I2.0	吊钩热保
2	FR2	I2.1	行车热保
3	KM1	Q0.0	吊钩上升运行
4	KM2	Q0.1	吊钩下降运行
5	KM3	Q0.3	行车右行运行
6	KM4	Q0.2	行车左行运行
7	HL1	Q0.5	吊钩上升运行指示
8	HL2	Q0.4	吊钩下降运行指示
9	HL3	Q0.6	行车右行运行指示
10	HL4	Q0.7	行车左行运行指示
11	HL5	Q1.0	循环五次指示
12	HL6	Q1.6	吊钩报警指示
13	HL7	Q1.7	行车报警指示
14	KA1	M2.0	电镀槽
15	KA2	M2.2	回收液槽
16	KA3	M2.4	清洗槽
17	SB1	I1.0	启动控制
18	SB2	I1.1	停止控制
19	SQ1	I0.0	行车右极限
20	SQ2	I0.1	回收液槽上方极限
21	SQ3	I0.2	清洗槽上方极限
22	SQ4	I0.3	行车左极限
23	SQ5	I0.4	吊钩上极限
24	SQ6	I0.5	吊钩下极限

5.4.4.4　分析与总结

（1）总结操作过程中所出现的问题。

（2）提炼出更合理控制要求。

（3）设想是否能有更好的方法解决多次撞击极限处理办法。

（4）如何提高 PLC 和 WinCC 编程技能。

PLC 参考程序（略）。

任务 5.5　柔性自动化控制系统

5.5.1　任务描述与分析

5.5.1.1　任务描述

(1) 构建单容水箱的特性测试的开环系统。
(2) 测试单容水箱的阶跃响应曲线。
(3) 液位阶跃响应曲线的参数分析，确定对象的特征参数 K、T 和滞后时间 τ。
(4) 单回路控制系统的结构和组成。
(5) 选择调节规律。
(6) 用工程整定法整定系统的 PID 参数。

5.5.1.2　任务分析

这是一个生产过程的控制的训练，首先通过对单容水箱液位控制系统特性的测试掌握单容水箱阶跃响应测试方法，并记录相应液位的响应曲线。

根据实验得到的液位阶跃响应曲线，用相关的方法确定被测对象的滞后时间 τ、特征参数 T，进一步可以获得控制对象或者系统的传递函数。

5.5.2　任务所需的器材

(1) THSA – 1 型过控综合自动化控制系统对象。
(2) 实验室中实验平台的必须挂件：
1) SA – 01 电源控制屏面板。
2) SA – 02 I/O 信号接口面板。
3) SA – 12 挂件（智能调节仪）两个。
4) RS485/232 转换器一个、通信线一根。
(3) PC 机一台。
(4) 万用表一个。

5.5.3　相关知识以及任务内容

5.5.3.1　控制对象的特性测试的意义和使用场合

控制对象的特性测试是设计和分析、理解控制系统的重要先决条件，也是改善控制性能的重要依据。

实际的生产系统的设计和分析往往会遇到建立数学建模的问题，人们往往依据不同的实际背景，给广义对象建立一个通用的原型数学模型，然后通过测定广义对象的基本特性，从而确定广义对象的数学模型以及控制系统的数学模型。

可以通过测量系统的阶跃响应曲线，经过分析和简单的计算得到数学模型的基本参数。

要得到选择系统的控制规律的依据，需要控制对象的基本参数。

相关概念：

（1）广义对象：液位广义对象由压力传感器，电动调节阀，提升泵，进水管道，开口水箱，放水阀组成。

（2）对象特性：对象特性是指对象在输入的作用下，其输出的变量（即被控变量）随时间变化的特性。

5.5.3.2　测试方法的背景

一阶惯性环节的响应曲线是一单调上升的指数函数，如图 5 - 64（a）所示，该曲线上升到稳态值的 63% 所对应的时间，就是水箱的时间常数 T。

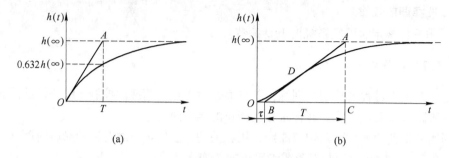

图 5 - 64　一阶惯性环节的响应曲线图

也可由坐标原点对响应曲线作切线 OA，切线与稳态值交点 A 所对应的时间就是该时间常数 T，由响应曲线求得 K 和 T 后，就能求得单容水箱的传递函数。

$$K = \frac{h(\infty) - h(0)}{x_0} = \frac{输出稳态值}{阶跃输入} \qquad (5-1)$$

如果对象具有滞后特性时，其阶跃响应曲线则如图 5 - 64（b）所示，在此曲线的拐点 D 处作一切线，它与时间轴交于 B 点，与响应稳态值的渐近线交于 A 点。图中 OB 即为对象的滞后时间 τ，BC 为对象的时间常数 T，所得的传递函数为：

$$H(S) = \frac{Ke^{-\tau s}}{1 + Ts} \qquad (5-2)$$

5.5.3.3　单回路控制系统的组成

如图 5 - 65 所示为单回路控制系统方框图的一般形式，它是由被控对象、执行器、调节器和测量变送器组成一个单闭环控制系统。

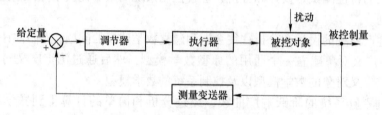

图 5 - 65　单回路控制系统方框图

系统的给定量是某一定值，要求系统的被控制量稳定至给定量。

由于这种系统具备结构简单，性能较好，调试方便等优点，故在工业生产中已被广泛应用。

5.5.3.4　控制规律的选择

当被控过程的数学模型是或者可以近似为带纯滞后的一阶惯性环节时候，那么系统的调节规律可以按以下方法进行选择。

根据系统的纯滞后时间 τ_0 与时间常数 T_0 的比值 τ_0/T_0，来选择调节器的控制规律：

（1）当 τ_0/T_0 小于 0.2 时，选择比例或者比例积分控制。

（2）当 τ_0/T_0 大于 0.2，并且小于 1.0 时，选择比例积分或者比例积分微分控制。

（3）当 τ_0/T_0 大于 1.0 时，往往不再采用单回路控制系统，需要根据具体情况选择其他的控制方式，比如串级控制、前馈控制、采样控制等其他控制方式。

如果被控过程的数学模型不能确定，可以根据经验，来选择 PID 规律的控制。

PID 控制规律及其对系统控制质量的影响已在有关课程中介绍，在此将有关结论进行简单归纳。

A　比例调节器（P）

纯比例调节器是一种最简单的调节器，它对控制作用和扰动作用的响应都很快。由于比例调节只有一个参数，所以很方便确定。这种调节器的主要缺点是系统有静差存在。其传递函数为：

$$G_C(s) = K_P = \frac{1}{\delta}$$

式中，K_P 为比例系数；δ 为比例带。

B　比例积分调节器（PI）

PI 调节器就是利用 P 调节器快速抵消干扰的影响，同时利用 I 调节器消除残差，但 I 调节器会降低系统的稳定性，这种调节器在过程控制中是应用最多的一种调节器。其传递函数为：

$$G_C(s) = K_P\left(1 + \frac{1}{T_I s}\right) = \frac{1}{\delta}\left(1 + \frac{1}{T_I s}\right)$$

式中，T_I 为积分时间。

C　比例微分调节器（PD）

这种调节器由于有微分的超前作用，能增加系统的稳定度，加快系统的调节过程，减小动态和静态误差，但微分抗干扰能力较差，且微分过大，易导致调节阀动作向两端饱和。因此一般不用于流量和液位控制系统。PD 调节器的传递函数为：

$$G_C(s) = K_P(1 + T_D s) = \frac{1}{\delta}(1 + T_D s)$$

式中，T_D 为微分时间。

D　比例积分微分调节器（PID）

PID 是常规调节器中性能最好的一种调节器。由于它具有各类调节器的优点，因而使系统具有更高的控制质量。它的传递函数为：

$$G_C(s) = K_P\left(1 + \frac{1}{T_I s} + T_D s\right) = \frac{1}{\delta}\left(1 + \frac{1}{T_I s} + T_D s\right)$$

如图 5 - 66 所示为同一对象在相同阶跃扰动下，采用不同控制规律时具有相同衰减率的响应过程。

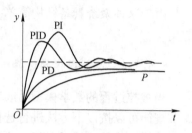

图 5 - 66　各种控制规律
对应的响应过程

5.5.3.5　调节器参数的整定方法

调节器参数的整定一般有两种方法：一种是理论计算法，即根据广义对象的数学模型和性能要求，用根轨迹法或频率特性法来确定调节器的相关参数；另一种方法是工程实验法，通过对典型输入响应曲线所得到的特征量，然后查照经验表，求得调节器的相关参数。工程实验整定法有经验法、临界比例度法、衰减曲线法、动态特性参数法四种方法。

A　经验法

若将控制系统按照液位、流量、温度和压力等参数来分类，则属于同一类别的系统，其对象往往比较接近，所以无论是控制器形式还是所整定的参数均可相互参考。表 5 - 5 为经验法整定参数的参考数据，在此基础上，对调节器的参数作进一步修正。若需加微分作用，微分时间常数按 $T_D = \left(\frac{1}{3} \sim \frac{1}{4}\right)T_I$ 计算。

表 5 - 5　经验法整定参数

系　统	参　数		
	$\delta/\%$	$T_I/\min$	$T_D/\min$
温　度	20 ~ 60	3 ~ 10	0.5 ~ 3
流　量	40 ~ 100	0.1 ~ 1	
压　力	30 ~ 70	0.4 ~ 3	
液　位	20 ~ 80		

B　临界比例度法

这种整定方法是在闭环情况下进行的。设 $T_I = \infty$，$T_D = 0$，使调节器工作在纯比例情况下，将比例度由大逐渐变小，使系统的输出响应呈现等幅振荡，如图 5 - 67 所示。根据临界比例度 δ_k 和振荡周期 T_S，按表 5 - 6 所列的经验算式，求取调节器的参考参数值，这种整定方法是以得到 4：1 衰减为目标。

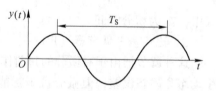

图 5 - 67　具有周期 T_S 的等幅振荡

临界比例度法的优点是应用简单方便，但此法有一定限制。首先要产生允许受控变量能承受等幅振荡的波动，其次是受控对象应是二阶和二阶以上或具有纯滞后的一阶以上环节，否则在比例控制下，系统是不会出现等幅振荡的。在求取等幅振荡曲线时，应特别注意控制阀出现开、关的极端状态。

表5-6　临界比例度法整定调节器参数

调节器参数 调节器名称	δ	T_I/s	T_D/s
P	$2\delta_k$		
PI	$2.2\delta_k$	$T_S/1.2$	
PID	$1.6\delta_k$	$0.5T_S$	$0.125T_S$

C　衰减曲线法（阻尼振荡法）

在闭环系统中，先把调节器设置为纯比例作用，然后把比例度由大逐渐减小，加阶跃扰动观察输出响应的衰减过程，直至出现如图5-68所示的4:1衰减过程为止。这时的比例度称为4:1衰减比例度，用δ_S表示之。相邻两波峰间的距离称为4:1衰减周期T_S。根据δ_S和T_S，运用表5-7的经验公式，就可计算出调节器预整定的参数值。

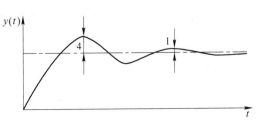

图5-68　4:1衰减曲线法图形

表5-7　衰减曲线法计算公式

调节器参数 调节器名称	$\delta/\%$	T_I/min	T_D/min
P	δ_S		
PI	$1.2\delta_S$	$0.5T_S$	
PID	$0.8\delta_S$	$0.3T_S$	$0.1T_S$

D　动态特性参数法

所谓动态特性参数法，就是根据系统开环广义过程阶跃响应特性进行近似计算的方法，即根据对象特性的阶跃响应曲线测试法测得系统的动态特性参数（K、T、τ等），利用表5-8的经验公式，就可计算出对应于衰减率为4:1时调节器的相关参数。如果被控对象是一阶惯性环节，或具有很小滞后的一阶惯性环节，若用临界比例度法或阻尼振荡法（4:1衰减）就有难度，此时应采用动态特性参数法进行整定。

表5-8　经验计算公式

调节器参数 调节器名称	$\delta/\%$	T_I/s	T_D/s
P	$\dfrac{K\tau}{T}\times100\%$		
PI	$1.1\dfrac{K\tau}{T}\times100\%$	3.3τ	
PID	$0.85\dfrac{K\tau}{T}\times100\%$	2τ	0.5τ

5.5.4　任务实施

5.5.4.1　课堂训练 1：控制对象的特性测试（单容自衡水箱液位)

（1）构成开环单回路，加入阶跃扰动。

（2）测量单容水箱特性曲线。

（3）对曲线进行分析、进行计算，得到参数：时间常数、放大倍数、滞后时间。

训练任务实施步骤：系统的组成原理框图，如图 5 - 69 所示。

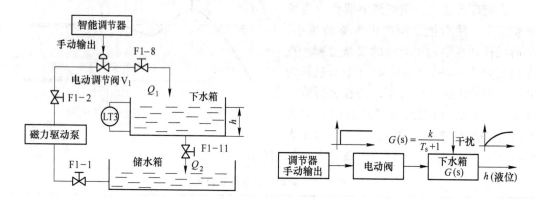

图 5 - 69　系统组成原理图

（1）按照如图 5 - 70 所示的控制屏接线图连接实验系统。

将"LT3 水箱液位"开关拨到"ON"的位置。

（2）接通总电源及相关仪器、仪表电源。

（3）启动 MCGS 组态软件，进入"单容自衡水箱对象特性测试"界面。

（4）将智能仪表设置为"手动"控制，并将输出值设置为一个适当的值。

（5）合上三相电源空气开关，适当增加/减少智能仪表的输出量，使下水箱的液位处于某一平衡位置，记录此时的相关值。

（6）待下水箱液位平衡后，给一个阶跃信号，使智能仪表输出量处有一个阶跃增量的变化，水箱液位原平衡状态被破坏，经过一段时间后，水箱液位进入新的平衡状态，记录下此时的仪表输出值和液位值，液位的响应过程曲线将如图 5 - 71 所示。

（7）根据前面记录的液位值和仪表输出值，按式（5 - 1）计算 K 值，再根据图中的实验曲线求得 T 值，写出对象的传递函数。

5.5.4.2　课堂训练 2：单容液位定值控制系统的组建

（1）组建单容液位定值控制系统。

（2）完成单容液位定值控制系统的调试和投运。

（3）考察调节器相关参数的变化对系统静、动态性能的影响。

训练任务实施步骤：

（1）组建单容液位定值控制系统。

本任务中的系统结构图和方框图如图 5 - 72 所示。被控量为中水箱的液位高度，实训

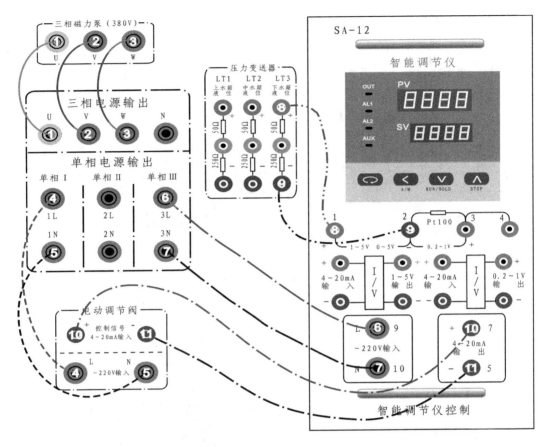

图 5-70　仪表控制单容水箱特性测试实验接线图

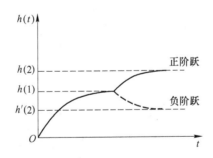

图 5-71　单容下水箱液位阶跃响应曲线

要求中水箱的液位稳定在给定值。

（2）按照控制屏接线图连接实验系统，具体如图 5-73 所示。

（3）测控。

1）将"LT3 水箱液位"开关拨到"ON"的位置。

2）接通总电源及相关仪器、仪表电源。

3）启动 MCGS 组态软件，进入"单容自衡水箱对象特性测试"界面。

4）将智能仪表设置为"手动"控制，并将输出值设置为一个适当的值。

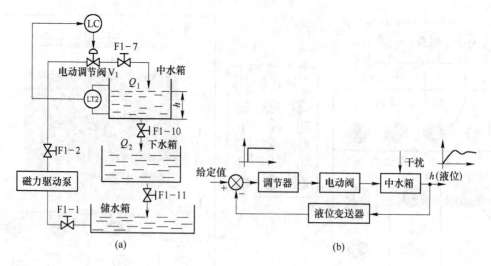

图 5 - 72　中水箱单容液位定值控制系统

(a) 结构图；(b) 方框图

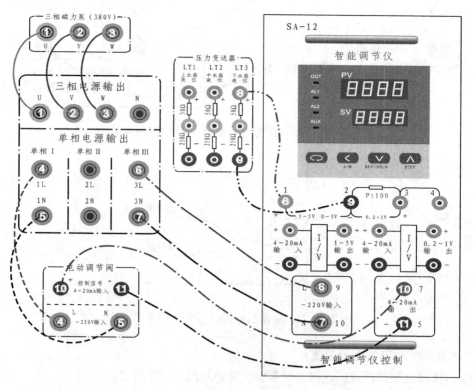

图 5 - 73　控制屏接线图

5）合上三相电源空气开关，适当给智能仪表一个扰动量。

6）根据经验或者系统的数学模型的参考，设置一套 P、I、D 参数的值。

7）将液位的给定值设置为一个适当的值。

8）当水箱的液位达到设定值的位置时候，将切换自动工作模式，同时记录此时的相关值。

为了实现系统在阶跃给定和阶跃扰动作用下的无静差控制，系统的调节器应为PI或PID控制。

5.5.4.3　课堂训练3：控制系统的PID参数整定

（1）组建一个水箱液位定值控制系统，对控制系统的PID参数进行整定。

（2）确定水箱液位控制对象的特性参数。

（3）组建一个单容对象的液位定值控制系统，选择合适的调节规律。

（4）整定水箱液位定值控制系统的PID控制参数或动态特性参数法整定调节器参数。

训练任务实施步骤：

（1）按本任务的"课堂训练2：单容液位定值控制系统的组建"中的方法，建立一个下水箱液位定值控制系统。

（2）选择适当的PID控制参数。

（3）将系统的给定值设置为最大参数的40%左右。

（4）待液位稳定于给定值后，切换到"自动"控制状态，待液位平衡后，给一个扰动，使其有一个阶跃增量的变化。

加入干扰后，水箱的液位便离开原平衡状态，经过一段调节时间后，水箱液位稳定至新的设定值，记录此时的相关值和仪表参数，液位的响应过程曲线将如图5-74所示。

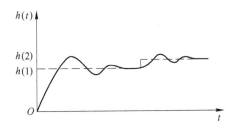

图5-74　单容水箱液位的阶跃响应曲线

（5）分别适度改变调节仪的P及I参数，每一次修改参数，然后重复步骤4，并用计算机记录"用不同的参数时"系统的阶跃响应曲线。

（6）分别用P、PD、PID三种控制规律；每一次修改控制规律，重复步骤4，并用计算机记录"用不同的控制规律时"系统的阶跃响应曲线。

（7）直到出现衰减比为4：1到10：1之间的阶跃响应曲线便达到了最佳工作参数。

小结

一个过程控制系统的建设，需要经过数学模型的测算，系统结构设计，组成控制系统，确定控制算法参数，最后实施控制方案，进行系统的调试工作。这个教学任务很好实现了过程控制系统建设的基本过程。

任务 5.6　楼宇自动化项目集成

5.6.1　任务描述与分析

5.6.1.1　任务描述

认识楼宇自动化设备电梯系统、立体停车库系统、门禁系统、红外线监控系统实训设备动作原理、画面感观成像，树立学生的感性认识。

5.6.1.2　需求分析

随着城镇化建设的发展，小区物业需要大量的楼宇智能化设备维修、安装、调试技术人员，职业院校电气专业、机电专业、工程电气专业通过实训楼宇智能化设备认识楼宇自动化设备的维修、安装、系统集成、调试步骤、方法，让学生有了感性认识，学生就业后从事该工作能轻车熟路。

5.6.2　知识

5.6.2.1　具备知识学科

学生需要掌握电气自动化技术中的电机原理、继电控制技术、PLC 编程知识、变频器调速调试方法。

A　电梯系统

立体停车库系统、门禁系统、红外线监控系统实训设备。了解这些系统元件组成、原理、外观形状实物。

B　分系统原理

a　电梯系统

编好的 PLC 程序，一旦呼叫上行或下行，轿厢运行到呼叫位置，开启轿厢门，人进入，再选楼层，等待一会，关门；人们在电梯轿厢内选择楼层后，电机启动加速运行到指定楼层，如果未超重，轿厢外有搭乘的人，电梯到该楼层会降速停车开门，让搭乘人进入，关门继续运行到轿厢选择的楼层。

b　立体停车库系统

立体构架确定后，由 PLC 编程控制轿车吊装机构运行，将轿车起吊到指定位置。

c　门禁系统和监控系统

门禁系统针对小区业主成像使用，负责让业主观看是否是熟人求见，确定是否开小区大门；而监控系统针对小区物业保安成像监控使用，负责小区安全监控，是两个独立系统。

5.6.2.2　系统部件

各系统部件外观、作用、原理以及使用方法根据实训设备了解。

楼宇辅助关联电气控制技术：小区自动绿化喷灌控制技术和自动定时路彩灯控制

技术。

5.6.3　实施与心得

5.6.3.1　各系统实训

各系统相互独立，完成楼宇自动化分功能。实训教学时分项目教学，电梯系统项目实训、立体车库系统项目实训、门禁系统项目实训、监控系统项目实训进行。

5.6.3.2　任务布置

（1）电梯系统项目实训。PLC 编程知识实训、变频器调速调试、位置传感器安装调试、电梯系统集成、安装调试实训。

（2）立体车库系统项目实训。PLC 编程知识实训、控制电机安装调试实训、立体车库系统调试。

（3）门禁系统项目实训。摄像技术实训、系统集成实训、门禁系统安装调试实训。

（4）监控系统项目实训。摄像技术实训、实时监控系统集成实训、小区监控系统安装调试实训。

5.6.4　拓展

5.6.4.1　声、光传感器

了解声、光传感器开关、太阳能原理，如何使楼宇达到节能要求。

5.6.4.2　楼宇智能化发展趋势及成本核算方法

通过新技术运用，楼宇自动化智能、绿色、环保，并且学生学会投入产出核算。

5.6.5　技能训练

5.6.5.1　课堂训练

实训切入点：

相关链接

首先单独 PLC 编程知识实训，变频器安装调速实训，检测技术实训。熟悉各基础专业技能后，再熟悉系统集成方法、系统安装调试方法，最后学生分组以项目责任制系统实训，老师引导学生项目管理内容实训（技术支持、人员配置、工程进度控制、成本核算）。

A　PLC 编程实训

利用 PLC 位逻辑指令、定时指令、计数器指令、算数运算指令等完成三相交流电机定时正反转、星 - 三角启动、能耗制动及多台电机顺起顺停或顺起逆停 PLC 编程控制实训。

B　变频器调速实训

PLC 控制变频器在通信方式调速实训。

5.6.5.2　实训操作

PLC 编程实训和变频器调速实训。

A　PLC 编程实训

PLC 逻辑指令、定时指令、计数器指令、算数运算指令等完成三相交流电机定时正反转、星－三角启动、能耗制动及多台电机顺起顺停或顺起逆停 PLC 编程控制实训。

B　变频器调速实训

完成变频器 BOP 控制、端子控制、PLC 控制变频器在通信方式调速实训。

C　楼宇智能化工程项目演练实训

电梯系统、立体车库系统、门禁系统、监控系统工程案例（选其中之一案例即可）。

绘制方案图、确定技术支持方案、设备清单和辅材清单、系统集成方案、核算成本、竞价金额报价、项目管理责任书、人员配置表及人员薪酬确定、项目实施进度表、奖惩约定考核方式；具体项目实施。

5.6.6　实训操作任务

楼宇自动化各系统项目集成、调试实训。

知识要点：

掌握电梯系统、立体车库、门禁系统、监控系统各系统调试方法，培养学生电气控制系统集成能力，电气调试能力，学生通过实训初步认识楼宇智能化所需设备系统，调试运行方法。

5.6.6.1　任务描述与分析

A　任务描述

PLC 电梯控制编程方法实训，变频器通信方式调试实训，这是系统工作，需要学习小组成员协调分工完成。

B　任务需求分析

小组成员一部分完成 PLC 编程，另一部分完成变频器调试，再一部分完成机械检测，还有一部分完成系统集成技术，剩下一部分完成系统运行调试。它是楼宇智能化实现根本保证，占整个项目的 90% 工作量。

5.6.6.2　相关知识

A　PLC 编程变频器调试

PLC 编程仿真调试、实训设备在线调试实训；变频器调试。

a　PLC 编程仿真调试、实训设备在线调试实训

通过 PLC 编程仿真调试正确后，再在实训设备在线调试实训，满足控制要求。

b　变频器调试

变频器在 PLC 控制下，电机加减速。

B　系统调试实训

PLC、变频器、传感器检测技术融入电梯或立体车库系统中，进行调试实训。

实训要求：前面 PLC、变频器、检测技术单项实训完成良好，才能完成系统调试实训。

5.6.6.3　任务实施与心得

（1）实训时实训教学的系统性。单个设备正常运转，是一项系统工作，学生要学会需多方面配合完成。

（2）系统各部分相互关联。系统各部分分工明确，协调完成控制要求。

5.6.6.4　知识拓展

（1）楼宇以外其他控制系统。只讲述，让学生了解达到目的。

（2）学生确立控制设备是一项系统工程观念。

5.6.6.5　业务技能训练

A　课堂训练

楼宇智能化设备系统调试实训。

相关链接

学生了解楼宇智能化所需设备，系统如何集成，系统调试步骤、方法，各个工序如何分配人员，人员又如何协调，才使楼宇智能化设备系统本应发挥其功能。

a　电梯系统安装调试、立体车库系统安装调试

这项内容是楼宇智能化最大工程量，耗时长，需注意各个工序的连接，在实训要提示学生去如何去解决。

b　门禁系统安装调试、监控系统安装调试

实训时解决好成像技术、系统集成，这些需查阅国家标准规范，方可实施。

B　实训操作

楼宇智能化系统实训：

（1）电梯系统系统集成安装调试、立体车库系统系统集成安装调试。分组完成，组员之间分工明确，采用项目负责制完成实训。

（2）门禁系统系统集成安装调试、监控系统系统集成安装调试。分组完成，组员之间分工明确，采用项目负责制完成实训。

附录　智能化恒压控制网络监控仿真控制系统集成程序代码

一、符号地址分配表

符号名称	地址		数据类型	注释
01 号点动	I	0.3	BOOL	
01 号电磁阀合	Q	3.2	BOOL	
01 号指示	Q	0.1	BOOL	
02 号点动	I	0.4	BOOL	
02 号电磁阀合	Q	3.3	BOOL	
02 号指示	Q	0.2	BOOL	
03 号点动	I	0.5	BOOL	
03 号电磁阀合	Q	3.4	BOOL	
03 号指示	Q	0.3	BOOL	
04 号点动	I	0.6	BOOL	
04 号电磁阀合	Q	3.5	BOOL	
04 号指示	Q	0.4	BOOL	
05 号点动	I	0.7	BOOL	
05 号电磁阀合	Q	3.6	BOOL	
05 号指示	Q	0.5	BOOL	
06 号点动	I	1.0	BOOL	
06 号电磁阀合	Q	3.7	BOOL	
06 号指示	Q	0.6	BOOL	
07 号点动	I	1.1	BOOL	
07 号电磁阀合	Q	4.0	BOOL	
07 号指示	Q	0.7	BOOL	
08 号点动	I	1.2	BOOL	
08 号电磁阀合	Q	4.1	BOOL	
08 号指示	Q	1.0	BOOL	
09 号点动	I	1.3	BOOL	
09 号电磁阀合	Q	4.2	BOOL	
09 号指示	Q	1.1	BOOL	
1 号变频指示	Q	5.1	BOOL	
1 号工频指示	Q	4.4	BOOL	
1 号过载	I	3.2	BOOL	
1 号机旁启动	I	6.0	BOOL	

符 号 名 称	地　　址		数据类型		注　　释
1 号机旁停止	I	6.1	BOOL		
1 号启动	I	2.0	BOOL		
1 号停止	I	2.5	BOOL		
10 号点动	I	1.4	BOOL		
10 号电磁阀合	Q	4.3	BOOL		
10 号指示	Q	1.2	BOOL		
10 号变频器	DB	10	DB	10	
2 号变频指示	Q	5.2	BOOL		
2 号工频指示	Q	4.5	BOOL		
2 号过载	I	3.3	BOOL		
2 号机旁启动	I	6.2	BOOL		
2 号机旁停止	I	6.3	BOOL		
2 号启动	I	2.1	BOOL		
2 号停止	I	2.6	BOOL		
3 号变频指示	Q	5.3	BOOL		
3 号工频指示	Q	4.6	BOOL		
3 号过载	I	3.4	BOOL		
3 号机旁启动	I	6.4	BOOL		
3 号机旁停止	I	6.5	BOOL		
3 号启动	I	2.2	BOOL		
3 号停止	I	2.7	BOOL		
4 号变频指示	Q	5.4	BOOL		
4 号工频指示	Q	4.7	BOOL		
4 号过载	I	3.5	BOOL		
4 号机旁启动	I	6.6	BOOL		
4 号机旁停止	I	6.7	BOOL		
4 号启动	I	2.3	BOOL		
4 号停止	I	3.0	BOOL		
5 号变频指示	Q	5.5	BOOL		
5 号工频指示	Q	5.0	BOOL		
5 号过载	I	3.6	BOOL		
5 号机旁启动	I	7.0	BOOL		
5 号机旁停止	I	7.1	BOOL		
5 号启动	I	2.4	BOOL		
5 号停止	I	3.1	BOOL		
5 号变频器	DB	5	DB	5	

续表

符 号 名 称	地　　址		数据类型		注　　释
6 号变频器	DB	6	DB	6	
6 号附加	FC	12	FC	12	
7 号变频器	DB	7	DB	7	
8 号变频器	DB	8	DB	8	
9 号变频器	DB	9	DB	9	
BPQ	DB	2	DB	2	
COMPLETE RESTART	OB	100	OB	100	Complete Restart
CONT_ C	FB	41	FB	41	Continuous Control
DPRD_ DAT	SFC	14	SFC	14	Read Consistent Data of a Standard DP Slave
DPWR_ DAT	SFC	15	SFC	15	Write Consistent Data to a Standard DP Slave
HMI – PLC	DB	3	DB	3	
I/O_ FLT1	OB	82	OB	82	I/O Point Fault 1
KM01 反馈	I	4.0	BOOL		
KM01 合	Q	2.0	BOOL		
KM02 反馈	I	4.1	BOOL		
KM02 合	Q	2.1	BOOL		
KM03 反馈	I	4.2	BOOL		
KM03 合	Q	2.2	BOOL		
KM04 反馈	I	4.3	BOOL		
KM04 合	Q	2.3	BOOL		
KM05 反馈	I	4.4	BOOL		
KM05 合	Q	2.4	BOOL		
KM06 反馈	I	4.5	BOOL		
KM06 合	Q	2.5	BOOL		
KM07 反馈	I	4.6	BOOL		
KM07 合	Q	2.6	BOOL		
KM08 反馈	I	4.7	BOOL		
KM08 合	Q	2.7	BOOL		
KM09 反馈	I	5.0	BOOL		
KM09 合	Q	3.0	BOOL		
KM10 反馈	I	5.1	BOOL		
KM10 合	Q	3.1	BOOL		
M_ 1 号变频	M	10.5	BOOL		
M_ 1 号工频	M	10.0	BOOL		
M_ 2 号变频	M	10.6	BOOL		
M_ 2 号工频	M	10.1	BOOL		

符 号 名 称	地 址		数据类型		注 释
M_ 3 号变频	M	10.7	BOOL		
M_ 3 号工频	M	10.2	BOOL		
M_ 4 号变频	M	11.0	BOOL		
M_ 4 号工频	M	10.3	BOOL		
M_ 5 号变频	M	11.1	BOOL		
M_ 5 号工频	M	10.4	BOOL		
M_ error	MW	66	INT		
M_ false	M	11.2	BOOL		
M_ 变频序号	MW	62	INT		
M_ 初始化	M	11.4	BOOL		
M_ 工频序号	MW	68	INT		
M_ 工作	M	12.2	BOOL		
M_ 频率给定	MD	58	REAL		
M_ 启动计数	MW	70	INT		
M_ 启动禁止	M	12.1	BOOL		
M_ 起始序号	MW	64	INT		
M_ 退出	M	11.5	BOOL		
M_ 系统启动	M	11.3	BOOL		
M_ 压力反馈	MD	54	REAL		
M_ 压力设定	MD	50	REAL		
MOD_ ERR	OB	122	OB	122	Module Access Error
PROG_ ERR	OB	121	OB	121	Programming Error
T1_ RESET	M	11.7	BOOL		
T2_ RESET	M	11.6	BOOL		
T3_ RESET	M	12.0	BOOL		
VAT_ 1	VAT	1			
VAT_ 2	VAT	2			
VAT_ 3	VAT	3			
VAT_ 4	VAT	4			
VAT_ 7	VAT	7			
VAT1	VAT	5			
VAT5	VAT	6			
变频序号	FC	9	FC	9	
初始化	FC	7	FC	7	
工作程序	FC	2	FC	2	
公共程序	FC	3	FC	3	

符 号 名 称	地　　址		数据类型		注　　释
故障复位	I	0.2	BOOL		
加泵	FC	5	FC	5	
减泵	FC	6	FC	6	
检修	I	5.2	BOOL		
检修程序	FC	1	FC	1	
流量采集	IW	60	INT		
轮换变频加泵	FC	11	FC	11	
起始序号	FC	10	FC	10	
取反	FC	4	FC	4	
设定压力	IW	50	INT		
实际流量输出显示	QW	54	INT		
实际压力输出显示	QW	52	INT		
退出	FC	8	FC	8	
系统故障	Q	0.0	BOOL		
系统启动	I	0.0	BOOL		
系统停止	I	0.1	BOOL		
压力采集	IW	56	INT		
压力设定输出显示	QW	50	INT		
液位上极限	I	3.7	BOOL		
自动	I	5.3	BOOL		

二、程序代码

```
" Main Program Sweep（Cycle）"
Network1
A    "检修"
   AN   "M_ 退出"
   JNB  _ 001
   CALL  "检修程序"
_ 001：NOP  0
Network2
AN  "自动"
    R   "HMI – PLC ". HMI_ XTQD
Network3
AN  "检修"
   A（
   AN   "自动"
   A（
   O   "系统启动"

   O   "M_ 系统启动"
   ）
   AN  "系统停止"
   O
   A   "自动"
   A   "HMI – PLC ". HMI_ XTQD
   ）
   =   "M_ 系统启动"
Network4
AN  "检修"
   =   L   38.0
   A   L   38.0
   A   "自动"
   JNB  _ 002
   L   "HMI – PLC ". HMI_ geiding
   T   "M_ 压力设定"
```

```
_ 002：NOP  0
        A （
        A （
        A  L   38. 0
        AN  "自动"
        JNB  _ 003
        L  "设定压力"
        ITD
        T   #d_ set
        SET
        SAVE
        CLR
_ 003：A   BR
        ）
        JNB  _ 004
        L   #d_ set
        DTR
        T   #r_ set
        SET
        SAVE
        CLR
_ 004：A   BR
        ）
        JNB  _ 005
        L   #r_ set
        L   9. 216000e + 002
        /R
        T   "M_ 压力设定"
_ 005：NOP  0
Network5
    A （
        L   "M_ 压力设定"
        L   0. 000000e + 000
        > R
        ）
        A （
        L   "流量采集"
        L   - 260
        < I
        ）
        =   "M_ 启动禁止"
Network6
A   "M_ 系统启动"
```

```
        A   "M_ 启动禁止"
        =   "M_ 工作"
Network7
    A   "M_ 工作"
        AN  "M_ 初始化"
        JNB  _ 006
        CALL "初始化"
_ 006：NOP  0
Network8
AN  "M_ 工作"
        A   "M_ 退出"
        JNB  _ 007
        CALL "退出"
_ 007：NOP  0
Network9
AN  "检修"
        A   "M_ 工作"
        JNB  _ 008
        CALL "工作程序"
_ 008：NOP  0
Network10
CALL  "公共程序"
        NOP  0
Network11
CALL  "6 台附加"
        NOP  0

分块程序
Fc1
Network1
    O   "01#点动"
        O   "KM02 反馈"
        =   "01#电磁阀合"
Network2
O   "02#点动"
        O   "KM02 反馈"
        =   "02#电磁阀合"
Network3
O   "03#点动"
        O   "KM04 反馈"
        =   "03#电磁阀合"
Network4
O   "04#点动"
```

O　　"KM04 反馈"
=　　"04#电磁阀合"

Network5

O　"05#点动"

O　　"KM06 反馈"
=　　"05#电磁阀合"

Network6

　O　　"06#点动"

　　O　　"KM06 反馈"
　　=　　"06#电磁阀合"

Network7

O　"07#点动"

O　　"KM08 反馈"
=　　"07#电磁阀合"

Network8

O　"08#点动"

O　　"KM08 反馈"
=　　"08#电磁阀合"

Network9

　O　　"09#点动"

　　O　　"KM10 反馈"
　　=　　"09#电磁阀合"

Network10

O　"10#点动"

O　　"KM10 反馈"
=　　"10#电磁阀合"

Network11

A　(

O　　"1#启动"

O　　"1#机旁启动"

O　　"KM02 合"
)

A　"1#停止"

A　"1#机旁停止"

A　"1#过载"

AN　"KM01 反馈"
=　　"KM02 合"

Network12

A　(

O　　"2#启动"

O　　"2#机旁启动"

O　　"KM04 合"
)

A　"2#停止"

A　"2#机旁停止"

A　"2#过载"

AN　"KM03 反馈"
=　　"KM04 合"

Network13

A　(

O　　"3#启动"

O　　"3#机旁启动"

O　　"KM06 合"
)

A　"3#停止"

A　"3#机旁停止"

A　"3#过载"

AN　"KM05 反馈"
=　　"KM06 合"

Network14

A　(

O　　"4#启动"

O　　"4#机旁启动"

O　　"KM08 合"
)

A　"4#停止"

A　"4#机旁停止"

A　"4#过载"

AN　"KM07 反馈"
=　　"KM08 合"

Network15

A　(

O　　"5#启动"

O　　"5#机旁启动"

O　　"KM10 合"
)

A　"5#停止"

A　"5#机旁停止"

A　"5#过载"

AN　"KM09 反馈"
=　　"KM10 合"

Fc2

Network1

```
    A    "M_ false"
    =    L  4.1
    BLD  103
    CALL "CONT_ C" , DB1
    COM_ RST：=
    MAN_ ON  ：=L4.1
    PVPER_ ON：=
    P_ SEL   ：=
    I_ SEL   ：=
    INT_ HOLD：=
    I_ ITL_ ON：=
    D_ SEL   ：=
    CYCLE    ：=
    SP_ INT  ：="M_ 压力设定"
    PV_ IN   ：="M_ 压力反馈"
    PV_ PER  ：=
    MAN   ：=
    GAIN  ：=1.000000e +000
    TI    ：=
    TD    ：=
    TM_ LAG  ：=
    DEADB_ W：=
    LMN_ HLM：=
    LMN_ LLM：=
    PV_ FAC  ：=
    PV_ OFF  ：=
    LMN_ FAC：=
    LMN_ OFF：=
    I_ ITLVAL：=1.000000e +001
    DISV   ：=
    LMN    ：="M_ 频率给定"
    LMN_ PER：=
    QLMN_ HLM：=
    QLMN_ LLM：=
    LMN_ P  ：=
    LMN_ I  ：=
    LMN_ D  ：=
    PV   ：=
    ER   ：=
    NOP  0
Network2
  A (
      L   "M_ 压力设定"
```

```
    L    "M_ 压力反馈"
    >R
    )
    A (
    L    "BPQ". bckPZD2
    L    14746
    >I
    )
    A (
    L    "M_ 频率给定"
    L    9.500000e +001
    >R
    )
    AN   "T1_ RESET"
    L    S5T#5S
    SD  T  1
Network3
    A    "T1_ RESET"
    R    "T1_ RESET"
Network4
     A (
    A   T  1
    JNB  _ 001
    L   "M_ 变频序号"
    T   "M_ 工频序号"
    SET
    SAVE
    CLR
    _ 001：A   BR
    )
    JNB  _ 002
    CALL "变频序号"
    _ 002：NOP  0
Network5
    A   T  1
    =    L  4.0
    A   L  4.0
    A (
    L    "M_ error"
    L    1
    < >I
    )
    =    L  4.1
```

```
      A   L   4.1                      L   "BPQ".PZD1
      JNB  _ 003                       L   1143
      L   W#16#477                      = = I
      T    "BPQ".PZD1                  )
      _ 003：NOP  0                     A (
      A   L   4.1                      A (
      JNB  _ 004                       L   "M_ 变频序号"
      CALL "加泵"                        L   1
      _ 004：NOP  0                      = = I
      A (                              )
      A   L   4.1                      A   "KM01 反馈"
      JNB  _ 005                       O
      L   "M_ 启动计数"                  A (
      L   1                            L   "M_ 变频序号"
       + I                             L   2
      T    "M_ 启动计数"                  = = I
      AN   OV                          )
      SAVE                             A   "KM03 反馈"
      CLR                              O
      _ 005：A   BR                     A (
      )                                L   "M_ 变频序号"
      A (                              L   3
      L   "M_ 启动计数"                   = = I
      L   4                            )
       > I                             A   "KM05 反馈"
      )                                O
      JNB  _ 006                       A (
      L   4                            L   "M_ 变频序号"
      T   "M_ error"                   L   4
      _ 006：NOP  0                      = = I
      A   L   4.0                      )
      BLD  102                         A   "KM07 反馈"
      R   T   1                        O
      A   L   4.0                      A (
      BLD  102                         L   "M_ 变频序号"
      S   "T1_ RESET"                  L   5
Network6                               = = I
      A (                              )
      L   "M_ error"                   A   "KM09 反馈"
      L   1                            )
      < > I                           JNB  _ 007
      )                                L   W#16#47F
      A (                              T   "BPQ". PZD1
```

```
_ 007：NOP  0
```
Network7
```
A （
L    "BPQ". bckPZD2
L    1638
< I
）
AN   "T2_ RESET"
L    S5T#5S
SD   T    2
```
Network8
```
A    "T2_ RESET"
R    "T2_ RESET"
```
Network9
```
A （
L    "M_ 变频序号"
L    "M_ 起始序号"
= = I
）
A    T    2
A （
L    "M_ 压力设定"
L    1. 000000e + 000
< R
）
=    L    4. 0
A （
A    L    4. 0
JNB   _ 008
L    W#16#477
T    "BPQ". PZD1
SET
SAVE
CLR
_ 008：A    BR
）
JNB   _ 009
L    W#16#0
T    "BPQ". PZD2
_ 009：NOP  0
A    L    4. 0
JNB   _ 00a
L    2
```

```
T    "M_ error"
_ 00a：NOP  0
```
Network10
```
AN   "T3_ RESET"
L    S5T#2H
SD   T    3
```
Network11
```
A    "T3_ RESET"
R    "T3_ RESET"
```
Network12
```
A （
A    T    3
A （
L    "M_ 启动计数"
L    1
= = I
）
JNB   _ 00b
L    "M_ 变频序号"
T    "M_ 工频序号"
SET
SAVE
CLR
_ 00b：A    BR
）
JNB   _ 00c
CALL "变频序号"
_ 00c：NOP  0
```
Network13
```
A    T    3
A （
L    "M_ 启动计数"
L    1
= = I
）
A （
L    "M_ error"
L    1
< > I
）
=    L    4. 0
A    L    4. 0
JNB   _ 00d
```

```
        L   W#16#477
        T   "BPQ". PZD1
        _ 00d: NOP  0
        A   L  4.0
        JNB _ 00e
        CALL "轮换变频加泵"
        _ 00e: NOP  0
Network14
        A   T  3
        A (
        L   "M_ 启动计数"
        L   1
        = = I
        )
        A (
        L   "M_ error"
        L   1
        < > I
        )
        A (
        L   "BPQ". PZD1
        L   1143
        = = I
        )
        A (
        A (
        L   "M_ 变频序号"
        L   1
        = = I
        )
        A   "KM01 反馈"
        O
        A (
        L   "M_ 变频序号"
        L   2
        = = I
        )
        A   "KM03 反馈"
        O
        A (
        L   "M_ 变频序号"
        L   3
        = = I
```

```
        )
        A   "KM05 反馈"
        O
        A (
        L   "M_ 变频序号"
        L   4
        = = I
        )
        A   "KM07 反馈"
        O
        A (
        L   "M_ 变频序号"
        L   5
        = = I
        )
        A   "KM09 反馈"
        )
        JNB _ 00f
        L   W#16#47F
        T   "BPQ". PZD1
        _ 00f: NOP  0
Network15
        O   T  2
        O
        A   T  3
        A (
        L   "M_ 启动计数"
        L   1
        > I
        )
        =   L  4.0
        A   L  4.0
        A (
        O (
        L   "M_ 启动计数"
        L   1
        > I
        )
        O
        A (
        L   "M_ 启动计数"
        L   1
        = = I
```

```
    )                                              =    " KM02 合"
    A  (                                  Network19
    L   " M_ 压力设定"                          A   " M_ 2#变频"
    L   1. 000000e + 000                      A   "2#过载"
    < R                                        A   "2#停止"
    )                                          =    " KM03 合"
    )                                   Network20
    =    L   4. 1                             A   " M_ 2#工频"
    A    L   4. 1                             A   "2#过载"
    JNB  _ 010                                A   "2#停止"
    CALL "减泵"                                =    " KM04 合"
    _ 010: NOP   0                      Network21
    A  L   4. 1                               A   " M_ 3#变频"
    A  (                                      A   "3#过载"
    L   " M_ 启动计数"                          A   "3#停止"
    L   0                                     =    " KM05 合"
    > I                                Network22
    )                                         A   " M_ 3#工频"
    JNB  _ 011                                A   "3#过载"
    L   " M_ 启动计数"                          A   "3#停止"
    L   1                                     =    " KM06 合"
    - I                                Network23
    T   " M_ 启动计数"                          A   " M_ 4#变频"
    _ 011: NOP   0                            A   "4#过载"
    A  L   4. 0                               A   "4#停止"
    BLD   102                                 =    " KM07 合"
    R   T   2                          Network24
    A  L   4. 0                               A   " M_ 4#工频"
    BLD   102                                 A   "4#过载"
    S   " T2_ RESET"                          A   "4#停止"
Network16                                     =    " KM08 合"
    A   T   3                          Network25
    R   T   3                                 A   " M_ 5#变频"
    S   " T3_ RESET"                          A   "5#过载"
Network17                                     A   "5#停止"
    A   " M_ 1#变频"                           =    " KM09 合"
    A   "1#过载"                         Network26
    A   "1#停止"                               A   " M_ 5#工频"
    =    " KM01 合"                           A   "5#过载"
Network18                                     A   "5#停止"
    A   " M_ 1#工频"                           =    " KM10 合"
    A   "1#过载"                         Network27
    A   "1#停止"                               A  (
```

```
     A （
     L    " M_ 频率给定"
     L    1.638400e + 002
    * R
     T    #T_ geiding
     AN   OV
     SAVE
     CLR
     A    BR
     ）
     JNB  _ 012
     L    #T_ geiding
     RND
     T    MD   36
     AN   OV
     SAVE
     CLR
     _ 012：A   BR
     ）
     JNB  _ 013
     L    MW   38
     T    " BPQ ". PZD2
     _ 013：NOP  0


Fc3
Network1
     O    " KM01 反馈"
     O    " KM02 反馈"
     =    " 01#电磁阀合"
     =    " 02#电磁阀合"
Network2
     O    " KM03 反馈"
     O    " KM04 反馈"
     =    " 03#电磁阀合"
     =    " 04#电磁阀合"
Network3
     O    " KM05 反馈"
     O    " KM06 反馈"
     =    " 05#电磁阀合"
     =    " 06#电磁阀合"
Network4
     O    " KM07 反馈"
     O    " KM08 反馈"
```

```
     =    " 07#电磁阀合"
     =    " 08#电磁阀合"
Network5
     O    " KM09 反馈"
     O    " KM10 反馈"
     =    " 09#电磁阀合"
     =    " 10#电磁阀合"
Network6
     A    " 01#电磁阀合"
     =    " 01#指示"
Network7
     A    " 02#电磁阀合"
     =    " 02#指示"
Network8
     A    " 03#电磁阀合"
     =    " 03#指示"
Network9
     A    " 04#电磁阀合"
     =    " 04#指示"
Network10
     A    " 05#电磁阀合"
     =    " 05#指示"
Network11
     A    " 06#电磁阀合"
     =    " 06#指示"
Network12
     A    " 07#电磁阀合"
     =    " 07#指示"
Network13
     A    " 08#电磁阀合"
     =    " 08#指示"
Network14
     A    " 09#电磁阀合"
     =    " 09#指示"
Network15
     A    " 10#电磁阀合"
     =    " 10#指示"
Network16
     A    " KM02 反馈"
     =    " 1#工频指示"
Network17
     A    " KM04 反馈"
     =    " 2#工频指示"
```

Network18
A　"KM06 反馈"
=　"3#工频指示"

Network19
A　"KM08 反馈"
=　"4#工频指示"

Network20
A　"KM10 反馈"
=　"5#工频指示"

Network21
A　"KM01 反馈"
=　"1#变频指示"

Network22
A　"KM03 反馈"
=　"2#变频指示"

Network23
A　"KM05 反馈"
=　"3#变频指示"

Network24
A　"KM07 反馈"
=　"4#变频指示"

Network25
A　"KM09 反馈"
=　"5#变频指示"

Network26
A（
A（
L　"M_ 压力设定"
L　9.216000e+002
*R
T　#R_ LL
AN　OV
SAVE
CLR
A　BR
）
JNB　_ 001
L　#R_ LL
RND
T　MD　90
AN　OV
SAVE
CLR

_ 001：A　BR
）
JNB　_ 002
L　MW　92
T　"压力设定输出显示"
_ 002：NOP　0

Network27
L　"压力采集"
T　"实际压力输出显示"
NOP　0

Network28
A（
A（
L　"压力采集"
ITD
T　#D_ YL
SET
SAVE
CLR
A　BR
）
JNB　_ 003
L　#D_ YL
DTR
T　#R_ YL
SET
SAVE
CLR
_ 003：A　BR
）
JNB　_ 004
L　#R_ YL
L　9.216000e+002
/R
T　"M_ 压力反馈"
_ 004：NOP　0

Network29
A（
L　"流量采集"
L　2
*I
T　"实际流量输出显示"
AN　OV

```
        SAVE
        CLR
        A    BR
        )
        A  (
        L    "实际流量输出显示"
        L    0
        < I
        )
        JNB  _ 005
        L    0
        T    "实际流量输出显示"
        _ 005：NOP  0
Network30
        AN   "1#过载"
        JNB  _ 006
        L    16
        T    "M_ error"
        _ 006：NOP  0
Network31
        AN   "2#过载"
        JNB  _ 007
        L    32
        T    "M_ error"
        _ 007：NOP  0
Network32
        AN   "3#过载"
        JNB  _ 008
        L    64
        T    "M_ error"
        _ 008：NOP  0
Network33
        AN   "4#过载"
        JNB  _ 009
        L    128
        T    "M_ error"
        _ 009：NOP  0
Network34
        AN   "5#过载"
        JNB  _ 00a
        L    256
        T    "M_ error"
```

```
        _ 00a：NOP  0
Network35
        A    "故障复位"
        JNB  _ 00b
        L    0
        T    "M_ error"
        _ 00b：NOP  0
Network36
        L    "M_ error"
        L    0
        > I
        =    "系统故障"
Network37
        CALL " DPWR_ DAT "
        LADDR    ： = W#16#50
        RECORD： = P#DB2. DBX0. 0 BYTE 12
        RET_ VAL： = MW100
        NOP   0
Network38
        CALL " DPRD_ DAT "
        LADDR   ： = W#16#50
        RET_  VAL： = MW102
        RECORD： = P#DB2. DBX12. 0 BYTE 12
        NOP   0

Fc4

Network1
        A    #B_ input
        NOT
        =    #B_ output
Fc5

Network1
        L    "M_ 变频序号"
        L    1
        = = I
        S    "M_ 1#变频"
        R    "M_ 1#工频"
Network2
        L    "M_ 变频序号"
        L    2
```

```
    = = I
    S    "M_ 2#变频"
    R    "M_ 2#工频"
Network3
    L    "M_ 变频序号"
    L    3
    = = I
    S    "M_ 3#变频"
    R    "M_ 3#工频"
Network4
    L    "M_ 变频序号"
    L    4
    = = I
    S    "M_ 4#变频"
    R    "M_ 4#工频"
Network5
    L    "M_ 变频序号"
    L    5
    = = I
    S    "M_ 5#变频"
    R    "M_ 5#工频"
Network6
    L    "M_ 工频序号"
    L    1
    = = I
    S    "M_ 1#工频"
    R    "M_ 1#变频"
Network7
    L    "M_ 工频序号"
    L    2
    = = I
    S    "M_ 2#工频"
    R    "M_ 2#变频"
Network8
    L    "M_ 工频序号"
    L    3
    = = I
    S    "M_ 3#工频"
    R    "M_ 3#变频"
Network9
    L    "M_ 工频序号"
    L    4
    = = I
```

```
    S    "M_ 4#工频"
    R    "M_ 4#变频"
Network10
    L    "M_ 工频序号"
    L    5
    = = I
    S    "M_ 5#工频"
    R    "M_ 5#变频"
Fc6
Network1
    L    "M_ 起始序号"
    L    1
    = = I
    R    "M_ 1#工频"
    R    "M_ 1#变频"
Network2
    L    "M_ 起始序号"
    L    2
    = = I
    R    "M_ 2#工频"
    R    "M_ 2#变频"
Network3
    L    "M_ 起始序号"
    L    3
    = = I
    R    "M_ 3#工频"
    R    "M_ 3#变频"
Network4
    L    "M_ 起始序号"
    L    4
    = = I
    R    "M_ 4#工频"
    R    "M_ 4#变频"
Network5
    L    "M_ 起始序号"
    L    5
    = = I
    R    "M_ 5#工频"
    R    "M_ 5#变频"
Network6
    A (
    L    "M_ 变频序号"
```

```
        L    "M_ 起始序号"                      A    BR
        < > I                                 )
        )                                 JNB    _ 003
        JNB   _ 001                           L    0
        CALL "起始序号"                          T    MD   62
        _ 001：NOP  0                         SET
                                             SAVE
Fc7                                          CLR
                                             _ 003：A    BR
Network1                                     )
        A （                               JNB    _ 004
        L    0                               L    0
        T    QD   0                          T    MD   66
        SET                                  SET
        SAVE                                 SAVE
        CLR                                  CLR
        A    BR                              _ 004：A    BR
        )                                    )
        JNB   _ 001                         JNB    _ 005
        L    0                               L    0
        T    QW   4                          T    MD   70
        _ 001：NOP  0                         _ 005：NOP  0
Network2                             Network4
        A （                                 A （
        L    0                               O    "1#停止"
        T    "M_ 压力设定"                      O    "2#停止"
        SET                                  O    "3#停止"
        SAVE                                 O    "4#停止"
        CLR                                  O    "5#停止"
        A    BR                              )
        )                                 JNB    _ 006
        JNB   _ 002                         CALL "变频序号"
        L    0                               _ 006：NOP  0
        T    "M_ 压力反馈"                   Network5
        _ 002：NOP  0                         L    "M_ 变频序号"
Network3                                     L    0
        A （                                 > I
        A （                                 =    L    0.0
        A （                                 A （
        L    0                               A    L    0.0
        T    "M_ 频率给定"                      JNB    _ 007
        SET                                  L    "M_ 变频序号"
        SAVE                                 T    "M_ 起始序号"
        CLR
```

```
        SET                        L    0
        SAVE                       T    QD   0
        CLR                        SET
    _ 007：A   BR                  SAVE
        )                          CLR
        JNB  _ 008                 A    BR
        L    1                     )
        T    "M_ 启动计数"          JNB  _ 001
    _ 008：NOP  0                   L    0
        A    L   0.0               T    QW   4
        JNB  _ 009                 SET
        L    W#16#47F              SAVE
        T    "BPQ". PZD1           CLR
    _ 009：NOP  0              _ 001：A   BR
        A    L   0.0               )
        JNB  _ 00a                 JNB  _ 002
        CALL "加泵"                L    W#16#47E
    _ 00a：NOP  0                  T    "BPQ". PZD1
                              _ 002：NOP  0
Network6
        AN   "1#停止"          Network2
        AN   "2#停止"              A (
        AN   "3#停止"              A (
        AN   "4#停止"              L    0
        AN   "5#停止"              T    MB   10
        JNB  _ 00b                 SET
        L    8                     SAVE
        T    "M_ error"            CLR
    _ 00b：NOP  0                  A    BR
                                   )
Network7                          JNB  _ 003
        O    "M_ false"            L    0
        ON   "M_ false"            T    "M_ 压力设定"
        S    "M_ 初始化"           SET
        S    "M_ 退出"             SAVE
        R    T   1                 CLR
        R    T   2            _ 003：A   BR
        R    T   3                 )
        S    "T3_ RESET"           JNB  _ 004
                                   L    0
    Fc8                            T    "M_ 压力反馈"
                              _ 004：NOP  0
Network1
        A (                   Network3
        A (                       A (
```

A （

A （

L　0

T　"M_ 频率给定"

SET

SAVE

CLR

A　BR

）

JNB　_ 005

L　0

T　MD　62

SET

SAVE

CLR

_ 005：A　BR

）

JNB　_ 006

L　0

T　MD　66

SET

SAVE

CLR

_ 006：A　BR

）

JNB　_ 007

L　0

T　MD　70

_ 007：NOP　0

Network4

O　"M_ false "

ON　"M_ false "

R　"M_ 退出"

R　"M_ 初始化"

R　T　1

R　T　2

R　T　3

R　"M_ 4#变频"

R　"M_ 5#变频"

R　"T2_ RESET "

R　"T1_ RESET "

R　"T3_ RESET "

R　"M_ 工作"

Fc9

Network1

A （

A （

L　"M_ error"

L　1

< >I

）

JNB　_ 001

L　"M_ 变频序号"

L　1

+I

T　"M_ 变频序号"

AN　OV

SAVE

CLR

_ 001：A　BR

）

A （

L　"M_ 变频序号"

L　5

>I

）

JNB　_ 002

L　1

T　"M_ 变频序号"

_ 002：NOP　0

Network2

L　"M_ 变频序号"

L　"M_ 起始序号"

= =I

=　L　0.0

A　L　0.0

JNB　_ 003

L　1

T　"M_ error "

_ 003：NOP　0

A　L　0.0

JNB　_ 004

L　"M_ 工频序号"

T　"M_ 变频序号"

```
        _ 004：NOP  0
Network3
        A （
        L   ＂M_ error＂
        L   1
        ＜＞I
        ）
        AN  ＂1#停止＂
        A （
        L   ＂M_ 变频序号＂
        L   1
        ＝＝I
        ）
        JNB  _ 005
        CALL ＂变频序号＂
        _ 005：NOP  0
Network4
        A （
        L   ＂M_ error＂
        L   1
        ＜＞I
        ）
        AN  ＂2#停止＂
        A （
        L   ＂M_ 变频序号＂
        L   2
        ＝＝I
        ）
        JNB  _ 006
        CALL ＂变频序号＂
        _ 006：NOP  0
Network5
        A （
        L   ＂M_ error＂
        L   1
        ＜＞I
        ）
        AN  ＂3#停止＂
        A （
        L   ＂M_ 变频序号＂
        L   3
        ＝＝I
        ）
```

```
        JNB  _ 007
        CALL ＂变频序号＂
        _ 007：NOP  0
Network6
        A （
        L   ＂M_ error＂
        L   1
        ＜＞I
        ）
        AN  ＂4#停止＂
        A （
        L   ＂M_ 变频序号＂
        L   4
        ＝＝I
        ）
        JNB  _ 008
        CALL ＂变频序号＂
        _ 008：NOP  0
Network7
        A （
        L   ＂M_ error＂
        L   1
        ＜＞I
        ）
        AN  ＂5#停止＂
        A （
        L   ＂M_ 变频序号＂
        L   5
        ＝＝I
        ）
        JNB  _ 009
        CALL ＂变频序号＂
        _ 009：NOP  0

Fc10

Network1
        A （
        L   ＂M_ 起始序号＂
        L   1
        ＋I
        T   ＂M_ 起始序号＂
        AN  OV
```

```
    SAVE
    CLR
    A    BR
    )
    A （
    L    "M_ 起始序号"
    L    5
    ＞I
    )
    JNB    _ 001
    L    1
    T    "M_ 起始序号"
    _ 001：NOP    0
Network2
    L    "M_ 变频序号"
    L    "M_ 起始序号"
    ＜＞I
    ＝    L    0.0
    A    L    0.0
    AN    "1#停止"
    A （
    L    "M_ 起始序号"
    L    1
    ＝ ＝I
    )
    JNB    _ 002
    CALL "起始序号"
    _ 002：NOP    0
    A    L    0.0
    AN    "2#停止"
    A （
    L    "M_ 起始序号"
    L    2
    ＝ ＝I
    )
    JNB    _ 003
    CALL "起始序号"
    _ 003：NOP    0
    A    L    0.0
    AN    "3#停止"
    A （
    L    "M_ 起始序号"
    L    3
```

```
    ＝ ＝I
    )
    JNB    _ 004
    CALL "起始序号"
    _ 004：NOP    0
    A    L    0.0
    AN    "4#停止"
    A （
    L    "M_ 起始序号"
    L    4
    ＝ ＝I
    )
    JNB    _ 005
    CALL "起始序号"
    _ 005：NOP    0
    A    L    0.0
    AN    "5#停止"
    A （
    L    "M_ 起始序号"
    L    5
    ＝ ＝I
    )
    JNB    _ 006
    CALL "起始序号"
    _ 006：NOP    0

Fc11

Network1
    L    "M_ 工频序号"
    L    1
    ＝ ＝I
    R    "M_ 1#工频"
    R    "M_ 1#变频"
Network2
    L    "M_ 工频序号"
    L    2
    ＝ ＝I
    R    "M_ 2#工频"
    R    "M_ 2#变频"
Network3
    L    "M_ 工频序号"
    L    3
```

```
    = = I
    R    "M_ 3#工频"
    R    "M_ 3#变频"
Network4
    L    "M_ 工频序号"
    L    4
    = = I
    R    "M_ 4#工频"
    R    "M_ 4#变频"
Network5
    L    "M_ 工频序号"
    L    5
    = = I
    R    "M_ 5#工频"
    R    "M_ 5#变频"
Network6
    L    "M_ 变频序号"
    L    1
    = = I
    S    "M_ 1#变频"
    R    "M_ 1#工频"
Network7
    L    "M_ 变频序号"
    L    2
    = = I
    S    "M_ 2#变频"
    R    "M_ 2#工频"
Network8
    L    "M_ 变频序号"
    L    3
    = = I
    S    "M_ 3#变频"
    R    "M_ 3#工频"
Network9
    L    "M_ 变频序号"
    L    4
    = = I
    S    "M_ 4#变频"
    R    "M_ 4#工频"
Network10
    L    "M_ 变频序号"
    L    5
    = = I
```

```
    S    "M_ 5#变频"
    R    "M_ 5#工频"
Network11
    L    "M_ 变频序号"
    T    "M_ 起始序号"
    NOP   0

Fc12

Network1
    CALL " DPWR_ DAT "
    LADDR    : = W#16#82
    RECORD: = P#DB5. DBX0. 0 BYTE 8
    RET_ VAL: = MW110
    NOP   0
Network2
    CALL " DPRD_ DAT "
    LADDR    : = W#16#82
    RET_ VAL: = MW112
    RECORD: = P#DB5. DBX8. 0 BYTE 8
    NOP   0
Network3
    CALL " DPWR_ DAT "
    LADDR    : = W#16#8C
    RECORD: = P#DB6. DBX0. 0 BYTE 8
    RET_ VAL: = MW114
    NOP   0
Network4
    CALL " DPRD_ DAT "
    LADDR    : = W#16#8C
    RET_ VAL: = MW116
    RECORD: = P#DB6. DBX8. 0 BYTE 8
    NOP   0
Network5
    CALL " DPWR_ DAT "
    LADDR    : = W#16#96
    RECORD: = P#DB7. DBX0. 0 BYTE 8
    RET_ VAL: = MW118
    NOP   0
Network6
    CALL " DPRD_ DAT "
    LADDR    : = W#16#96
    RET_ VAL: = MW120
```

RECORD：= P#DB7. DBX8. 0 BYTE 8
NOP 0

Network7

CALL " DPWR_ DAT "
LADDR ：= W#16#A0
RECORD：= P#DB8. DBX0. 0 BYTE 8
RET_ VAL：= MW122
NOP 0

Network8

CALL " DPRD_ DAT "
LADDR ：= W#16#A0
RET_ VAL：= MW124
RECORD：= P#DB8. DBX8. 0 BYTE 8
NOP 0

Network9

CALL " DPWR_ DAT "
LADDR ：= W#16#AA
RECORD：= P#DB9. DBX0. 0 BYTE 8
RET_ VAL：= MW126

NOP 0

Network10

CALL " DPRD_ DAT "
LADDR ：= W#16#AA
RET_ VAL：= MW128
RECORD：= P#DB9. DBX8. 0 BYTE 8
NOP 0

Network11

CALL " DPWR_ DAT "
LADDR ：= W#16#B4
RECORD：= P#DB10. DBX0. 0 BYTE 8
RET_ VAL：= MW130
NOP 0

Ntework12

CALL " DPRD_ DAT "
LADDR ：= W#16#B4
RET_ VAL：= MW132
RECORD：= P#DB10. DBX8. 0 BYTE 8
NOP 0

参 考 文 献

［1］西门子组态软件手册（上、下）．西门子技术内部资料．

［2］西门子 PLC、变频器、通讯技术编程手册．西门子技术资料．

［3］知网和万方数据库．文献资料．

［4］许志军，王光福．电气自动化控制技术实训教程［M］．成都：电子科技大学出版社，2008.

［5］许志军．工业组态软件及其应用［M］．北京：机械工业出版社，2005.

冶金工业出版社部分图书推荐

书　名	作　者	定价(元)
现代企业管理（第2版）（高职高专教材）	李　鹰	42.00
Pro/Engineer Wildfire 4.0（中文版）钣金设计与 　焊接设计教程（高职高专教材）	王新江	40.00
Pro/Engineer Wildfire 4.0（中文版）钣金设计与 　焊接设计教程实训指导（高职高专教材）	王新江	25.00
应用心理学基础（高职高专教材）	许丽遐	40.00
建筑力学（高职高专教材）	王　铁	38.00
建筑CAD（高职高专教材）	田春德	28.00
冶金生产计算机控制（高职高专教材）	郭爱民	30.00
冶金过程检测与控制（第3版）（高职高专教材）	郭爱民	48.00
天车工培训教程（高职高专教材）	时彦林	33.00
机械制图（高职高专教材）	阎　霞	30.00
机械制图习题集（高职高专教材）	阎　霞	28.00
冶金通用机械与冶炼设备（第2版）（高职高专教材）	王庆春	56.00
矿山提升与运输（第2版）（高职高专教材）	陈国山	39.00
高职院校学生职业安全教育（高职高专教材）	邹红艳	22.00
煤矿安全监测监控技术实训指导（高职高专教材）	姚向荣	22.00
冶金企业安全生产与环境保护（高职高专教材）	贾继华	29.00
液压气动技术与实践（高职高专教材）	胡运林	39.00
数控技术与应用（高职高专教材）	胡运林	32.00
洁净煤技术（高职高专教材）	李桂芬	30.00
单片机及其控制技术（高职高专教材）	吴　南	35.00
焊接技能实训（高职高专教材）	任晓光	39.00
心理健康教育（中职教材）	郭兴民	22.00
起重与运输机械（高等学校教材）	纪　宏	35.00
控制工程基础（高等学校教材）	王晓梅	24.00
固体废物处置与处理（本科教材）	王　黎	34.00
环境工程学（本科教材）	罗　琳	39.00
机械优化设计方法（第4版）	陈立周	42.00
自动检测和过程控制（第4版）（本科国规教材）	刘玉长	50.00
金属材料工程认识实习指导书（本科教材）	张景进	15.00
电工与电子技术（第2版）（本科教材）	荣西林	49.00
计算机网络实验教程（本科教材）	白　淳	26.00
FORGE塑性成型有限元模拟教程（本科教材）	黄东男	32.00